工业和信息产业职业教育教学指导委员会“十二五”规划教材
高等职业教育自动化类专业规划教材·任务驱动系列

单片机技术

张　涛　主编

韩春贤　王　盟　侯景忠　副主编

電子工業出版社
Publishing House of Electronics Industry
北京·BEIJING

内容简介

本书是作者多年的单片机课程教学经验的总结，是近几年学院单片机技术课程教学团队大力推行教学改革的成果。我们针对单片机课程教学出现的问题、社会需求及学生的认知情况，重新对单片机课程的教学内容进行了取舍和重构，采用“任务驱动”的教学方法，使单片机课程的教学彻底摆脱了“理论 + 实验”的教学模式，增强了学生的学习兴趣，提高了学生的操作技能。本书分为5章，共设计了23个任务和6个应用实例，主要介绍了80C51单片机的系统结构、程序设计的方法、三大内部资源（中断系统、定时器/计数器、串行通信系统）的使用及显示器、键盘等常用外部电路的扩展等内容。本书既保留了传统单片机教材知识的完整性、系统性的特点，又将23个任务合理地穿插其中，借助Keil和Proteus软件的编程、仿真功能，使硬件与软件设计相结合，提高了单片机学习的趣味性，任务中的技能拓展和6个应用实例也给了学生更多的发挥空间。

本书可作为高职高专院校电子信息类、自动化类、机电设备类、计算机类等专业的单片机技术课程的教材，也可作为广大单片机爱好者的参考工具书。

本书免费提供电子教案、课件、各任务电路的设计文件、汇编语言源程序和C语言源程序等资料。

图书在版编目（CIP）数据

单片机技术/张涛主编．—北京：电子工业出版社，2012.2
工业和信息产业职业教育教学指导委员会“十二五”规划教材
高等职业教育自动化类专业规划教材·任务驱动系列
ISBN 978-7-121-15764-6

Ⅰ．①单…　Ⅱ．①张…　Ⅲ．①单片微型计算机-高等职业教育-教材　Ⅳ．①TP368．1

中国版本图书馆CIP数据核字（2012）第011703号

策划编辑：王昭松
责任编辑：王昭松　　特约编辑：徐　岩
印　　刷：
装　　订：北京市李史山胶印厂
出版发行：电子工业出版社
北京市海淀区万寿路173信箱　邮编 100036
开　　本：787×1092　1/16　印张：16.5　字数：422.4千字
印　　次：2012年2月第1次印刷
印　　数：4 000册　　定价：30.00元

凡所购买电子工业出版社的图书，如有缺损问题，请向购买书店调换。若书店售缺，请与本社发行部联系，联系及邮购电话：（010）88254888。

质量投诉请发邮件至 zlts@phei.com.cn，盗版侵权举报请发邮件至 dbqq@phei.com.cn。

服务热线：（010）88258888。

前　言

自20世纪80年代后期，我国的高等院校工科专业开始开设单片机课程，至今已有20多年了。这期间，在教室讲授理论，到实验室利用实验箱做实验的教学模式一直沿用至今。由于单片机技术涉及到硬件电路设计和软件设计两方面的知识和技能，学习难度较大，致使学生上课犹如听天书，过了期中多数学生就懵懵然而放弃了，入门者寥寥。如何提高单片机课程的教学质量，让更多的学生掌握单片机技术，一直是专家和教师们研究的课题和课程改革的方向。

高等职业教育作为我国的一种教育类型，注重的是学生职业技能的培养。本着这个目标，在教高［2006］16号文件的指导下，我院的单片机课程教学团队对该课程进行了持续的课程改革。一是把上课地点从教室搬到了实训室；二是引入了Proteus、Keil等仿真软件和自行制作了单片机学习板供学生操作训练；三是改革了考核方法，把终结性考核变为了过程性考核。本书就是教学改革的产物。

教学改革是一项需要长期探索的工作，教师和学生都有一个适应的过程。在教改初期，由于知识的完整性和系统性被打乱了，有的教师反映不会“讲课”了，学生反映上课“玩”得很高兴，但最后感觉“没学到”什么知识。这两种反映都是正常的，说明了我们的教学改革还处于初期阶段，教学模式、方法和手段的转变需要时间。

本书定位为单片机课程改革初期阶段的教材。它尽可能地保留了传统单片机教材知识的完整性、系统性的特点，又对单片机课程的知识点进行了取舍和重构，合理地分散到23个任务中，借助Keil、Proteus软件的编程、仿真功能，做到以任务为核心去组织知识点的学习，在硬件与程序设计中给出了比较详细的说明，不仅使学生学得会，还要使学生学得懂，在掌握技能的同时，还要具备一定的理论基础。

在实训手段上，我们提倡分三个层次。一是采用Keil、Proteus等编程、仿真软件作为入门，可降低难度和教学成本；二是采用单片机学习板，一块学习板的成本在百元左右，配置发光二极管、LED数码管、键盘、蜂鸣器和扩展接口，能够完成多数的学习任务，没有过多的接线，学生在完成软件仿真之后，将编好的程序下载到单片机芯片中运行，这就解决了脱离实际的问题；三是单片机实验箱或单片机控制对象（用单片机控制的小车机器人），它们可作为综合性的实验或课程设计使用。把这三个层次的实训手段搭配好，本着由易到难、循序渐进的原则，技能的培养问题也就迎刃而解了。

本书分为5章，共设计了23个任务和6个应用实例。第1章通过3个任务的学习，重点对单片机的概念、应用领域、发展历程与趋势及常用单片机的类型有个初步的认识，通过解剖一个典型的单片机应用电路，了解单片机应用系统的构成和设计过程。第2章通过10个任务的学习，重点掌握80C51单片机的七种寻址方式、五大类指令及四种程序结构，使学生具备初步的程序设计能力。第3章通过5个任务的学习，重点掌握80C51单片机的中断系统、定时器/计数器和串行通信三大内部资源的使用方法。第4章通过5个任务的学习，重点掌握显示器、键盘、A/D、D/A等单片机外部电路的设计方法。第5章通过6个应用实例，让学生尝试设计一些综合性的单片机应用系统，培养学生逐步具备单片机应用系统设计的职业技能，此部分也可作为课程设计的题目。

因为各院校的实际情况不同，我们对本书的使用提出如下建议。

（1）建议把计算机组成原理（或微机原理）、电子电路和C语言程序设计作为先期开设的课程。

（2）课程教学安排在单片机实训室或计算机机房（安装Proteus和Keil软件）或多媒体教室进行，“理论+实验”的教学模式不适合使用本教材。

（3）根据单片机课程在各专业中的地位不同，建议授课课时定在60～90学时之间。作为专业核心课程，建议安排在90学时左右，如条件允许，再安排1～2周的课程设计。

（4）教学过程中，建议教师先做任务的演示，再让学生讨论，最后提出任务的解决方案，从而增强学生的感性认识，让学生带着兴趣和问题去学习。合理安排知识讲授和技能训练的时间比例，建议每次集中讲授的时间不超过15min。不要在用Proteus软件绘制电路上花费太多的时间，在学生能够熟练绘制单片机最小系统后，教师只需让学生绘制任务所需部分的电路。在掌握汇编语言程序设计的基础上，适当考虑C语言程序的教学，毕竟学单片机开发主流语言是C语言，书中多数任务提供了完整的C程序，教师可指导学生学习。

（5）鉴于多数学生拥有个人计算机，教师在安排作业时可适当安排设计类的作业，锻炼学生查找资料、独立完成任务的能力。建议有条件的学校，课余时间开放单片机实训室以供学生训练。

本书由张涛制订了编写大纲，给出思路和写作风格，指导全书的编写，对全书统稿，并编写了第1章，韩春贤编写了第2章和第5章的实例5.5，王盟编写了第3章、第5章的实例5.6及附录A，侯景忠编写了第4章、第5章的实例5.1～5.4及附录B、C。

在这里，对我院单片机课程教学团队的汤荣秀、李金霞、李辉、王青叶、潘磊老师对单片机课程改革做出的贡献表示感谢，对天津启诚伟业科技有限公司的大力支持表示感谢，对全国各个院校致力于单片机课程改革的老师们致以崇高的敬意！

由于编者的水平有限，书中难免存在错误，敬请广大师生、读者批评指正。（联系邮箱：ztaa2009@163.com）。

编　者

2011年12月

目　录

第1章　认识单片机

任务1.1　你了解单片机吗?

【学习目标】

（1）掌握单片机的概念、特点和分类。

（2）了解单片机技术的应用领域，知道单片机在智能仪表、家用电器等电子产品中的应用。

（3）了解单片机的发展历程与发展趋势，知道常见单片机的生产厂商。

（4）掌握 Intel 公司 MCS－51 系列单片机的型号和特点。

【任务描述】

通过本次任务的学习，你不仅会亲眼看见单片机是什么样子，还要知道它的发展历程，了解身边的哪些电子产品使用了单片机，知道有哪些公司生产哪些系列和型号的单片机。怎么样，内容不少吧，立即开始吧！

【相关知识点】

1.1.1　什么是单片机

家用的遥控彩电、全自动洗衣机、空调、IC 卡式的电度表，都是用单片机控制的。单片机是将 CPU（Central Processing Unit）、存储器（Memory）、定时器/计数器（Timer/Counter）、I/O（Input/Output）接口电路等主要部件集成在一块集成电路上的微型计算机，简称单片机（SCM，Single Chip Microcomputer），又称微控制器（MCU，Micro Controller Unit）。如图 1.1 所示是 Atmel 89S51 和 Microchip PIC33FJ256 单片机的外观。

（a）Atmel 89S51 单片机

（b）Microchip PIC33FJ256 单片机

图 1.1　两款单片机的外观

1.1.2　单片机的特点

单片机主要应用在控制领域，它有以下几个方面的优点。

(1) 抗干扰能力强，适应温度范围宽，在恶劣的环境下也能可靠地工作，这是通用微机不可比拟的。

(2) 体积小、成本低、运用灵活、易于产品化，能方便地组成各种智能化的控制设备仪器和仪表，实现机电一体化。

(3) 面向控制，能针对性地解决从简单到复杂的各类控制问题，产品的性价比高。

(4) 可以方便地实现多机和分布式控制，使整个控制系统的效率和可靠性大为提高。

1.1.3 单片机的分类

从单片机诞生到现在，它的种类繁多，产品性能各异，可从以下几个方面分类。

1. 按单片机内部程序存储器分类

按此方法分类，单片机可分为片内无 ROM 型、片内带掩膜 ROM 型、片内 EPROM 型、片内一次可编写型（OTP，One Time Programmable）和片内带 Flash 型等。Flash 型单片机是近几年发展的一种新型机种。

2. 按指令集分类

按此方法分类，单片机可分为 CISC（Complex Instruction Set Computer，复杂指令集）结构的单片机和 RISC（Reduced Instruction Set Computer，精简指令集）结构的单片机两大类。

采用 CISC 结构的单片机，其指令丰富，功能较强，但取指令和取数据不能同时进行，速度受限，价格偏高。CISC 结构的单片机有 Intel 8051、8052 系列，Motorola M68HC 系列，Atmel AT89 系列和 Philips P89C5x 系列等。

采用 RISC 结构的单片机，取指令和取数据能够同时进行，便于采用流水线操作，且大部分指令为单周期指令，其运行速度快；同时程序存储器的空间利用率高，有利于实现超小型化。RISC 结构的单片机有 Microchip PIC 系列、三星 KS57C 系列 4 位单片机、Atmel AT90 系列和 Philips P89LPC90 系列等。

一般在控制关系较简单的电子产品中可以采用 RISC 型单片机，在控制关系复杂的场合应采用 CISC 型单片机。

3. 按构成单片机芯片的半导体工艺分类

按此方法分类，单片机可分为 HMOS（High density Metal Oxide Semiconductor，高密度金属氧化物半导体）工艺和 CHMOS（Complementary HMOS，互补 HMOS）工艺两大类。CHMOS 是 CMOS（Complementary Metal Oxide Semiconductor，互补金属氧化物半导体）和 HMOS 的结合，除了保持 HMOS 的高速度和高密度之外，还有 CMOS 低功耗的特点，两类器件的功能是完全兼容的。采用 CHMOS 的器件在编号中用一个 C 来加以区别，如 80C51，80C31 等型号，都是采用 CHMOS 工艺制造的，而 8051 是采用 HMOS 工艺制造的。

4. 按单片机字长分类

按此方法分类，单片机可分为位片机、4 位机、8 位机、16 位机、32 位机和 64 位机。

目前应用广泛、需求量较大的是 8 位机和 16 位机。

1.1.4 单片机的应用领域

单片机的应用领域非常广泛。例如，导弹的导航装置、飞机上各种仪表、计算机网络通信与数据传输、工业自动化过程的实时控制和数据处理、广泛使用的各种智能 IC 卡、小轿车的安全保障系统、家用电器、医疗设备及高档电子玩具等，这些设备都离不开单片机的控制。

1. 在智能仪器仪表中的应用

由于单片机具有体积小、功耗低、控制功能强、扩展灵活等优点，广泛应用于仪器仪表中，再结合不同类型的传感器，可实现对诸如频率、温度、流量、速度、角度、压力等物理量的测量。采用单片机控制的智能仪器仪表实现了数字化、智能化、微型化，且功能也更加强大。

2. 在工业控制中的应用

用单片机可以构成形式多样的控制系统和数据采集系统。例如工厂流水线的智能化管理、电梯智能化控制及各种报警系统等。

3. 在家用电器中的应用

现阶段的家用电器基本上都采用了单片机控制，如电饭煲、微波炉、全自动洗衣机、电冰箱、空调机、遥控彩电、音响设备、电子秤、豆浆机及电子血压计等设备。

4. 在计算机网络和通信领域中的应用

单片机普遍具备通信接口，可以很方便地与计算机进行数据通信。现在的通信设备基本上都实现了单片机智能控制，如手机、电话机、小型程控交换机、楼宇自动通信呼叫系统及列车无线通信等。

5. 单片机在医用设备领域中的应用

单片机在医用设备中的用途也相当广泛，如医用呼吸机、各种分析仪、监护仪、超声波诊断设备及病床呼叫系统等。

6. 单片机在汽车设备领域中的应用

单片机在汽车电子中的应用非常广泛，如汽车中的发动机控制器、基于 CAN 总线的汽车发动机智能电子控制器、GPS 导航系统、ABS 防抱死系统及制动系统等。

可见，单片机在家电、工业控制、医疗、国防等诸多领域都有着广泛的应用。

1.1.5 单片机技术的发展历程

单片机技术的发展历程大致经历了以下几个阶段。

1. 第一阶段（1974 年～ 1976 年）：单片机的产生和初级发展阶段

1974 年，美国仙童（Fairchild）公司研制出世界上第一台单片微型计算机 F8。它只包含了 8 位 CPU、64B 的 RAM 和两个并行口，使用时还需外接 ROM、定时器/计数器等芯片。随后，Mostek 公司推出了 3870。这一时期的单片机制造工艺落后，集成度很低。

2. 第二阶段（1976 年～ 1978 年）：单片机的探索阶段

1976 年 9 月，美国 Intel 公司的 MCS－48 系列单片机问世，它成为单片机发展史上重要的里程碑，开始了工业控制领域的智能化时代。这一系列的单片机在芯片内集成了 8 位 CPU、并行 I/O 口、8 位定时器/计数器、ROM 和 RAM 等，无串行 I/O 口，中断处理较简单，片内 RAM、ROM 容量较小，且寻址范围不超过 4KB。因为体积小、功能全、价格低而获得了广泛的应用，为单片机技术的发展奠定了基础。

3. 第三阶段（1978 年～ 1983 年）：主流低速单片机的发展阶段

1980 年，Intel 公司推出了功能、技术更趋完善的高档 8 位 MCS－51 系列单片机，其代表机型为 8051 单片机，成为市场上的主流机型。该时期的单片机存储容量和寻址范围都有所增大，运算速度也有了较快的增长；单片机内含的中断源、并行 I/O、定时器/计数器的数量也有明显增加；另外还集成了全双工串行通信接口电路，有的片内还带有 A/D 转换接口。代表机型有 Intel 公司的 MCS－51 系列、TI 公司的 TMS7000 系列等。

4. 第四阶段（1983 年以后）：高档 8 位单片机巩固发展及 16 位单片机的推出阶段

这一时期，既有工艺先进、集成度高、内部功能强、运行速度快的 16 位单片机问世，也有高性能、多功能的新型 8 位单片机不断推出。

1983 年，Intel 公司推出了功能极强的 16 位 MCS－96 系列单片机。除 CPU 为 16 位以外，片内 RAM 增加到 232B，ROM 的容量达到 8KB，片内带有高速 I/O 处理单元，多通道 10 位 A/D 转换部件，具有 8 级中断，实时处理能力更强，适合更复杂的控制系统。16 位单片机的代表机型还有 TI 公司的 TMS9900 系列机，NEC 公司的 783XX 系列，NS 公司的 HPC16040 等。

高档 8 位单片机，这一时期的代表有：Intel 公司的 8044（双 CPU 工作），Motorola 公司的 MC68HC11（内含 E^2PROM 和 A/D 转换电路），WDC 公司的 65C124（内含网络接口电路）等。

5. 第五阶段（进入 21 世纪以来）：单片机百花齐放发展的阶段

进入 21 世纪，由于科技的不断发展，人们对不同层次、不同功能的单片机的需求不断增加。低功耗、高时钟频率、抗干扰能力强等高性能兼容单片机不断问世，如 TI 公司的 MSP430，LG 公司的 GMS90 系列。另一方面，具备不同引脚封装形式、低工作电压、内载 Flash ROM 等特殊单片机也不断出现，如美国 MicroChip 公司的 PIC 12、16、18 系列 8 位单片机，美国 Atmel 公司的 AVR 单片机等。

读一读：实际上，占全球单片机销量60%～80%的8位单片机，仍然是当前的主流。就国内而言，使用量最大、应用范围最广泛的也是8位单片机。在8位单片机中，Intel公司的MCS－51系列单片机已成为8位单片机的主流机型。世界上生产单片机的各公司也看好MCS－51系列单片机的强劲趋势，在8位单片机的设计上纷纷向MCS－51系列单片机内核靠拢，8051内核已成为8位单片机的发展核心。荷兰Philips公司首先购买了8051内核的使用权，并在此基础上增加了具有自身特点的I^2C总线。Atmel公司用Flash ROM技术与Intel公司进行技术交换，取得了80C31的使用权，生产出AT89C系列单片机。Infineon（英飞凌）公司推出的C500系列单片机、中国台湾华邦公司生产的W78系列8位单片机等均与MCS－51系列8位单片机在指令系统和引脚功能上完全兼容。Intel公司将8051生产技术以不同形式向不同公司转让，使得以8051为内核的系列单片机大量衍生出来，满足了各个领域不同的应用要求。所以，本书仍以MCS－51系列的80C51单片机为原型。

目前，单片机的主要生产厂家包括以下几个公司。

Intel公司：MCS－51系列，MCS－96系列。

Atmel公司：AT89系列（MCS－51内核），AT90（AVR）系列。

MicroChip公司：目前主要的单片机产品包括PIC10F、12F、16F、18F系列8位机；PIC24F、24H系列16位机；PIC32系列32位机等。

Freescale（飞思卡尔半导体，原摩托罗拉半导体部）：MC68HC××系列。

NXP（恩智浦半导体，Philips公司创立）：89、87、80系列（MCS－51内核）。

TI公司：MPS430系列。

1.1.6 单片机技术的发展趋势

20世纪90年代后期至今，单片机技术进入了一个新的发展阶段，将朝着CHMOS化、低功耗、小体积、大容量、高性能、低价格和外围电路内装化等几个方面发展。

1. CHMOS化

由于CHMOS技术的进步，且具有低功耗、高密度、高速度等特点，大大促进了单片机的CHMOS化。

2. 低功耗

单片机的功耗已到mA级，甚至到1μA以下，使用电压在3～6V之间，完全适应电池工作。低功耗的效应不仅是功耗低，而且带来了产品的高可靠性、高抗干扰能力以及产品的便携化、低电压化。目前0.8V供电的单片机已经问世。

3. 大容量化

传统的单片机片内程序存储器一般为1～8KB，片内数据存储器在256B以下。在某些复杂的应用上，片内不论是程序存储器还是数据存储器容量都不能满足需求，必须采用外接方式进行扩展。而新型单片机（例如 Philips P89C664）片内程序存储器可达 64KB，片内数据存储器可达 8KB。今后，随着制造工艺的不断发展，单片机片内存储器容量将进一步扩大。

4. 单片机的高性能化

主要是指进一步提高 CPU 的性能，加快运算速度，并加强了位处理功能、中断、定时功能。其主频从 4 ～ 12MHz 向 0（全静态）～ 40MHz 以上发展。同时采用流水线结构，让指令以队列形式出现在 CPU 中，从而进一步提高运算速度。有的单片机基本采用了多流水线结构，这类单片机的运算速度要比标准的单片机高出 10 倍以上。

5. 外围电路内装化

随着集成电路制造工艺的不断改进，将各种功能器件集成在片内成为可能。除了一般必须具有的 CPU、ROM、RAM、定时器/计数器等外，片内还可以根据需要集成如串行口、A/D、D/A、DMA 控制器、锁相环（PLL，Phase Locked Loop）、串行外围接口（SPI，Serial Peripheral Interface）、脉宽调制（PWM，Pulse Width Modulation）、看门狗计时器（WDT，Watch Dog Timer）、液晶显示（LCD，Liquid Crystal Display）驱动器等多种功能的部件。这样使得单片机的功能扩大，稳定性增强，可以为用户提供更优质的服务。

6. 增强 I/O 口功能

为了减少外部驱动芯片，进一步增加单片机并行口的驱动能力，现在有的单片机可直接输出较大电流（20mA）和较高电压，以便直接驱动显示器。为进一步提高 I/O 的传输速度，有的单片机设置了高速 I/O 口，能以最快的速度捕捉外部数据的变化，同时以最快的速度向片外输出数据，以适应数据高速传输的场合。

1.1.7 常用单片机的类型介绍

1. Intel 公司的 MCS－51 系列单片机

MCS－51 系列单片机的品种很多，常见的 MCS－51 系列单片机包括下列型号。

（1）8031/8051/8751。这三种单片机常称为 8051 子系列，它们的区别仅在于片内程序存储器不同。8051 片内有 4KB 的掩膜 ROM；8751 片内有 4KB 的 EPROM；8031 片内无程序存储器，需外接 EPROM 或 E^2PROM 存储芯片。

（2）8032/8052/8752。它们是 8031/8051/8751 的改进型，常称为 8052 子系列。其片内 ROM、RAM 容量比 8051 子系列单片机增加一倍。另外还增加了一个定时器/计数器和一个中断源。

（3）80C31/80C51/87C51。它们是采用 CHMOS 工艺制造的芯片，也称 80C51 子系列。它与 8051 子系列的区别在于芯片的制造工艺不同，其他方面完全兼容。它具有集成度高、速度快、功耗低等特点而被用户广泛使用。Intel 公司 CHMOS 单片机的主要型号见表 1.1。

表 1.1　Intel 公司 CHMOS 单片机的主要型号

系　列	典型芯片	片内 ROM 形式	片内 RAM 形式	定时器/计数器	并行 I/O 口	串行 I/O 口	中断源
C51 子系列	80C31	无	128B	2×16	4×8	1	5
	80C51	4KB 掩膜 ROM	128B	2×16	4×8	1	5
	87C51	4KB EPROM	128B	2×16	4×8	1	5
	89C51	4KB E^2PROM	128B	2×16	4×8	1	5
C52 子系列	80C32	无	256B	3×16	4×8	1	6
	80C52	8KB 掩膜 ROM	256B	3×16	4×8	1	6
	87C52	8KB EPROM	256B	3×16	4×8	1	6
	89C52	8KB E^2PROM	256B	3×16	4×8	1	6
2051	89C2051	2KB E^2PROM	128B	2×16	2×8	1	5

2. Atmel 公司的 AT89 系列和 AT90 系列单片机

（1）AT89 系列。AT89 系列单片机是 Atmel 公司的 8 位 Flash 单片机。AT89 系列单片机的核心是 8051，其引脚排列、定义与 51 系列完全一致，可以直接替换。由于其片内程序存储器使用了 Flash ROM，芯片可以反复使用，因此缩短了研制周期，降低了研制成本。

AT89 系列单片机的常见型号见表 1.2。

表 1.2　AT89 系列单片机的常见型号

型　号	Flash ROM 容量（KB）	RAM 容量（B）	工作电压（V）	引　脚
AT89C1051	1	64	5	20
AT89C2051	2	128	5	20
AT89C51	4	128	5	40
AT89LV51	4	128	2.7～6	40
AT89C52	8	256	5	40
AT89LV52	8	256	2.7～6	40
AT89C55	20	256	5	40
AT89LV55	20	256	2.7～6	40

读一读：AT89 系列单片机的型号编码由三个部分组成，它们分别是前缀、型号和后缀。其格式如下。

AT89C××××—××××

其中：AT 是前缀，表示 Atmel 公司；89C××××是型号；××××是后缀。

下面分别对这三个部分进行说明，并且对其中有关参数的表示和意义作出相应的解释。

1. 前缀

前缀由字母“AT”组成，它表示该器件是Atmel公司的产品。

2. 型号

型号由“89C××××”或“89LV××××”或“89S××××”等表示。

(1) 89C××××中，9表示内部含Flash存储器；C表示是CMOS产品。

(2) 89LV××××中，LV表示是低电压产品。

(3) 89S××××中，S表示含ISP Flash ROM。

在这个部分的××××表示器件型号，例如：51，1051，8252等。

3. 后缀

后缀由“××××”这4个参数组成，每个参数的表示和意义不同。在型号与后缀部分由“-”号隔开。

后缀中的第一个参数×用于表示速度，它的意义如下。

×=12，表示速度为12MHz，

×=16，表示速度为16MHz，

×=20，表示速度为20MHz，

×=24，表示速度为24MHz，

后缀中的第二个参数×用于表示封装，它的意义如下。

×=D，陶瓷双列直插式封装。

×=J，塑料J引线芯片载体。

×=L，无引线芯片载体。

×=P，塑料双列直插（DIP）封装。

×=S，SOIC封装。

×=Q，PQFP封装。

×=A，TQFP封装。

×=W，裸芯片。

后缀中的第三个参数×用于表示温度范围，它的意义如下。

×=C，表示是商业产品，温度范围为0～+70℃。

×=I，表示是工业产品，温度范围为-40～+85℃。

×=A，表示是汽车用产品，温度范围为-40～+125℃。

×=M，表示是军用产品，温度范围为-55～+150℃。

后缀中的第四个参数×用于说明产品的处理情况，它的意义如下。

×为空，表示处理工艺是标准工艺。

×=/883，表示处理工艺采用MIL-STD-883标准。

例如，有一个单片机型号为“AT89C51-12PI”，则表示意义为，该单片机是Atmel公司的Flash单片机，内部是C51结构，速度为12MHz，封装为DIP，是工业级产品，按标准处理工艺生产。

由于 AT89C51/52 在性能上不支持 ISP（In System Programming，在系统编程）功能，因此 Atmel 公司已经停止生产了该类芯片，并已用 AT89S51 替代。AT89S51/52 是一个低功耗、高性能的 CHMOS 8 位单片机。AT89S51 相对于 AT89C51 来说，增加了 ISP 在线编程功能，片内含 4KB 的 ISP 可反复擦写 1000 次的 Flash ROM，下载程序时无须脱离电路板，无须使用编程器；最高工作频率为 33MHz；具有双工 UART 串行通道；内部集成了看门狗计时器；拥有全新的加密算法，程序的保密性大大加强了，可以有效地保护知识产权不被侵犯；而且 AT89S51/52 向下完全兼容 51 的全部系列产品，因此，AT89S51/52 已经成为单片机的首选机型。在任务 1.2 中的单片机就采用了 AT89S52。由于 Proteus 软件中没有 AT89S51/52 单片机的仿真模型，所以在后面的任务中采用的是 AT89C51 单片机。

注意：不同型号的单片机之间在性能上有一定的差异，选用时请详细阅读使用说明书。

（2）AT90 系列。AT90 系列单片机，就是市面上常见的 AVR 系列单片机。该系列单片机吸收了 PIC 系列单片机与 51 系列单片机的优点，具有精简指令集 RISC 结构，采用 C 语言编程，通过 SPI 口和一般编程器，就可以对 Flash 存储器进行编程，有良好的性价比。AT90 系列单片机目前有 AT90S1200、AT90S2313、AT90S4414、AT90S8515、AT90S8535 等多种型号，其性能也比 AT89 系列单片机优越。

3. Microchip 公司的 PIC（Peripheral Interface Controller）系列单片机

美国 Microchip 公司生产的单片机主要机型就是 PIC 系列单片机。它具有低功耗、体积小、片内带 EPROM 等优点；CPU 采用 RISC 结构，仅 33 条指令，执行速度快，比同类单片机提高了 5 倍左右；程序存储器采用一次性编程技术 OTP 器件，可大大缩短开发周期。Microchip 强调节约成本的最优化设计，适于用量大、档次低、价格敏感的产品。

PIC 系列单片机的主要型号包括 PIC12F 系列、PIC16F 系列和 PIC18F 系列等。

4. TI 公司的 MSP430 系列单片机

MSP430 系列单片机是美国德州仪器（TI，Texas Instruments）公司于 1996 年推向市场的一种 16 位超低功耗的混合信号处理器（Mixed Signal Processor）。它针对实际应用需求，把许多模拟电路、数字电路和微处理器集成在一个芯片上，以提供“单片”解决方案。MSP430 系列是一个 16 位的、具有精简指令集的、超低功耗的混合型单片机，由于它具有极低的功耗、丰富的片内外设和方便灵活的开发手段，已成为众多单片机系列中一颗耀眼的新星。

【任务实施】

1. 在 IE 浏览器的地址栏，输入 www. baidu. com，打开百度主页，在搜索栏中输入“单片机”一词，单击“百度一下”按钮，看看有多少关于单片机的链接。

2. 按照下列网址，进入有关单片机学习、开发的网站，浏览有关的单片机信息。

（1）51 测试网 www. 51c51. com。

（2）单片机爱好者 www. mcufan. com。

（3）中国单片机开发网 www. dpjkf. com。

(4) 中国单片机公共实验室 www. bol-system. com。

(5) 周立功单片机 www. zlgmcu. com。

(6) 老古开发网 www. laogu. com。

(7) 中国单片机培训网 www. mcuchina. cn。

(8) 中源单片机 www. zymcu. com。

(9) 平凡单片机工作室 www. mcustudio. com。

任务 1.2 解剖典型单片机应用电路

典型单片机应用电路如图 1. 2 所示。

【学习目标】

(1) 掌握 80C51 单片机的内部逻辑结构，了解单片机与通用微机的区别。

(2) 了解 80C51 单片机引脚的名称与功能。

(3) 掌握单片机的时钟电路和复位电路的结构组成和工作原理。

(4) 了解 Proteus 软件的基本操作，能够熟练绘制单片机的最小系统电路图。

(5) 能够自行分析如图 1. 2 所示的典型单片机应用电路的结构与功能。

【任务描述】

通过任务 1. 1 的学习，已经知道了单片机其实就是一块可编程芯片，但它不可能把所需要的电路都集成到芯片中，用户还要根据自己的需求在单片机外部再扩展相关电路，如按键、显示器等，以构成一个完整的单片机应用电路。图 1. 2 就是一个典型的单片机应用电路，它是由哪几部分功能电路构成的？各部分功能电路又是如何与单片机连接的？这就是本次任务要学习的内容。

【相关知识点】

1. 2. 1 单片机最小系统

单片机最小系统是由单片机芯片、复位电路、时钟电路构成的电路，其核心是单片机芯片，所以掌握单片机芯片的内部结构和引脚功能是使用单片机的基础。

1. 单片机的内部逻辑结构

目前，许多公司研发的单片机都是以 Intel 公司的 MCS - 51 系列的单片机作为参照，并与之在系统上兼容。因此，这里仍以 MCS - 51 系列单片机中的代表型号 80C51 为例来进行学习。在学习怎样使用单片机之前，必须先掌握 80C51 单片机的内部逻辑结构，如图 1. 3 所示。

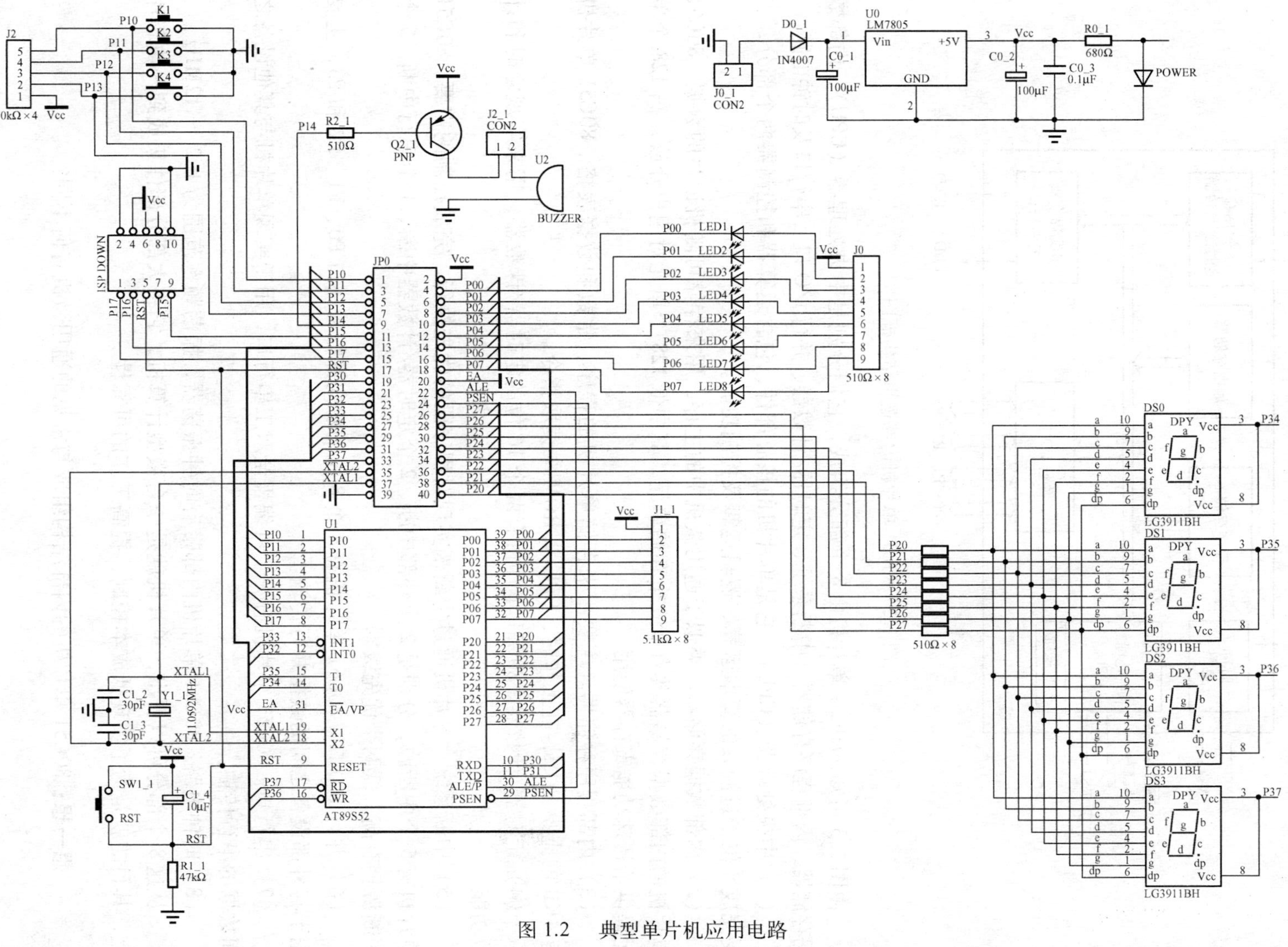

图 1.2 典型单片机应用电路

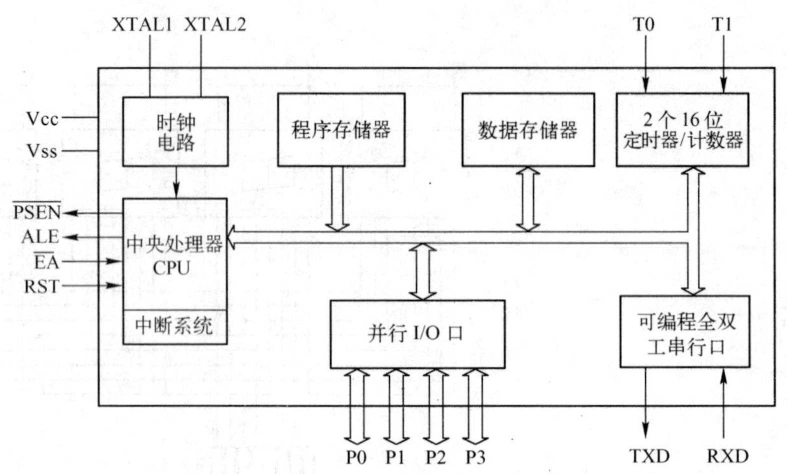

图 1.3　80C51 单片机内部逻辑结构框图

由图 1.3 可知，80C51 单片机由 8 个部分组成，它们分别是中央处理器（CPU）、内部数据存储器、内部程序存储器、中断系统、定时器/计数器、并行 I/O 口、串行口及时钟电路。

（1）中央处理器（CPU）。它是单片机的核心部件，包含运算器和控制器两个部分，主要完成 8 位二进制数的算术运算、逻辑运算及控制功能。

（2）内部数据存储器。类似于通用微机中的主存，用来存储可随机读写的数据。80C51 单片机的内部数据存储器共有 256 个存储单元，其中低 128 个单元对用户开放，高 128 个单元提供给特殊功能寄存器使用。

（3）内部程序存储器。主要用来存储单片机的程序、常数和数据表格。80C51 单片机有 4KB 的掩膜 ROM，在工作时，CPU 从 ROM 中读取指令。

（4）定时器/计数器。80C51 单片机有两个 16 位的定时器/计数器，用来实现定时和计数功能。

（5）中断系统。单片机通过中断来实现对程序段的优先执行，完成控制的需要。80C51 单片机有 5 个中断源，分别是 2 个外部中断、2 个定时器/计数器中断、1 个串行中断。5 个中断源拥有高、低两个优先级别。

（6）并行 I/O 口。80C51 单片机有 4 个 8 位的双向并行 I/O 口 P0、P1、P2 和 P3，主要用于与外部设备之间的数据并行传输。

（7）串行口。80C51 单片机有 1 个可编程全双工串行口，用于实现单片机与其他设备之间数据的串行传输。

（8）时钟电路。80C51 单片机内部带有时钟振荡器，振荡频率范围为 1.2 ～ 12MHz。

从这 8 个部分可以看出，单片机就是一台微型计算机，它将大部分部件集成到一块芯片上，其目的就是为了实现低成本控制，提高工作的可靠性。

想一想： 80C51 单片机的内部结构组成与常见的通用微机有何不同？

2. 单片机的引脚功能

80C51 单片机采用标准的 40 个引脚的双列直插式封装（DIP，Dual In-line Package），如

图 1.4 所示是它的引脚图。在满足功能需要的基础上，为了尽量减少引脚的数量，一般单片机采用引脚复用技术，即部分引脚具备两种功能，来解决 40 个引脚不够使用的问题。

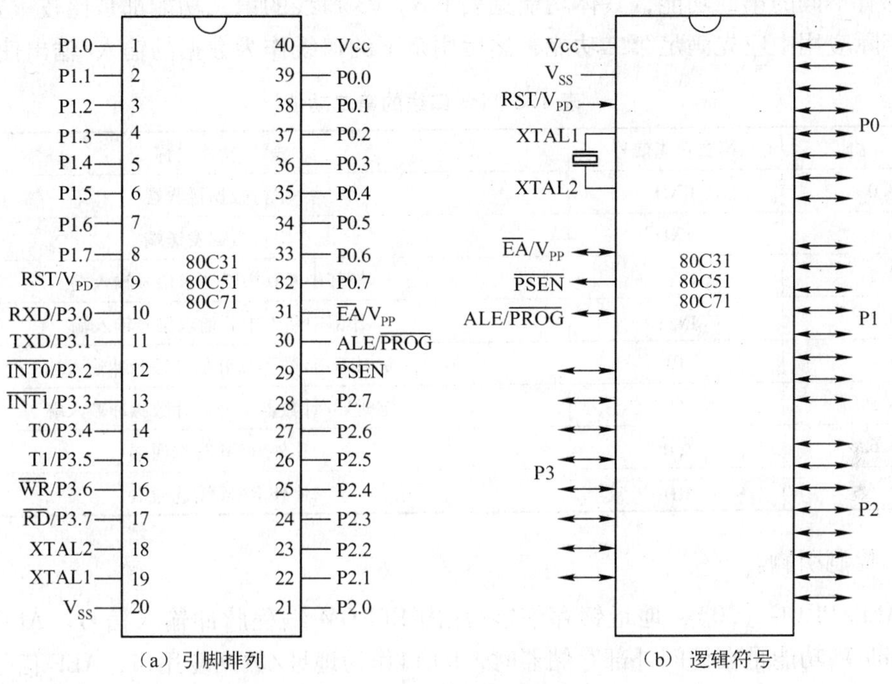

图 1.4 80C51 单片机的引脚图

做一做：启动 Proteus 软件，新建一个设计文件，调出 AT89C51 单片机，观察其引脚。

（1）工作电源引脚。

Vcc 端（40）：接 +5V 电源。

Vss 端（20）：接地。

（2）晶振引脚。

XTAL1（19）：芯片内部振荡电路输入端。

XTAL2（18）：芯片内部振荡电路输出端。

这两个引脚外接的就是时钟电路。

（3）并行 I/O 口引脚。80C51 单片机有 32 根 I/O 口线，分别属于 4 个 8 位并行 I/O 口 P0、P1、P2 和 P3。4 个 I/O 口都可以用做数据的输入和输出，有的还有第二功能，其中 P0 口和 P2 口在系统扩展时可作为地址总线或数据总线使用；P3 口也是一个双功能口，在使用时以第二功能为主。

① P0 口：P0.0 ～ P0.7 是 P0 口的 8 位双向口线。第一功能为 8 位数据的基本输入/输出；第二功能是在系统扩展时，分时作为 8 位数据总线和低 8 位地址总线使用。

② P1 口：P1.0 ～ P1.7 是 P1 口的 8 位双向口线，用于完成 8 位数据的基本输入/输出，没有第二功能。

③ P2 口：P2.0 ～ P2.7 是 P2 口的 8 位双向口线。第一功能为 8 位数据的基本输入/输

出；第二功能是在系统扩展时作为高 8 位地址总线使用。

④ P3 口：P3.0 ～ P3.7 是 P3 口的 8 位双向口线。它是一个双功能口，即 P3 口的每一条口线都有不同的第二功能，具体功能见表 1.3。P3 口线的第二功能都是比较重要的控制信号，在实际应用中应先满足第二功能，然后用余下的口线作为数据的输入/输出使用。

表 1.3　P3 口线的第二功能

引　　脚	第二功能信号	第二功能名称
P3.0	RXD	串行数据接收端
P3.1	TXD	串行数据发送端
P3.2	$\overline{\text{INT0}}$	外部中断 0 中断请求信号输入端
P3.3	$\overline{\text{INT1}}$	外部中断 1 中断请求信号输入端
P3.4	T0	定时器/计数器 0 外部计数脉冲输入端
P3.5	T1	定时器/计数器 1 外部计数脉冲输入端
P3.6	$\overline{\text{WR}}$	片外 RAM 写选通端
P3.7	$\overline{\text{RD}}$	片外 RAM 读选通端

（4）控制引脚。

① ALE/$\overline{\text{PROG}}$（30）：地址锁存使能/片内 EPROM 编程脉冲输入信号。ALE（Address Lock Enable）功能是在访问外部存储器时，P0 口作为地址/数据复用口，ALE 信号用于锁存低 8 位地址。当 ALE 信号为高电平时，P0 口上的信息为低 8 位地址，在 ALE 信号的下降沿时将 P0 口上的低 8 位地址送地址锁存器锁存起来；在 ALE 为低电平期间，P0 口上的信息为指令或数据信息，这样就实现低位地址与数据的分离。在不访问外部存储器时，该端以晶振频率的 1/6 的频率输出正脉冲信号，可以作为外部时钟或定时脉冲使用。

$\overline{\text{PROG}}$功能用于 EPROM 型单片机（如 8751）。在对 EPROM 进行编程时，该引脚作为编程脉冲的输入端。

② RST/V_{PD}（9）：复位信号/备用电源输入。RST 端用于输入单片机的复位信号。当在该引脚上连续出现两个机器周期以上的高电平时，单片机进入复位状态，完成初始化操作。

V_{PD}功能用于当电源引脚 Vcc 的电压突然下降或掉电时，在 V_{PD}端接的 +5V 备用电源会通过该端引入片内，以保障片内 RAM 的数据不会丢失，复位后可以继续工作。

③ $\overline{\text{EA}}$/V_{PP}（31）：访问外部程序存储器的控制信号/片内 EPROM 编程电源输入。当$\overline{\text{EA}}$为低电平时，CPU 只访问外部扩展的程序存储器；当$\overline{\text{EA}}$为高电平时，CPU 访问芯片内部的 4KB 程序存储器和片外 4KB 以上的程序存储单元。

V_{PP}用于 EPROM 型单片机（如 8751）编程时，该引脚加 21V 编程电压。

④ $\overline{\text{PSEN}}$（29）：外部程序存储器读选通信号。在访问外部扩展的程序存储器时，当该引脚信号为低电平时，才能选通外部程序存储器并对其进行读操作。

注意： 控制引脚上的第一功能和第二功能分别用于单片机的不同工作方式，所以在使用过程中不会发生矛盾。

单片机内部集成的资源是有限的，有时需要在其外部进行扩展，如数据存储器、程序存储器、I/O 接口、A/D 或 D/A 转换器等。这些外部扩展的部件需要和单片机有机地连接在一起才能正常工作。它们之间的连接是通过单片机的系统总线完成的。以 80C51 单片机为例，其 8 位数据总线由 P0 口（P0.0 ～ P0.7）构成；16 位地址总线由 P0 口外接的地址锁存器输出（构成低 8 位地址总线）和 P2 口（P2.0 ～ P2.7，构成高 8 位地址总线）构成；控制总线由 ALE、$\overline{EA}$、$\overline{PSEN}$、$\overline{WR}$（P3.6）、$\overline{RD}$（P3.7）、$\overline{INT0}$（P3.2）、$\overline{INT1}$（P3.3）引脚构成，如图 1.5 所示。

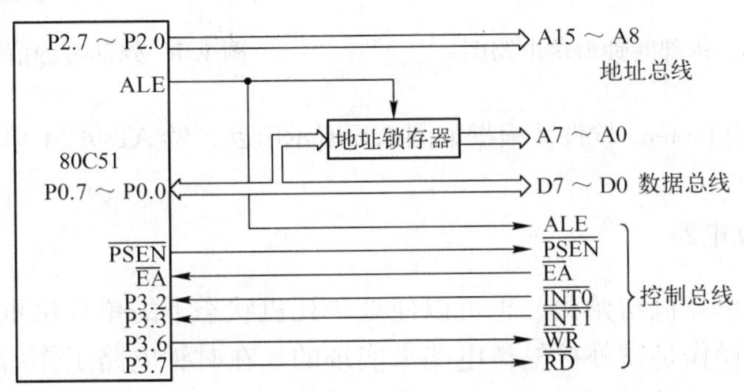

图 1.5　单片机系统总线的构成

3. 时钟电路

时钟电路用来产生时钟信号供单片机使用，单片机再将时钟信号加工成各种它所需要的工作信号，这些工作信号之间的相互关系称为时序。单片机是一个复杂的系统，要保证这个系统的各个部件能够协调、准确、可靠地工作，全部电路应在统一的时钟信号控制下严格按照时序进行工作。

时钟信号的产生有两种方式，即内部时钟和外部时钟。

（1）内部时钟电路。外部振荡器和单片机内部的时钟电路一起构成了单片机的内部时钟方式。80C51 单片机内部有一个高增益反相放大器，XTAL1 和 XTAL2 引脚分别是这个放大器的输入端和输出端。放大器与作为反馈元件的片外石英晶体振荡器或陶瓷振荡器一起构成了一个稳定的自激振荡器，其电路图如图 1.6 所示。其中电容 C1_2 和 C1_3 起到对频率微调的作用，电容的容量一般为 5 ～ 30pF，这里定为 30pF；晶振的振荡频率的选择范围为 1.2 ～ 12MHz，这里定为 11.0592MHz，其频率越高，则系统的时钟频率越高，单片机的运算速度越快，可以用示波器从 XTAL2 引脚观察到振荡器输出的脉冲波形。不同型号的单片机其工作频率不同，使用时可查产品说明书。如 89S51 的最高工作频率可达 33MHz。

注意：振荡器产生的振荡脉冲信号经二分频之后，就是单片机的时钟信号。

（2）外部时钟电路。在由多片 80C51 单片机组成的多机系统中，为了使各单片机之间的时钟信号同步，应当引入唯一的公用外部脉冲作为系统中各单片机的振荡脉冲信号，这就是外部时钟方式。如图 1.7 所示，外部振荡脉冲信号通过 XTAL1 端输入，把 XTAL2 端悬空。外部振荡脉冲信号一般为 12MHz 以下的方波。由于 XTAL1 端的逻辑电平不是 TTL 的，所以需要外接上拉电阻。

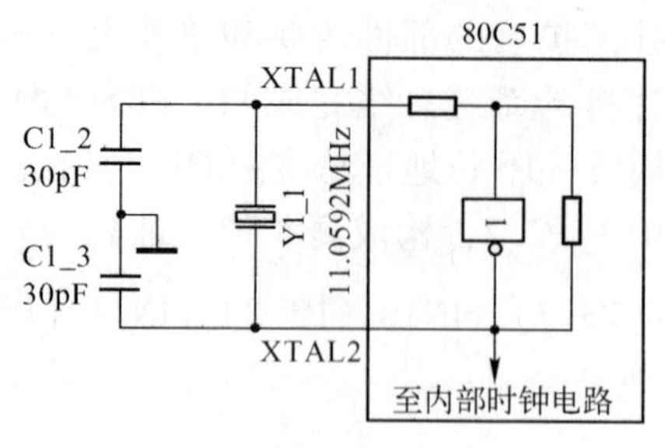

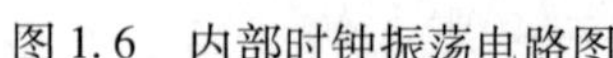

图 1.6 内部时钟振荡电路图

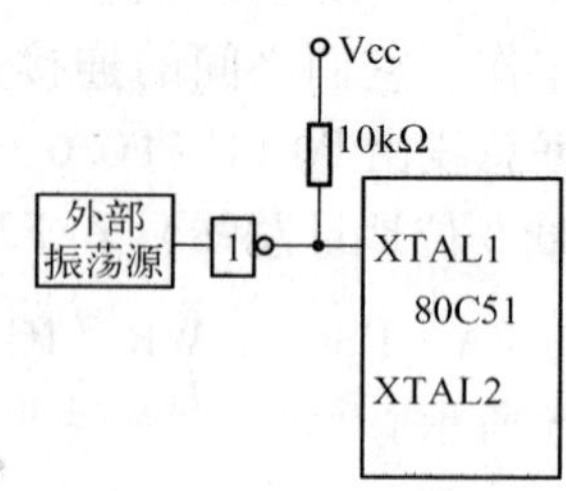

图 1.7 外部时钟信号接法

做一做：使用 Proteus 软件，根据如图 1.6 所示电路，给 AT89C51 单片机搭建时钟电路。

4. 单片机的复位电路

复位操作可以使单片机初始化，也可以使处于死机状态下的单片机重新启动，因此非常重要。单片机的复位操作是靠外接复位电路来实现的。在时钟电路工作后，只要在单片机的复位端 RST 引脚上出现两个机器周期以上的高电平信号，单片机就能实现复位。

80C51 单片机的内部复位电路结构如图 1.8 所示。由外部复位电路产生的复位信号通过 RST 端送给片内的施密特触发器，得到内部复位操作所需的信号。

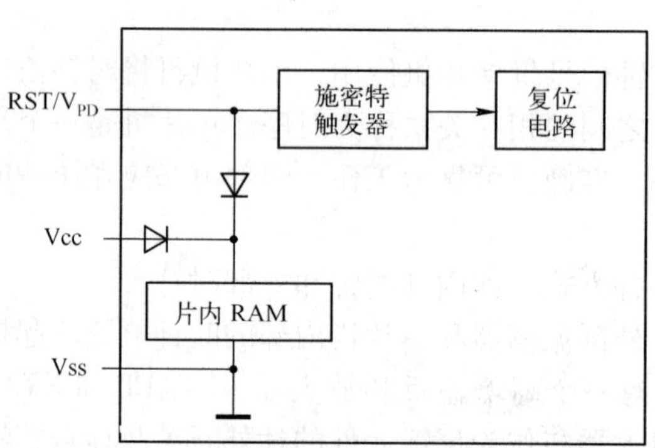

图 1.8 单片机复位电路示意图

（1）单片机复位后的状态。单片机在复位后进入初始状态，程序计数器 PC 的值为 0000H，单片机将从程序存储器的 0000H 单元开始执行程序。单片机复位后，片内 RAM 中的内容不会改变，但复位操作会改变一些寄存器的值。有关寄存器复位时的初始状态见表 1.4。

表 1.4 有关寄存器复位时的初始状态

寄存器名	初始化状态	寄存器名	初始化状态
PC	0000H	IE	0××00000B
ACC	00H	TMOD	00H
B	00H	TCON	00H
PSW	00H	TH0	00H
SP	07H	TL0	00H
DPTR	0000H	TH1	00H

续表

寄 存 器 名	初始化状态	寄 存 器 名	初始化状态
P0	0FFH	TL1	00H
P1	0FFH	SCON	00H
P2	0FFH	SBUF	不定
P3	0FFH	PCON	0×××0000B
IP	×××00000B		

（2）复位电路。单片机复位方式有上电自动复位和按键手动复位两种。按键手动复位又分为按键电平复位和按键脉冲复位两种。常用的 3 种复位电路如图 1.9 所示。

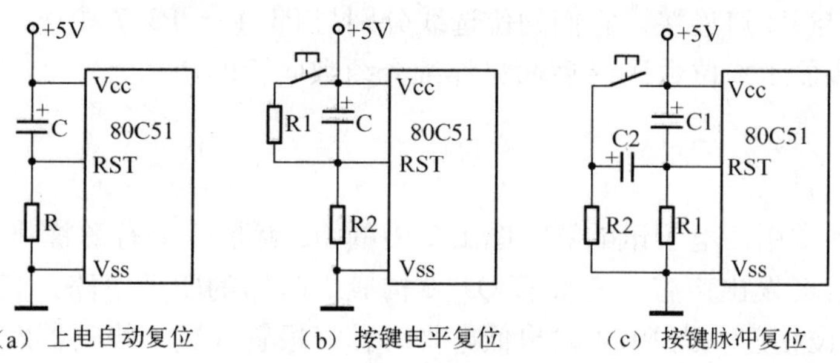

图 1.9　3 种复位电路

如图 1.9（a）所示为上电自动复位电路。在单片机加电工作时，电源给电容充电，RC 电路有电流通过，RST 端瞬间为高电平，开始复位操作。当电容充电满时，电路上没有电流通过，RST 端为低电平。选择适当的 R 和 C 的值，就能使 RST 端的高电平维持两个机器周期以上。

如图 1.9（b）所示为手动按键电平复位电路。它的上电复位功能与图 1.9（a）相同；在单片机需要复位时，按下按键，R1 与 R2 串联分压，RST 为高电平，单片机开始复位。图 1.2 中的复位电路就是采用这种形式，只是没有 R1 电阻，+5V 的高电位直接加到复位端。

如图 1.9（c）所示为手动按键脉冲复位电路。它的上电复位功能与图 1.9（a）相同；在单片机需要复位时，按下按键，利用 RC 微分电路在 RST 端产生正脉冲信号来实现复位。

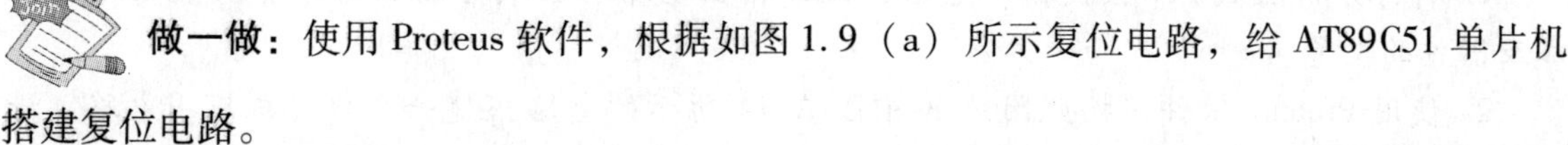

做一做：使用 Proteus 软件，根据如图 1.9（a）所示复位电路，给 AT89C51 单片机搭建复位电路。

1.2.2　输入设备

单片机应用系统中的基本输入设备一般是按键开关或键盘。在图 1.2 中，4 个按键 K1 ～ K4 构成了独立式键盘。4 个按键的一端分别与 P1.0 ～ P1.3 口位相连，排阻 J2 是其上拉电阻，按键的另一端相连后接地。当某一个按键按下时，其对应口位的电平变成低电平，读入单片机的值就是逻辑 0；若无按键按下，则所有口位都是高电平。

1.2.3　输出设备

在图 1.2 中，由 8 个发光二极管、4 个数码管和蜂鸣器构成了该系统的输出设备。

1. 发光二极管（LED，Light Emitting Diode）

发光二极管常用于电子设备的电源指示和工作状态指示。在图 1.2 中，8 个发光二极管 LED1 ～ LED8 的阳极通过一个 510Ω×8 的电阻排和电源（Vcc）连接，其阴极和单片机的 P0 口的 8 个口位（P0.0 ～ P0.7）连接。当某个口位输出为低电平时，对应发光二极管点亮。另外，电阻起到限制电流的作用，改变阻值，可调节发光二极管的亮度。

2. 数码管显示器

在图 1.2 中，四个数码管 DS0 ～ DS3，它们的段选线（a ～ g，dp）并接在一起，通过 8 个 510Ω 的电阻与 P2 口连接，它们的位选线分别与 P3.4 ～ P3.7 相连，构成了 4 位动态数码管显示器，最多显示 4 位数码（后面将详细介绍数码管的使用）。

3. 蜂鸣器

蜂鸣器是一种常用的电子讯响器。图 1.2 中的 U2 就是一个有源蜂鸣器，当给它加上额定工作电压时，就会发出声音。三极管 Q2_1 构成蜂鸣器的驱动电路，其基极通过 R2_1 与单片机的 P1.4 口位相连。当 P1.4 输出低电平时，三极管导通，蜂鸣器发声。注意，蜂鸣器有极性，切莫接错。

1.2.4 电源电路

在图 1.2 中，以稳压集成电路 LM7805 为核心的电路构成单片机应用系统的电源电路。它的输入电压是直流 9V；二极管 D0_1 起到防止电源极性接错而烧毁芯片的作用；电容 C0_1、C0_2 和 C0_3 起到输入、输出端的滤波作用；发光二极管 POWER 是电源指示灯。

输入的直流 9V 电压经 LM7805 等元件滤波稳压成 5V 电压，再向其他单元电路供电。

【任务实施】

1. 自行分析图 1.2 中按键输入电路、LED 输出电路、数码管输出电路等功能电路的组成及器件的型号。

2. 使用 Proteus 软件，按照附录 A 中图 A.14 所示的电路搭建一个单片机应用电路，进一步熟悉 Proteus 软件的使用方法。

3. 在 Proteus 软件中，将教师提供的测试程序下载到单片机中，启动仿真，观察电路能否正确运行。

任务 1.3　如何设计单片机应用系统

【学习目标】

（1）掌握单片机应用系统的设计步骤和主要工作内容。

(2) 熟悉 Keil μVision 和 ispdown 软件的基本操作。

(3) 通过实例，了解单片机应用系统的开发过程。

【任务描述】

通过对任务 1.2 的学习，对单片机的内部结构和单片机应用电路的结构组成有了一定的认识。由单片机构成的应用系统的开发设计包括硬件电路设计和软件设计两个部分。本次任务，通过一个单片机学习板的设计过程，让大家理解单片机应用系统的硬件、软件的开发设计过程。

【相关知识点】

1.3.1 单片机应用系统的设计步骤

单片机应用系统是指以单片机为核心，配以一定的外围电路和软件，能实现某种或几种功能的应用系统。单片机应用系统的设计包括硬件设计和软件设计两大部分。一般来说，不同的应用系统，其相应的硬件和软件也不同。设计一个单片机应用系统，一般分为 4 个步骤。

1. 总体设计阶段

总体设计阶段包括需求分析和方案论证。需求分析和方案论证是单片机应用系统设计工作的开始，也是基础工作。只有经过深入细致的需求分析和周密而科学的方案论证，才能使系统设计工作顺利完成。

需求分析的内容主要包括：被测控参数的形式（电量、非电量、模拟量、数字量等）、被测控参数的范围、性能指标、系统功能、工作环境、显示、报警及打印要求等。

方案论证是根据用户的要求，设计符合现场条件的软、硬件方案。

2. 软件和硬件实现阶段

方案确定后可设计制作相应的硬件电路。在设计硬件电路时要考虑元器件的驱动及带负载能力，有时还要考虑系统的扩展性。在制作印制电路板时，要考虑以下因素：模拟电路、数字电路、高频电路、低频电路、高压电路、低压电路的布线规则和方法；印制电路板的导线宽度及所能承受的电压和电流；抗干扰能力等。

硬件电路设计好后，就可以进行软件的设计与调试了。软件的设计在单片机编程软件中进行，如使用 Keil μVision 软件等。

3. 系统的性能测定

程序设计完成后需要进行调试。程序的调试包括软件模拟仿真调试及硬件仿真调试。在 Keil μVision 中可进行模拟仿真调试。模拟仿真调试主要是检查汇编语言或 C 语言程序的语法是否正确及程序的执行是否符合要求。

硬件仿真调试是借助于单片机的实时在线开发仿真器等硬件设备对用户的目标程序进行联机运行调试，从而发现程序中的错误并将其改正。常用的实时在线仿真器有伟福、

TKS－52S 等仿真器。硬件仿真可进行实时联机调试，可真实地模拟被开发的单片机系统，为软、硬件的综合调试提供了很大方便。

程序通过软、硬件调试后，需将程序的目标文件下载到单片机的程序存储器中。程序下载是指利用编程器（也称烧写器或固化器）或下载线将调试好后生成的 .HEX 或 .bin 目标文件写入单片机的 EPROM 或 Flash ROM 中，以便单片机能独立运行。

程序的目标文件固化到单片机中后，就可对应用系统进行运行测试，直到满足用户的需求。

4. 文档编制阶段

文档不仅是设计工作的结果，也是以后使用、维修及进一步再设计的依据。文档包括任务描述、设计的指导思想及设计方案论证、性能测定及现场使用报告与说明、使用指南、软件资料（流程图、地址分配、子程序使用说明、程序清单）和硬件资料（电路原理图、PCB 板图）等。

1.3.2 单片机应用系统的设计举例

1. 设计题目

为了方便大家学习单片机技术，这里设计一款单片机学习板。利用该学习板，可以学习汇编语言指令的使用、单片机程序设计的方法和常用接口电路的使用等。

2. 设计任务分析

根据设计题目要求，在学习板上的资源包括以下几部分。

（1）1 块具有 ISP 功能的高性能单片机。

（2）4 个功能按键，构成系统的输入单元。

（3）8 个 LED，4 个 LED 数码管，1 个蜂鸣器，构成系统的输出单元。

（4）预留单片机芯片引脚扩展插座，方便单片机扩展功能的学习。

（5）采用外接 9V 直流电源，经学习板上电源电路稳压滤波后输出 +5V 电压为学习板上各功能单元供电。

3. 硬件电路设计

根据设计任务分析，电路设计中应包括控制单元（单片机电路）、输入单元、输出单元及外围电路模块（如电源电路），如图 1.2 所示。具体的电路组成和功能分析如下所述。

（1）单片机的选型。采用 Atmel 公司出品的 AT89S52 单片机，它是一款低功耗、高性能的 CHMOS 8 位单片机，具有 8KB ISP Flash ROM，利用下载线可直接将编好的程序下载到单片机中，且可反复擦写超过 1000 次，省去了编程器，降低了成本，非常适合初学者使用。

时钟电路：在单片机的 18、19 两个引脚外接 2 个 30pF 的电容和 1 个 11.0592MHz 的石英晶体振荡器，构成时钟电路。

复位电路：单片机 9 引脚外接的电解电容 C1_4（10μF）、电阻 R1_1（4.7kΩ）和按键开关 SW1_1 构成了单片机复位电路，具有电源上电自动复位和按键手动复位两种复位功能。

（2）输入单元。4 个按键 K1 ～ K4、电阻排 J2（10kΩ ×4）构成了独立式键盘。4 个按键的一端分别与 P1.0 ～ P1.3 口位相连，电阻排是其上拉电阻，按键的另一端相连后接地。当某一个按键按下时，输入单片机的对应口位为低电平；若无按键按下，则所有口位都是高电平。

（3）输出单元。8 个发光二极管 LED1 ～ LED8 的阳极通过一个 510Ω ×8 的电阻排和电源（Vcc）连接，其阴极和单片机的 P0 口的 8 个口位（P0.0 ～ P0.7）连接。当某个口位输出为低电平时，对应发光二极管点亮。

4 个数码管 DS0 ～ DS3，它们的 8 根段选线（a ～ g，dp）并接在一起，通过 8 个 510Ω 的电阻与 P2 口连接；它们的位选线分别与 P3.4 ～ P3.7 相连，构成了 4 位动态数码管显示器，用来显示 4 位数码。

由三极管 Q2_1、电阻 R2_1、R2_2 和蜂鸣器 U2 构成蜂鸣器讯响电路。三极管的基极通过 R2_1 与单片机的 P1.4 口位相连，当 P1.4 输出低电平时，三极管导通，蜂鸣器发声。

（4）外围电路。由稳压集成电路 7805、二极管 D0_1、C0_1、C0_2、C0_3、R0_1 和发光二极管 POWER 构成电源电路。从插座 J0_1 输入的直流 +9V 电压经电源电路滤波稳压后输出 +5V 电压，再向其他单元电路供电。

插座 JP0 把单片机的部分引脚向外引出，以便于扩展。

插座 ISP DOWN 用来连接下载线，把编好的程序直接下载到单片机的 Flash ROM 中。

硬件电路设计完毕后，设计并制作印制电路板（PCB），在 PCB 板上焊接元器件，至此完成了硬件电路的设计和制作任务，下面就可以编制程序了。

4. 程序设计与调试

利用该单片机学习板，可以完成许多任务，任务不同，其程序就不同。下面就编写一个比较简单的应用程序，来了解程序的编写、调试和运行的过程。

【例 1.1】 编写程序，实现发光二极管 LED1、LED3、LED5、LED7 与 LED2、LED4、LED6、LED8 交替点亮。

（1）编程思路。因为 8 个发光二极管分别接到了 P0 口的 P0.0 ～ P0.7，要想让某个二极管发光，只需让对应口位输出低电平，即 P0.0、P0.2、P0.4、P0.6 输出低电平，则 LED1、LED3、LED5、LED7 点亮；P0.1、P0.3、P0.5、P0.7 输出高电平，则 LED2、LED4、LED6、LED8 熄灭。

实现两组发光二极管交替点亮，可采用延时的办法产生停顿的效果。

（2）绘制程序流程图和编写程序。

① 程序流程图。程序流程图如图 1.10 所示。

② 汇编语言源程序清单。

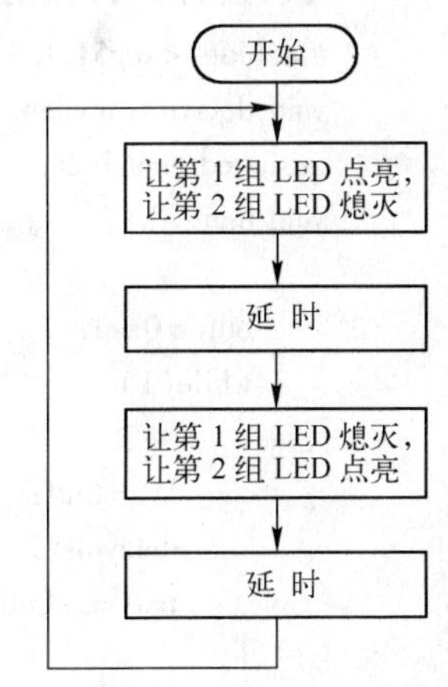

图 1.10 程序流程图

```
;************************************************************************
;程序名称:rw1 - 3. asm
;程序功能:发光二极管 LED1、LED3、LED5、LED7 与 LED2、LED4、LED6、LED8 交替点亮
;************************************************************************
          ORG     0000H          ;伪指令,表示下面的程序从 0000H 单元存放
          AJMP    START
          ORG     0030H          ;伪指令,表示下面的程序从 0030H 单元存放
START:    MOV     A,#0AAH
          MOV     P0,A           ;让第 1 组点亮,第 2 组熄灭
          ACALL   DELAY          ;调用延时子程序
          MOV     A,#55H
          MOV     P0,A           ;让第 1 组熄灭,第 2 组点亮
          CALL    DELAY          ;调用延时子程序
          SJMP    START          ;产生循环效果
;----------延时子程序,延时 200ms ------------
DELAY:    MOV     R1,#200        ;循环 200 次,实现延时 200ms
LOOP1:    MOV     R2,#250        ;循环 250 次,实现延时 1ms
LOOP2:    NOP                    ;空操作,占用 1 个机器周期,1μs
          NOP                    ;空操作,占用 1 个机器周期,1μs
          DJNZ    R2,LOOP2       ;占用 2 个机器周期,2μs
DJNZ      R1,LOOP1               ;占用 2 个机器周期,2μs,在此忽略不计
          RET                    ;子程序返回到被调用处的下一条指令
          END
```

③ C 语言源程序清单。

```
/************************************************************************
 * 程序名称:rw1 - 3. c
 * 程序功能:发光二极管 LED1、LED3、LED5、LED7 与 LED2、LED4、LED6、LED8 交替点亮
************************************************************************/
#include <reg51. h>                  //包含文件 reg51. h
void delayms(unsigned char t);       //延时函数声明
unsigned char buff;                  //定义变量 buff 为控制 LED 交替点亮
void main()
{
    buff = 0xaa;                     //第 1 组 LED 点亮,第 2 组 LED 熄灭
    while(1)
    {
        P0 = buff;
        delayms(2);                  //延时 200ms
        buff =~buff;                 //第 1 组 LED 熄灭,第 2 组 LED 点亮
    }
}
/************************************************************************
 * 函数名称: delayms()
```

```
* 函数功能：延时 t×100ms
*************************************************************************/
  void delayms (unsigned char t)
  {
      unsigned char i,j,k;
      for(i = t;i >0;i --)        //嵌套循环
      {
          for(j = 202;j >0;j --)
          {
              for(k = 243;k >0;k --);
          }
      }
  }
```

理解上面的程序，对初学者来说仍有一定的困难。通过单片机指令系统和程序设计知识的学习，不仅能够分析程序还会编写程序。

（3）利用 Keil μVision 软件，编写汇编语言源程序，生成目标程序并调试。

Keil μVision 软件的操作步骤如下。

① 启动 Keil μVision，创建新工程。主要操作包括：启动 Keil μVision 软件；创建新工程；选择单片机型号。

② 新建源程序文件，并将新建源程序文件添加到工程中。主要操作包括：新建源程序文件；将源程序文件添加到工程中。

③ 针对目标硬件设置工具选项。主要设置包括选择单片机型号；设置晶振的频率；是否生成.hex 目标文件；选择仿真方式等。

④ 对源程序进行编译或汇编，生成.hex 文件。主要操作包括：对汇编语言源程序进行汇编，如果有错误，按照错误信息排除错误，最后生成可执行文件（.hex）。

⑤ 调试并运行程序。可以使用 Keil μVision 软件对程序进行仿真运行调试，及时发现程序设计中的问题并加以改正。主要操作包括：选择软件仿真模式；采用单步、断点、连续等方式运行程序；在寄存器窗口或 I/O 窗口查看运行结果。

利用 Keil μVision 软件编写的汇编语言源程序及汇编后的结果如图 1.11 所示。

Keil μVision 软件的使用说明，请参考附录 B。

（4）将程序下载到单片机中运行。AT89S52 单片机支持在系统编程方式，也就是利用下载线将 PC 和单片机学习板连接起来，通过下载软件把执行文件（.hex）传送到单片机中的 Flash ROM 中，并在真实的环境下运行程序。

① 用下载线将 PC 的并行口和单片机的 ISP DOWN 插座连接起来，并给单片机学习板接通电源。

② 在 PC 上运行下载软件 ispdown，利用该软件将程序代码写入到单片机中的 Flash ROM 中，操作过程如图 1.12 ～图 1.15 所示。

程序代码写入成功后，就可以观察到 8 个发光二极管闪亮的效果。如果在运行过程中发现问题，可以及时在 Keil μVision 软件中修改程序，之后再将重新汇编后的目标文件下载到单片机中运行，直到完全正确为止。

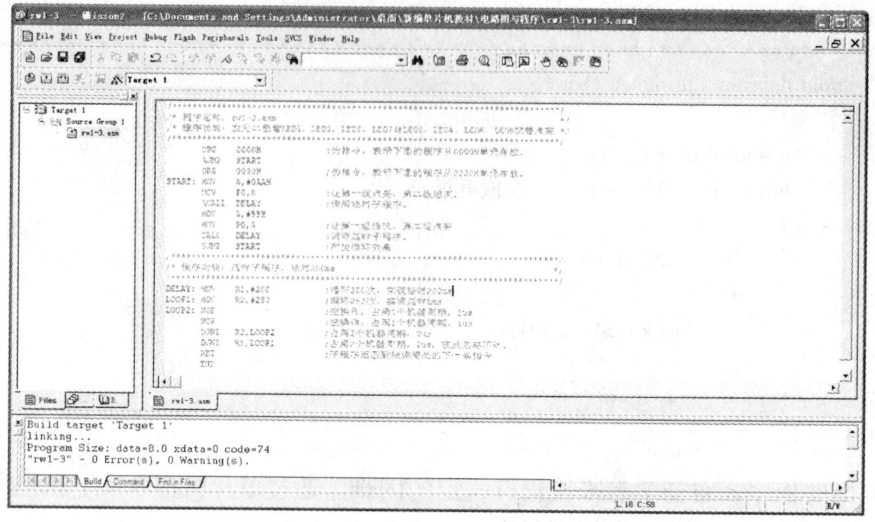

图 1.11　汇编语言源程序及汇编后的结果

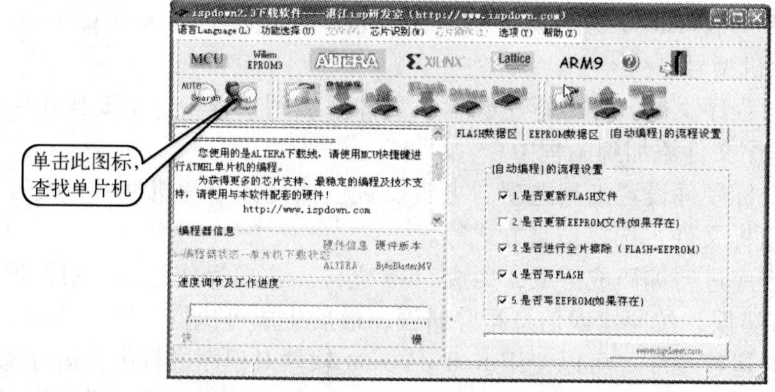

图 1.12　ispdown 启动后的画面

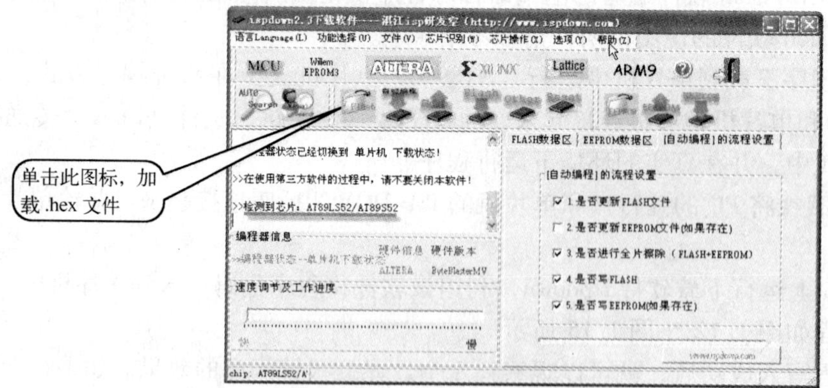

图 1.13　检测到单片机型号的画面

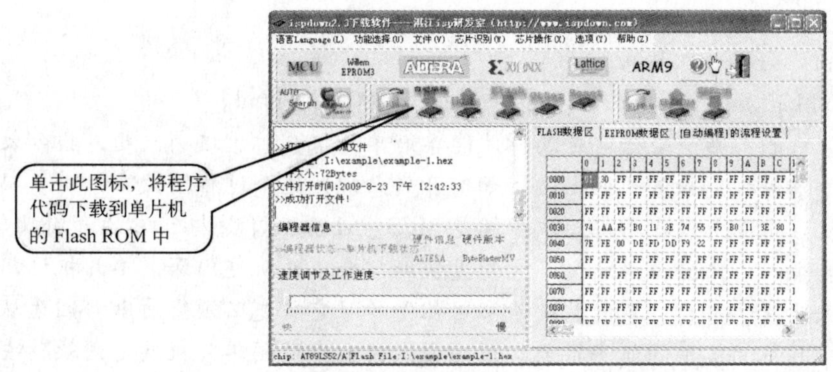

图 1.14　加载 .hex 文件后的画面

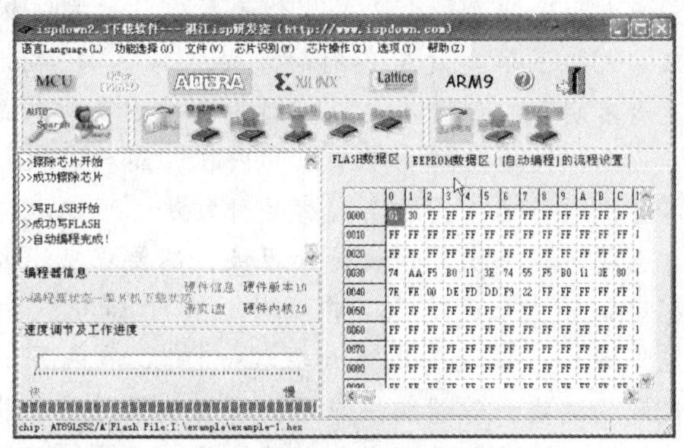

图 1.15　程序代码写入成功的画面

【任务实施】

1. 启动 Keil μVision 软件，建立工程，根据例 1.1 所给出的源程序清单，建立汇编语言源程序文件 rw1－3.asm，经过检查无误后汇编，生成 rw1－3.hex 文件。

2. 用下载线将 PC 的并行口与单片机学习板的下载插座连接起来，接通单片机学习板的电源，利用 ispdown 软件把 rw1－3.hex 文件下载到单片机中。

3. 下载成功后，拔掉下载线，观察 8 个发光二极管的闪烁效果。

小结

（1）通过对单片机概念、特点、分类、应用领域和发展史的学习，应该对单片机有一个初步的认识。

（2）通过解剖典型单片机的应用电路，要掌握 80C51 单片机的内部逻辑结构，理解主要引脚的功能，学会搭建单片机的最小系统，了解基本输入、输出及电源电路的构成。

（3）学习单片机技术的主要目的是学会如何使用单片机构成应用系统。通过任务 1.3 的学习，主要了解了单片机应用系统的设计步骤和内容，通过一个实例，熟悉了单片机硬件电路设计和程序设计的方法和过程，为后续知识的学习打下了良好的基础。

（4）学习电路仿真软件 Proteus 和 51 单片机编程软件 Keil μVision 的功能和基本操作并熟练掌握，使之成为学习单片机技术的手中利器。

读一读：如何学好单片机技术

【转自 http://blog.sina.com.cn/s/blog_5751e38501007hpj.html】

很多想学单片机的人第一句话就是怎样才能学好单片机？对于这个问题，我今天就我自己是如何开始学单片机，如何开始上手，如何开始熟练，这个过程给大家讲讲。

先说说单片机，市面上现在用得比较多的是 MCS－51 系列单片机，它的资料比较多，市场也很大。就我个人的体会讲讲怎么样才能更快地学会单片机这门课。单片机这门课是一门非常重视动手实践的科目，不能总是看书。但是学习它首先必须得看书，因为从书中你可以大概了解单片机的各个功能寄存器。说明白点，大家使用单片机就是用软件去控制单片机的各个功能寄存器。再说明白点，就是控制单片机那些引脚的电平什么时候输出高，什么时候输出低。由这些高低电平的变化来控制你的系统板，实现用户需要的各个功能。至于看书，只需大概了解单片机各引脚都是干什么的，能实现什么样的功能。第一次、第二次你可能看不明白，但这不要紧，因为还缺少实际的感观认识。所以我总是说，学单片机看书非常重要，大概了解一下书上的内容，然后实践，这是非常关键的。学单片机你不实践那是不可能学会的，关于实践有两种方法你可以选择。

方法一：你自己花钱买一块单片机的学习板，不要求功能太全的，对于初学者来说你买功能非常多的那种板子，上面有很多东西你这辈子都用不着。我建议有流水灯、数码管、独立键盘、矩阵键盘、A/D 或 D/A（原理一样）、液晶显示器、蜂鸣器，这就差不多了。如果上面我提到的这些，你能熟练应用，那可以说对于单片机方面的硬件你已经入门了，剩下的就是自己练习设计电路，不断积累经验。只要过了第一关，后面的路就好走多了，万事开头难，大家可能都听过。

方法二：你身边如果有单片机方面的高手，向他求助，让他帮你搭个简单的最小系统板。对于高手来说，做个单片机的最小系统板只需要一分钟的时间，而对于初学者可就难多了，因为只有对硬件了解了，才能熟练运用。而如果你身边没有这样的高手，又找不到可以帮助你的人，那我劝你最好是自己买上一块，毕竟自己有一块要方便得多，以后做单片机类的小实验时都能用得上，还省事。有了单片机学习板之后你就要多练习，最好是自己有台计算机，要少看电影，少打游戏，把学习板和计算机连好，打开调试软件坐在计算机前，先学会怎么用调试软件，然后从最简单的流水灯实验做起，等你能让那 8 个流水灯按照你的意愿随意流动时你已经入门了，你会发现单片机是多么迷人的东西啊，太好玩了，这不是在学习知识，而是在玩。当你编写的程序按你的意愿实现时你比做什么事都开心，你会上瘾的，真的，做电子类设计工作的人真的会上瘾。然后让数码管亮起来，这两项会了后，你已经不能自拔了，你已经开始考虑你这辈子要干哪一行了。就是要这样练习，在写程序的时候你肯定会遇到很多问题，而这时你再去翻书找，或是问别人，当得到解答后你会记住一辈子的。

知识必须用于现实生活中解决实际问题，这样才能发挥它的作用。你自己好好想想，上了这么多年大学，天天上课，你在课堂上学到了什么？是不是为了期末考试而忙碌呢？考完得了 90 分，哈哈哈好高兴啊，下学期开学回来忘得一干二净，是不是？但是我告诉你，单片机一旦学会，就永远不会忘掉了！

另外，我再说说用汇编和C语言编程的问题。很多学校大一、大二就开设了C语言的课，我也上过，我知道那时天天就是几乘几，几加几啊，求个阶乘啊。学完了有什么用？让你用C语言编单片机的程序你是不是就傻了？书上的东西必须要会运用。单片机编程用C语言或汇编语言都可以，但是我建议用C语言比较好，如果原来有C语言的基础那学起来会更好，如果没有，也可以边学单片机边学C语言，C语言也挺简单，只是一门工具而已，我劝你最好学会，将来肯定用得着，要不你以后也得学，你一点汇编都不会根本无所谓，但你一点C语言都不会那你将来会吃苦头的。汇编写程序代码效率高，但相对难度较大，而且很啰嗦，尤其是遇到算法方面的问题时，根本是麻烦至极，现在单片机的主频在不断提高，完全不需要那么高效率的代码，因为有高频率的时钟，单片机的ROM也在不断的提高，足够装得下你用C语言写的任何代码，C语言的资料又多又好找，将来可移植性也好，只需要变一个I/O口写个温度传感器的程序在哪里都能用，所以我劝大家用C语言。

总结上面，只要你有信心，做事能坚持到底，有不成功绝不放弃的强烈意志，那么对学单片机来说就是件非常容易的事了。步骤如下。

1. 找本书大概了解一下单片机的结构，大概了解就行。不用都看懂，又不让你出书的。(三天)

2. 找学习板练习编写程序，学单片机就是练编程序，遇到不会的再问人或查书。我当初就是买了一块开发板，二十天就搞定了。

3. 自己网上找些小电路类的资料练习设计外围电路。焊好后自己调试，熟悉过程。(十天)

4. 自行设计具有个人风格的电路、产品……你已经是高手了……

看到了吗？下功夫一个多月你就能成为高手，我就讲这么多了，学不学得会，下不下得了功夫就看你的了！

练习题1

1. 什么是单片机？单片机有何特点？
2. 单片机的发展主要经历了哪些阶段？
3. 单片机有哪些应用领域？
4. 80C51单片机的内部包括哪些逻辑功能部件？各个部件有何作用？
5. $\overline{PSEN}$、$\overline{RD}$、$\overline{WR}$三个控制信号的控制对象分别是什么？各自有什么作用？
6. MCS－51系列单片机的$\overline{EA}$信号有何功能？在使用8031单片机时，$\overline{EA}$端应如何处理？
7. 80C51单片机有几种复位方式？复位后一些特殊功能寄存器的初始状态怎样？
8. 单片机应用系统设计的四个阶段主要完成哪些工作？
9. 在Proteus软件中，把rw1－3.hex文件下载到如图A.14所示电路的单片机AT89C51中，启动仿真，观察运行效果。

第 2 章　让单片机听指挥

通过第 1 章的学习，已经知道单片机实质上就是一台微型计算机，要让单片机听用户的指挥，按照用户的要求去完成某项任务，必须编写程序。程序是指令有序的组合，80C51 单片机总共有 111 条指令，只要熟练使用这些指令，掌握一些程序设计的方法，就可以编程控制单片机，让它按照用户的意愿进行工作。

任务 2.1　认识单片机的内部结构

【学习目标】

1. 掌握 80C51 单片机的存储器结构。
2. 通过 Keil μVision 软件，进一步了解 80C51 单片机的内部结构。

【任务描述】

练习使用 Keil μVision 软件编写程序，通过仿真运行，了解单片机的内部结构及程序在运行中的一些情况。

【相关知识点】

2.1.1　80C51 单片机的存储器结构

80C51 单片机的存储器包括两类：程序存储器和数据存储器。

程序存储器用来存放用户程序和常用的表格、常数，采用只读存储器（ROM）作为程序存储器。数据存储器用来存放程序运行中的数据、中间计算结果等，采用随机访问存储器（RAM）作为数据存储器。从物理地址上看，MCS－51 系列单片机有 4 个存储器空间，即片内程序存储器和片外程序存储器、片内数据存储器和片外数据存储器。从用户使用的角度，即逻辑上，MCS－51 系列单片机有 3 个存储器地址空间：片内外统一编址的 64KB 程序存储器地址空间；256B（对于 51 子系列）的内部数据存储器地址空间；64KB 的外部数据存储器地址空间，如图 2.1 所示。在访问这 3 个不同的逻辑地址空间时，要采用不同的指令。下面主要介绍片内数据存储器和程序存储器。

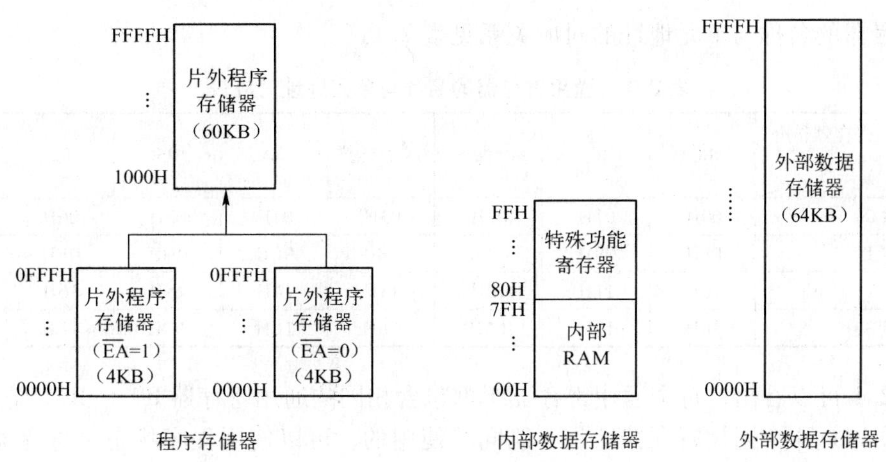

图 2.1　80C51 存储器的空间配置

2.1.2　片内数据存储器

80C51 单片机的内部存储器分为内部程序存储器和内部数据存储器，这种程序与数据分开存放的存储器结构称为"哈佛"结构。下面先介绍片内数据存储器。

因为 80C51 单片机的内部数据存储器有 256 个单元，所以单元地址用 8 位二进制数表示。但这 256 个单元并不完全是作为数据存储器来使用的，其中低 128 个单元（地址范围为 00H ～ 7FH）是对用户开放的；高 128 个单元（80H ～ FFH）中分散地分布了 21 个特殊功能寄存器，如图 2.2（a）所示。

片内 RAM 低 128 个单元按其用途可分为 3 个不同的区域，即工作寄存器区、位寻址区和用户 RAM 区，如图 2.2（b）所示。

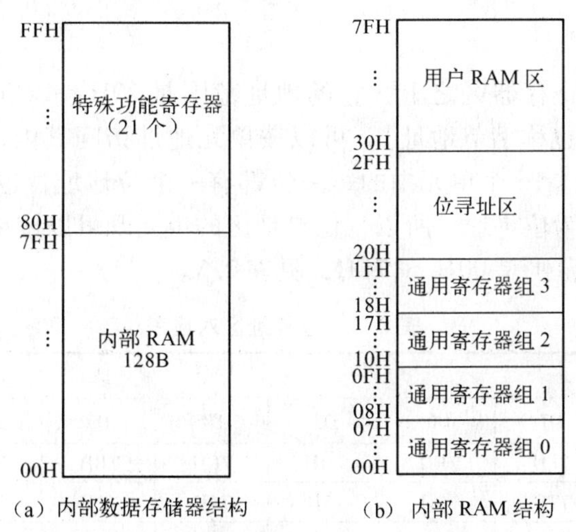

图 2.2　80C51 内部数据存储器示意图

1. 工作寄存器区

在此区域中共有 32 个存储单元，其地址范围是 00H ～ 1FH，分成 4 个通用寄存器组，即通用寄存器组 0 ～通用寄存器组 3，每组有 8 个存储单元，构成通用寄存器 R0 ～ R7。各组通用寄存器的名称与单元地址的对应关系见表 2.1。

表 2.1　通用寄存器的名称与单元地址对应表

寄存器组 \ 寄存器符号	R0	R1	R2	R3	R4	R5	R6	R7
组 0	00H	01H	02H	03H	04H	05H	06H	07H
组 1	08H	09H	0AH	0BH	0CH	0DH	0EH	0FH
组 2	10H	11H	12H	13H	14H	15H	16H	17H
组 3	18H	19H	1AH	1BH	1CH	1DH	1EH	1FH

从表 2.1 可以看出，每个通用寄存器组都包含相同的通用寄存器 R0 ～ R7，它们只是地址不同，所以这 4 个通用寄存器组是不能同时使用的，可以使用程序状态字寄存器（PSW）中的 RS1 和 RS0 位来选择当前使用的通用寄存器组，见表 2.2。在单片机的初始状态下，当前使用的通用寄存器组为通用寄存器组 0。

表 2.2　RS1、RS0 与通用寄存器组的对应关系

RS1	RS0	通用寄存器组	地 址 范 围
0	0	组 0	00H～07H
0	1	组 1	08H～0FH
1	0	组 2	10H～17H
1	1	组 3	18H～1FH

这两个选择位是由软件设置的，被选中的通用寄存器组即为当前寄存器组，其他组只能用于数据存储器，而不能作为通用寄存器使用。

2. 位寻址区

位寻址区位于工作寄存器区之上，它的地址范围是 20H ～ 2FH，共 16 个单元。这 16 个单元都有单元地址（也称字节地址），可以按单元地址访问其内部存储的 8 位二进制数，称为单元寻址。另外，这 16 个单元中的每一位都有一个位地址，也可以按位地址访问所存储的一位二进制数，称为位寻址。所以，位寻址区的单元既可以按单元寻址，也可以按位寻址。这 128 位的位地址范围是 00H ～ 7FH，见表 2.3。

表 2.3　位寻址区对应表

单 元 地 址	位　地　址							
	D7	D6	D5	D4	D3	D2	D1	D0
2FH	7FH	7EH	7DH	7CH	7BH	7AH	79H	78H
2EH	77H	76H	75H	74H	73H	72H	71H	70H
2DH	6FH	6EH	6DH	6CH	6BH	6AH	69H	68H
2CH	67H	66H	65H	64H	63H	62H	61H	60H
2BH	5FH	5EH	5DH	5CH	5BH	5AH	59H	58H
2AH	57H	56H	55H	54H	53H	52H	51H	50H
29H	4FH	4EH	4DH	4CH	4BH	4AH	49H	48H

续表

单元地址	位地址							
	D7	D6	D5	D4	D3	D2	D1	D0
28H	47H	46H	45H	44H	43H	42H	41H	40H
27H	3FH	3EH	3DH	3CH	3BH	3AH	39H	38H
26H	37H	36H	35H	34H	33H	32H	31H	30H
25H	2FH	2EH	2DH	2CH	2BH	2AH	29H	28H
24H	27H	26H	25H	24H	23H	22H	21H	20H
23H	1FH	1EH	1DH	1CH	1BH	1AH	19H	18H
22H	17H	16H	15H	14H	13H	12H	11H	10H
21H	0FH	0EH	0DH	0CH	0BH	0AH	09H	08H
20H	07H	06H	05H	04H	03H	02H	01H	00H

3. 用户 RAM 区

从地址 30H 至 7FH 共 80 个单元，把这一存储区域称为用户 RAM 区。对这个区域的使用，不做任何规定和限制，一般把堆栈设置在此区域。

4. 特殊功能寄存器（SFR，Special Function Register）

80C51 单片机有 21 个特殊功能寄存器，它们分散地分布在 80H ～ FFH 地址范围内的 21 个单元中，剩余的存储单元用户不能使用。21 个特殊功能寄存器的符号、单元地址和名称见表 2.4。本次任务只介绍其中的 9 个，其余的特殊功能寄存器将在后面的任务中陆续学习。

表 2.4　特殊功能寄存器一览表

寄存器符号	单元地址	寄存器名称
ACC	0E0H	累加器 ACC
B	0F0H	B 寄存器
PSW	0D0H	程序状态字寄存器
SP	81H	堆栈指针寄存器
DPL	82H	数据指针低 8 位寄存器
DPH	83H	数据指针高 8 位寄存器
IE	0A8H	中断允许控制寄存器
IP	0B8H	中断优先控制寄存器
P0	80H	并行 I/O 口 0 寄存器
P1	90H	并行 I/O 口 1 寄存器
P2	0A0H	并行 I/O 口 2 寄存器
P3	0B0H	并行 I/O 口 3 寄存器
PCON	87H	电源控制及波特率选择寄存器

续表

寄存器符号	单 元 地 址	寄存器名称
SCON	98H	串行口控制寄存器
SBUF	99H	串行数据缓冲寄存器
TCON	88H	定时器控制寄存器
TMOD	89H	定时器方式寄存器
TL0	8AH	定时器0低8位寄存器
TH0	8CH	定时器0高8位寄存器
TL1	8BH	定时器1低8位寄存器
TH1	8DH	定时器1高8位寄存器

（1）累加器ACC（Accumulator）。8位累加器主要完成数据的算术和逻辑运算，也可以存放操作数或中间结果，大部分指令都使用它来完成，它是使用最频繁的特殊功能寄存器。在指令系统中，累加器ACC的助记符常写做A。

（2）寄存器B。8位寄存器B主要用在乘、除法指令中，它也可以作为一般寄存器使用。用在乘法时，寄存器B和累加器A分别存放两个乘数，并将乘积的高8位存于B中。用在除法时，寄存器B存放除数，除法操作后，寄存器B存放余数。

（3）程序状态字寄存器PSW（Program Status Word）。程序状态字寄存器PSW是一个8位寄存器，用于存放程序运行的状态信息，是一个非常重要的寄存器。PSW的每一位都有它的意义，其各位的定义见表2.5。

表2.5　PSW中各位的定义

位　　序	PSW.7	PSW.6	PSW.5	PSW.4	PSW.3	PSW.2	PSW.1	PSW.0
位标志	CY	AC	F0	RS1	RS0	OV	未用	P

PSW中各位的定义如下。

① 进位标志位CY（Carry）。在加（减）法运算中，若最高位出现进位（借位），则CY自动置1，否则CY为0。在位操作中，CY作为位累加器使用，在位传送、位逻辑运算等位操作中，位累加器作为操作数之一，简称为C。

② 辅助进位标志位AC（Assist Carry）。在加（减）法运算中，若出现低4位向高4位进位（借位）时，则AC自动置1，否则AC为0。

③ 用户标志位F0。这是一个供用户定义的标志位，需要时用软件方法置1或清0。

④ 通用寄存器组选择位RS1、RS0。这两位用于设定通用寄存器的组号，其对应关系见表2.2。

⑤ 溢出标志位OV（Overflow）。在带符号数的加减运算中，OV=1表示运算结果超出了带符号数的有效范围（-128～+127），即产生了溢出；OV=0表示无溢出产生。在乘法运算中，OV=1表示乘积超过255。在除法运算中，当除数为0时，则OV=1表示除法的结果无意义。

⑥ 奇偶标志位P（Parity）。用于表明累加器A中含1的位数的奇偶性。若累加器A中含1的位数为奇数，P为1，否则P为0。

（4）数据指针寄存器DPTR（Data Pointer Register）。数据指针寄存器是唯一一个16位的寄存器。使用时，DPTR 既可以按 16 位寄存器使用，也可以拆成两个独立的 8 位寄存器使用，即 DPH（高 8 位）和 DPL（低 8 位）。

DPTR 通常在访问外部数据存储器或程序存储器时，用来存放 16 位的地址（地址指针）。由于外部数据存储器或程序存储器的寻址范围达 64KB，故把 DPTR 设计成 16 位。

（5）堆栈指针寄存器 SP（Stack Pointer）。堆栈是设置在片内 RAM 中的按照先进后出、后进先出方式工作的一块存储区域。这种存储方式需要一个地址指针来指示堆栈顶部（栈顶）在内部 RAM 中的位置。SP 就是用来指示栈顶位置的寄存器，用来保存堆栈顶部数据所在存储单元的地址。

堆栈在子程序调用或中断处理中往往用来保存断点地址和保护现场数据，以便返回后可以方便恢复。堆栈的具体使用将在后面的任务中学习。

（6）I/O 端口锁存器 P0 ～ P3（Port0 ～ Port3）。80C51 单片机有 4 个并行 I/O 端口 P0 口、P1 口、P2 口和 P3 口，这四个端口分别对应的 4 个锁存器就是 P0、P1、P2 和 P3。

读一读：程序计数器 PC（Program Counter）是独立于 SFR 之外的唯一一个不可寻址的 16 位寄存器，寻址范围可达 64KB，有自动加 1 功能，它的内容总是指向将要执行指令的地址，从而控制程序的执行。PC 不占用 RAM 单元，在物理上是独立的，用户是无法对它进行读/写操作的。

2.1.3 程序存储器

在 MCS－51 系列单片机中，有些单片机内部含有程序存储器，例如 80C51 单片机内部含有 4KB 程序存储器；有些单片机内部不含有程序存储器，如 80C31 单片机。

无论内部有无程序存储器，外部都可以再扩展程序存储器，扩展的最大容量为 64KB，下面以 80C51 单片机为例加以说明。80C51 内部含有 4KB ROM，其地址范围是 0000H ～ FFFH。它的外部可以再扩展 64KB ROM，其地址范围是 0000H ～ FFFFH。从两者的地址对比可以看出，内部程序存储器的地址和外部存储器的低 4K 地址重叠，地址范围都是 0000H ～ 0FFFH。解决的办法就是利用 $\overline{EA}$ 引脚的状态来区分。如果 $\overline{EA}$ 引脚接地，即 $\overline{EA}=0$ 时，就使用 64KB 的外部程序存储器；如果 $\overline{EA}$ 引脚接高电平，即 $\overline{EA}=1$ 时，就使用 4KB 的内部程序存储器和外部程序存储器的高 60KB 空间，如图 2.3（a）所示。总之，CPU 可访问的程序存储器的最大容量为 64KB。

注意：由于 80C31 单片机内部不含有程序存储器，要在片外外接程序存储器，因此它的 $\overline{EA}$ 引脚必须接地。

单片机的程序存储器中有两个具有特殊功能的区域。一个区域是 0000H ～ 0002H，单片机复位后，程序计数器（PC）中的初始值为 0000H，也就是说程序从 0000H 单元开始执行。另一个区域是 0003H ～ 002AH，这 40 个单元平均分为 5 个组，每组有 8 个存储单元，每组的首单元地址作为相应中断服务程序的入口地址，如图 2.3（b）所示。

CPU 响应中断后，会自动跳转到各中断区的首地址去执行中断服务程序。在中断地址区中理应存放中断服务程序，但通常情况下，8 个单元一般难以存储一个完整的中断服务程序，因此在中断地址区中存放一条无条件跳转指令，以便中断响应后，通过执行无条件跳转指令再跳转到中断服务程序的实际存放区域。

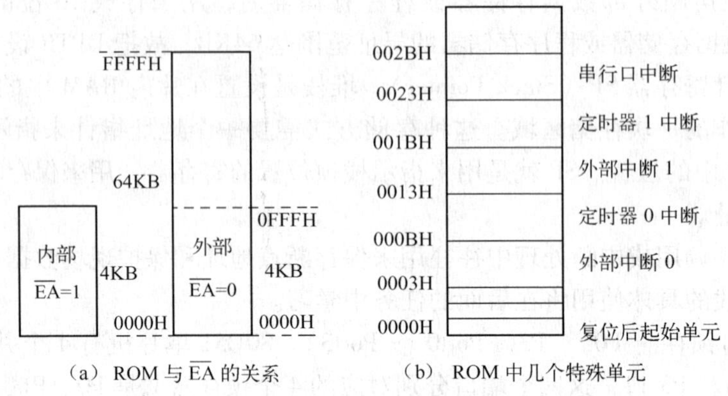

（a）ROM 与 $\overline{EA}$ 的关系　　（b）ROM 中几个特殊单元

图 2.3　程序存储器结构

由此可见，用户的程序不可能从 0000H 单元开始连续存放，一般用户程序从 002BH 单元以后存放，而从 0000H 单元开始存放一条无条件转移指令，转移到用户程序所在存储区域的第一个单元的地址（首地址），开始执行程序。

【例 2.1】　分析下列程序，了解程序在程序存储器的存放情况。

```
            ORG     0000H       ; 主程序从程序存储器 0000H 单元开始存放
            AJMP    MAIN        ; 跳转到标号 MAIN 处开始存放主程序
            ORG     0003H       ; 外部中断 0 的中断服务程序的入口地址
            AJMP    EXT0_PRG    ; 跳转到标号 EXT0_PRG 处开始存外部中断 0 的中断服务程序
            ORG     0013H       ; 定时器 T0 的中断服务程序的入口地址
            AJMP    TIME_PRG    ; 跳转到标号 TIME_PRG 处开始存定时器 T0 的中断服务程序
            ORG     0030H       ; 从程序存储器 0030H 单元开始存放真正的主程序
MAIN:       MOV     A,#30H
            …
            ORG     0100H       ; 外部中断 0 的中断服务程序从 0100H 单元开始存放
EXT0_PRG:   MOV     SP,#70H
            …
            RETI
            ORG     0200H       ; 定时器 T0 的中断服务程序从 0200H 单元开始存放
TIME_PRG:   PUSH    ACC
            …
            RETI
            END
```

分析：整个程序包括主程序、外部中断 0 的中断服务程序和定时器 T0 的中断服务程序。按照系统的规定，主程序应该从程序存储器 0000H 单元存放，外部中断 0 的中断服务程序从 0003H 单元存放，定时器 T0 的中断服务程序从 0013H 单元存放。由于有两个中断服务程序的存在，主程序不能从 0000H 单元开始连续存放，故利用 AJMP MAIN 指令跳转到 0030H

单元连续存放。如果两个中断服务程序所占用的存储容量超过 8 个单元，就不能存放在系统指定的空间了。在外部中断 0 的中断服务程序的入口处的 AJMP EXT0_PRG 指令指明了中断服务程序实际上是从 0100H 单元存放的。在定时器 T0 的中断服务程序的入口处的 AJMP TIME_PRG 指令指明了中断服务程序实际上是从 0200H 单元存放的。

如果在程序中没有涉及到中断，则程序可以从 0000H 地址开始连续存放，任务 2.1 的程序就是这样的。

2.1.4 计算机的语言、指令与语句

1. 计算机语言（Computer Language）

计算机语言是人与计算机之间传递信息的媒介。计算机系统最大的特点是指令要通过一种语言传达给机器。为了使计算机进行各种工作，就需要有一套用以编写计算机程序的数字、字符和语法的规则，由这些字符和语法规则组成计算机各种指令（或各种语句），这就是计算机能接受的语言。

计算机语言可以分成机器语言、汇编语言和高级语言三大类。

（1）机器语言（Machine Language）。机器语言是直接用二进制编码表示的，能够被计算机直接识别、执行的编程语言。由于机器语言都是二进制数，不易记忆，出现错误难以查找，现在编程时不再使用。但是，使用汇编语言或高级语言编写的程序最后都要翻译成机器语言才能被计算机接受。

（2）汇编语言（Assembly Language）。汇编语言是用一些简洁的英文字母、符号串来替代一个特定的指令的二进制串，比如，用 MOV 表示数据传递，ADD 表示加法等，这样一来，人们很容易读懂并理解程序的功能，并且纠错与维护也变得方便了，这种程序设计语言就称为汇编语言，即第二代计算机语言。

用户为实现某种特定功能而使用汇编语言编写的程序称为汇编语言源程序。由于计算机不能识别、执行汇编语言源程序，需要把源程序“翻译”成机器语言程序，这个过程称为汇编。过去，汇编是通过人工查询指令表来完成的，效率低，容易产生不必要的错误。现在则使用计算机通过汇编程序来完成，如 Keil 软件，本身就具备汇编语言源程序的编辑、汇编等功能，如果程序存在语法错误，它可以指出错误类型和位置，使用方便、高效。

汇编语言和机器语言都是与机器相关的语言，编程时需要掌握单片机的内部结构、寄存器名称等知识。由于汇编语言指令采用了英文缩写的标识符，便于识别和记忆，而且源程序经汇编生成的可执行文件比较小，执行速度快，所以学习单片机还是需要掌握汇编语言的。本书中各任务的编程主要以汇编语言为主。

（3）高级语言（High-Level Language）。高级语言是一种接近于数学语言或人的自然语言，同时又不依赖于计算机硬件，编出的程序能在所有机器上通用的语言。现在非常流行的 C 语言、VC、VB、Java 等都属于高级语言，每种高级语言的语法、命令格式都各不相同。

高级语言是与机器无关的语言，所以编程者无须了解单片机的内部结构就可以进行程序设计。由于计算机也不能识别、执行高级语言编写的源程序，也需要将源程序“翻译”成机器语言程序，这个过程一般称为编译。它是由编程软件完成的，如 Keil 软件就支持 C 语言编程。基于单片机的 C 语言的语法、指令等与 C 语言相近，由于篇幅限制，本书就不再

涉及，对于一些较为复杂的任务也给出了 C 语言源程序，读者可自行学习。

2. 指令（Instruction）

指令是指计算机执行某种操作的命令。计算机所能执行的全部指令的集合，称为指令系统。不同计算机的指令系统包含的指令种类和数目也不同，一般均包含算术运算型、逻辑运算型、数据传送型、判定和控制型、输入和输出型等指令。指令系统是表征一台计算机性能的重要因素。

一条汇编语言指令通常由两部分组成：操作码和操作数。操作码（Operating Code）用来指明该指令要完成何种操作，如取数、做加法或输出数据等。操作数（Operand）用来指明谁来参与这项操作。操作数可能是参与操作的数据，也可能是参与操作的数据存储位置和如何寻找它们的信息。

MCS－51 系列单片机共有 111 条指令，按功能分为数据传送类指令、算术运算类指令、逻辑运算类指令、程序控制类指令和位操作类指令共五大类。

伪指令不像指令那样是在程序运行期间由 CPU 来执行的，它是在对源程序进行汇编时由汇编程序来执行的。它可以完成如定义数据、分配存储区、指示程序开始和结束等功能。

3. 汇编语言语句的种类和格式

指令或伪指令再加上标号、注释，就构成了语句。

（1）汇编语言语句的种类。第一种是可执行指令语句。每一条指令语句在汇编时生成计算机能够识别、执行的目标代码（机器语言代码），对应着计算机的一种具体的操作。如 MOV A，20H 指令，经过汇编后生成的目标代码是 E520H。

第二种是伪指令语句。伪指令语句只是对汇编语言源程序进行汇编时提供一些必要的信息，而不会产生可执行的目标代码，计算机并不执行它。如 ORG 0030H，它指明程序从程序存储器 0030H 单元开始存放。

第三种是宏指令语句。宏指令是源程序中具有独立功能的一段程序代码。在汇编语言中，如果在源程序中需要多次使用同一个程序段，可以将这个程序段定义（宏定义）为一个宏指令，然后每次需要时，即可简单地用宏指令名来代替（称为宏调用），从而避免了重复书写，使源程序更加简洁、易读。宏指令语句在汇编时生成相应的目标代码。

（2）汇编语言语句的格式。

MCS－51 单片机的汇编语言指令语句的格式为：

[标号：] ＜操作码助记符＞ [操作数] [；注释]

伪指令语句的格式为：

[标号：] ＜定义符＞ [参数] [；注释]

上述两种语句由四部分组成，其中方括号部分是可选项，与指令有关；尖括号部分是必选项，是必须有的。四部分之间用分隔符隔开。

① 标号（Label）。与二进制数地址不同，标号是一种符号化地址，由 1 ～ 8 个 ASCII 字符（字母、数字）组成，要求以字母开头，允许使用一个下横线符号"_"。不能把指令助记符、伪指令定义符、寄存器符号名等系统保留使用的字符或字符串作为标号。标号位于语

句的开始位置，用“:”与操作码助记符相隔，在同一程序中同一标号只能定义一次，不能重复定义。如：

```
START：MOV    A,20H
TABLE：DB     1,2,3
```

② 操作码（Operating Code）。在指令语句中称为操作码助记符；在伪指令语句中称为定义符。它们是必选项，规定了具体执行何种操作。操作码后面至少留一个空格，与后面的操作数分隔。

③ 操作数（Operand）。在指令语句中称为操作数；在伪指令语句中称为参数，它们是可选项。操作码与操作数之间用空格隔开，操作数与操作数之间用逗号隔开。如果操作数是常数，可以为二进制数、十进制数、十六进制数或字符串，如 11000011B、20、60H、‘ABC’等。

指令不同，操作数的数目也不同，可以是 0 个、1 个、2 个，最多是 3 个，如：

```
NOP                      ；空操作指令，无操作数
INC     A                ；加 1 指令，1 个操作数
MOV     A,30H            ；传送指令，2 个操作数，前面的为目的操作数，后面的为源操作数
CJNE    A,10H,LOOP       ；比较转移指令，3 个操作数
```

④ 注释（Annotation）。注释是对语句执行的功能或执行结果的文字性说明，目的是为了方便别人或自己阅读程序，计算机并不执行。注释与前面用分号隔开，分号以后为注释内容，长度不限，一行不够可以换行，但换行时在开头仍使用分号。在练习编程的过程中一定要养成加注释的习惯。

注意：在编程软件中录入汇编语言源程序时，语句中的分隔符，如冒号、空格、逗号、分号等都是英文符号。

4. 指令中一些符号的说明

（1）#data 表示 8 位立即数。

（2）#data16 表示 16 位立即数。

（3）Rn（n＝0 ～ 7）表示当前通用寄存器组 R0 ～ R7 中的某一个寄存器。

（4）direct 表示内部 RAM 单元的 8 位地址。

（5）@Ri(i＝0,1)用做间接寻址的寄存器，只能是 R0 和 R1 两个寄存器。

（6）addr11 表示 11 位目的地址。用在 ACALL 和 AJMP 指令中，转移范围是 2KB 地址空间。

（7）addr16 表示 16 位目的地址。用在 LCALL 和 LJMP 指令中，转移范围是 64KB 地址空间。

（8）rel 表示相对转移指令中的 8 位偏移量，范围是 －128 ～ ＋127。

（9）bit 表示内部 RAM 或特殊功能寄存器中的直接寻址位的位地址。

（10）dest：在汇编语言指令格式中，表示目的操作数。

（11）src：在汇编语言指令格式中，表示源操作数。

【任务分析】

Keil μVision 是当前使用最广泛的基于 80C51 单片机内核的软件开发平台之一，其具体的使用说明参见附录 B，这里仅使用该软件针对单片机其结构和程序的编写、运行做一些分析。不同型号的单片机其内部结构有差异，下面以 Atmel 公司的 AT89C51 单片机为例，采用问答的方式进行讲解。

1. 如何了解所用单片机（AT89C51）的内部基本结构？

答：在创建新工程（New Project）时自动弹出的“Select Device for Target ‘Target1’”窗口中，在选定单片机的生产厂家与型号时，窗口的右侧会显示对该单片机的描述（Description），从描述中，会看出该型号单片机的内部基本结构，以图 2.4 为例，该单片机的基本结构如下所述。

(1) 带三级加密程序存储器的全静态 CMOS 控制器。

(2) 32 位 I/O 口线。

(3) 2 个定时器/计数器。

(4) 6 个中断源（串行口中断源按两个计算）。

(5) 4KB 的 Flash 闪速存储器。

(6) 128B 的内部 RAM。

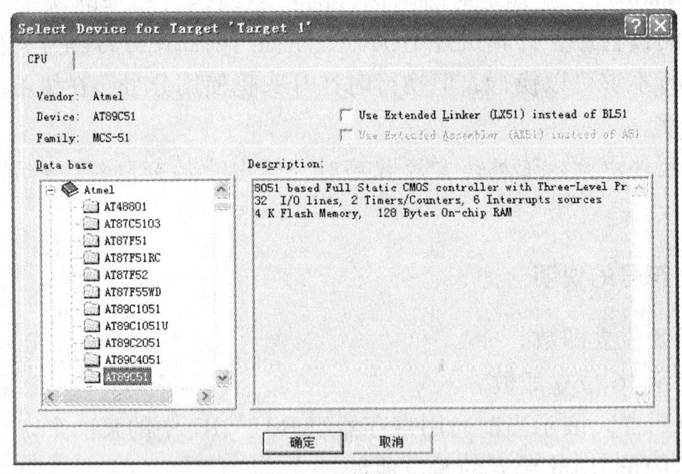

图 2.4　AT89C51 单片机的描述

2. 如何看到 AT89C51 单片机的寄存器、中断源、定时器/计数器、串行口等资源？

答：当程序处于运行状态时，选择“Peripherals（外设）”菜单中的“Interrupt”、“I/O-Port”、“Serial”、“Timer”命令，分别弹出 Interrupt System（中断系统）窗口、Parallel Port0 ～ 3 共 4 个并行口窗口、Serial Channel（串行通道）窗口和 Timer/Counter0 ～ 1 共 2 个定时器/计数器窗口，如图 2.5 所示。在这些窗口中，显示了它们的工作方式（Mode）、有关寄存器的数值及一些位的状态等信息。这些信息可能会随着程序的运行而发生变化。

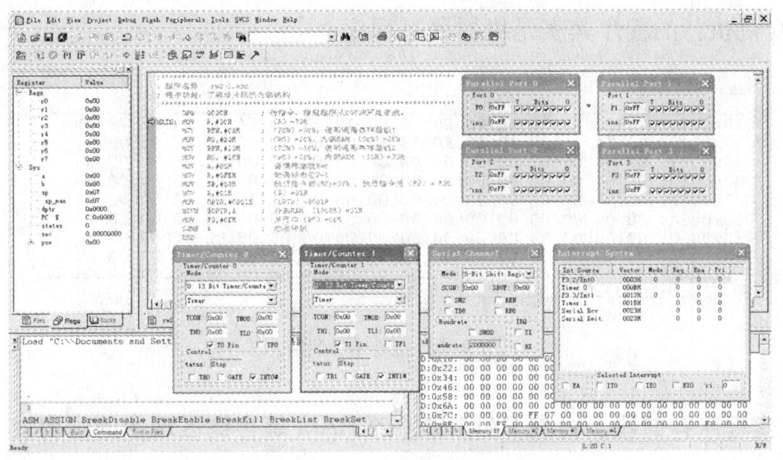

图 2.5　单片机的相关资源

在图 2.5 的左侧是寄存器窗口，一些常用的寄存器，如工作寄存器 R0 ～ R7、累加器 A、寄存器 B、堆栈指针寄存器 SP、数据指针寄存器 DPTR、程序计数器 PC 及程序状态字寄存器 PSW 和它们的具体数值都显示在窗口中。在程序运行时，这些寄存器的内容可能会随着程序的运行而发生变化。

3. 如何看到汇编语言源程序在汇编后生成的机器语言代码（目标代码）？

答：在程序处于运行状态时，图 2.5 中的程序文件编辑窗口中显示的是汇编语言源程序文件的内容。此时，选择“View”菜单中的“Disassembly Window（反汇编窗口）”命令，则程序文件编辑窗口的内容变为如图 2.6 所示的内容。

```
     6: MAIN: MOV   A,#30H        ;  (A) =30H
C:0x0000    7430     MOV      A,#0x30
     7:        MOV   PSW,#08H     ;  (PSW) =08H, 使用通用寄存器组1
C:0x0002    75D008   MOV      PSW(0xD0),#0x08
     8:        MOV   R0,#20H      ;  (R0) =20H, 内部RAM (08H) =20H
C:0x0005    7820     MOV      R0,#0x20
     9:        MOV   PSW,#10H     ;  (PSW) =10H, 使用通用寄存器组2
C:0x0007    75D010   MOV      PSW(0xD0),#0x10
    10:        MOV   R0, #20H     ;  (R0) =20H,  内部RAM (10H) =20H
C:0x000A    7820     MOV      R0,#0x20
    11:        MOV   A,#00H       ;  奇偶标志位P=0
C:0x000C    7400     MOV      A,#0x00
    12:        MOV   A,#0FEH      ;  奇偶标志位P=1
C:0x000E    74FE     MOV      A,#0xFE
    13:        MOV   SP,#80H      ;  执行指令前(SP)=07H , 执行指令后 (SP) = 80H
C:0x0010    758180   MOV      SP(0x81),#P0(0x80)
    14:        MOV   A,#01H       ;  (A) =01H
C:0x0013    7401     MOV      A,#0x01
    15:        MOV   DPTR,#0001H  ;  (DPTR) =0001H
C:0x0015    900001   MOV      DPTR,#0x0001
    16:        MOVX  @DPTR,A      ;  外部RAM (1000H) =01H
C:0x0018    F0       MOVX     @DPTR,A
    17:        MOV   P0,#0FH      ;  并行口 (P0) =0FH
C:0x0019    75800F   MOV      P0(0x80),#0x0F
    18:        SJMP  $            ;  动态停机
C:0x001C    80FE     SJMP     C:001C
C:0x001E    00       NOP
```

图 2.6　反汇编窗口的内容

在图 2.6 中，以第二行为例，MOV A,#0X30（注：0X 表示后边的数是十六进制数）是汇编语言指令语句；7430（注：十六进制数）表示该汇编语言指令语句经过汇编后生成的机器语言代码（也称目标代码）；C:0X0000 是一个程序存储器单元的地址（注：C 表示程序存储器），用来存放机器语言代码，存放 7430 需要两个单元，即 0X0000 单元存放 74，0X0001 单元存放 30。

在如图 2.7 所示的程序存储器中，74、30 等机器语言代码就存放在这里。把图 2.6 和图 2.7 对照观察，图 2.7 中从 74 到 FE 这些数值就是上述汇编语言源程序的全部目标代码。

也就是说，单片机执行的程序其实是机器语言程序。

```
Address: C:0000H
C:0x0000: 74 30 75 D0 08 78 20 75 D0 10 78 20 74 00 74 FE 75 81
C:0x0012: 80 74 01 90 10 00 F0 75 80 0F 80 FE 00 00 00 00 00 00
C:0x0024: 00 00 00 00 00 00 00 00 00 00 00 00 00 00 00 00 00 00
C:0x0036: 00 00 00 00 00 00 00 00 00 00 00 00 00 00 00 00 00 00
C:0x0048: 00 00 00 00 00 00 00 00 00 00 00 00 00 00 00 00 00 00
C:0x005A: 00 00 00 00 00 00 00 00 00 00 00 00 00 00 00 00 00 00
C:0x006C: 00 00 00 00 00 00 00 00 00 00 00 00 00 00 00 00 00 00
C:0x007E: 00 00 00 00 00 00 00 00 00 00 00 00 00 00 00 00 00 00
Memory #1  Memory #2  Memory #3  Memory #4
```

图 2.7　程序存储器

4. 如何观察程序存储器、内部 RAM 和外部 RAM 等存储区域中的内容？

答：选择“View”菜单中的“Memory Window（存储器窗口）”命令，在 Keil 软件的右下方显示存储器窗口，如图 2.7 所示。

在窗口的左上角有一个地址栏，当输入 C:0000H 时，窗口就会显示程序存储器的内容。当输入 D:00H 时，窗口就会显示内部 RAM 存储器的内容，如图 2.8 所示。当输入 X:0000H 时，窗口就会显示外部 RAM 存储器的内容，如图 2.9 所示。

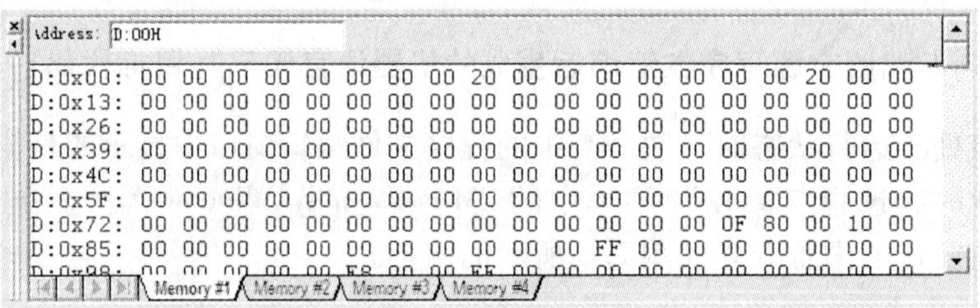

```
Address: D:00H
D:0x00: 00 00 00 00 00 00 00 00 20 00 00 00 00 00 00 00 20 00 00
D:0x13: 00 00 00 00 00 00 00 00 00 00 00 00 00 00 00 00 00 00 00
D:0x26: 00 00 00 00 00 00 00 00 00 00 00 00 00 00 00 00 00 00 00
D:0x39: 00 00 00 00 00 00 00 00 00 00 00 00 00 00 00 00 00 00 00
D:0x4C: 00 00 00 00 00 00 00 00 00 00 00 00 00 00 00 00 00 00 00
D:0x5F: 00 00 00 00 00 00 00 00 00 00 00 00 00 00 00 00 00 00 00
D:0x72: 00 00 00 00 00 00 00 00 00 00 00 00 00 00 0F 80 00 10 00
D:0x85: 00 00 00 00 00 00 00 00 00 00 00 FF 00 00 00 00 00 00 00
Memory #1  Memory #2  Memory #3  Memory #4
```

图 2.8　内部 RAM 存储器窗口

```
Address: X:0000H
X:0x000000: 00 01 00 00 00 00 00 00 00 00 00 00 00 00 00 00 00 00
X:0x000012: 00 00 00 00 00 00 00 00 00 00 00 00 00 00 00 00 00 00
X:0x000024: 00 00 00 00 00 00 00 00 00 00 00 00 00 00 00 00 00 00
X:0x000036: 00 00 00 00 00 00 00 00 00 00 00 00 00 00 00 00 00 00
X:0x000048: 00 00 00 00 00 00 00 00 00 00 00 UU UU UU UU UU 00 00
X:0x00005A: 00 00 00 00 00 00 00 00 00 00 00 00 00 00 00 00 00 00
X:0x00006C: 00 00 00 00 00 00 00 00 00 00 00 00 00 00 00 00 00 00
X:0x00007E: 00 00 00 00 00 00 00 00 00 00 00 00 00 00 00 00 00 00
X:0x000090: 00 00 00 00 00 00 00 00 00 00 00 00 00 00 00 00 00 00
X:0x0000A2: 00 00 00 00 00 00 00 00 00 00 00 00 00 00 00 00 00 00
X:0x0000B4: 00 00 00 00 00 00 00 00 00 00 00 00 00 00 00 00 00 00
X:0x0000C6: 00 00 00 00 00 00 00 00 00 00 00 00 00 00 00 00 00 00
Memory #1  Memory #2  Memory #3  Memory #4
```

图 2.9　外部 RAM 存储器窗口

窗口中的最左侧是地址，后边是各单元中的数据，每行显示数据的多少视窗口宽度而定，但只在窗口最左侧给出了首单元的地址，地址与数据都是十六进制数，在阅读数据时不要出错。

如果想查看某个单元的内容怎么办？例如，查看内部 RAM 10H 单元中的数据，在地址栏中输入“D:10H”即可，如图 2.10 所示。内部 RAM 10H 单元中的数据就排在第一个，即 20。

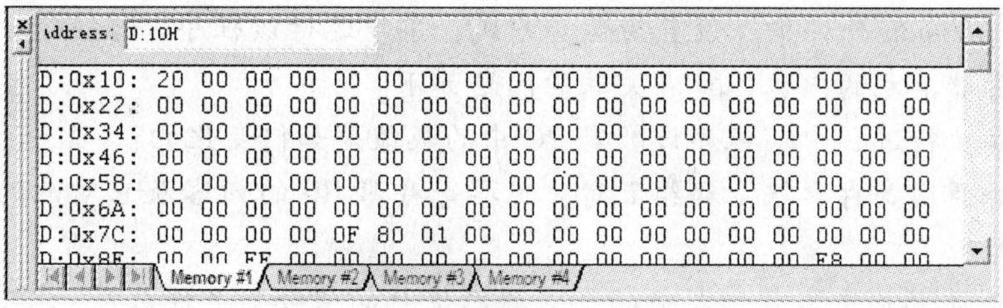

```
Address: D:10H
D:0x10: 20 00 00 00 00 00 00 00 00 00 00 00 00 00 00 00 00 00
D:0x22: 00 00 00 00 00 00 00 00 00 00 00 00 00 00 00 00 00 00
D:0x34: 00 00 00 00 00 00 00 00 00 00 00 00 00 00 00 00 00 00
D:0x46: 00 00 00 00 00 00 00 00 00 00 00 00 00 00 00 00 00 00
D:0x58: 00 00 00 00 00 00 00 00 00 00 00 00 00 00 00 00 00 00
D:0x6A: 00 00 00 00 00 00 00 00 00 00 00 00 00 00 00 00 00 00
D:0x7C: 00 00 00 00 0F 80 01 00 00 00 00 00 00 00 00 00 00 00
Memory #1  Memory #2  Memory #3  Memory #4
```

图 2.10 查看任意单元中的数据

5. 程序计数器 PC 起的作用是什么？

答：程序计数器 PC 的内容总是指向将要执行的指令的地址。在如图 2.5 和图 2.6 所示的程序文件编辑窗口中，程序处于运行状态，有一个黄色的箭头，指向了程序的第一条指令，而实际上程序没有被执行。选择“Debug”菜单中的“Step（单步执行）”命令，MOV A,#30H 指令被执行，观察寄存器窗口，发现（a）= 0X30，也就是说，这条指令已经执行完毕。这时，黄色箭头指向了第二条指令，程序计数器 PC 的内容也发生了变化，变成了第二条指令目标代码所在程序存储单元的首地址（C:0X0002）。

另外，伪指令语句是没有目标代码的，单片机不执行伪指令。在图 2.5 中，ORG 0000H 和 END 都是伪指令，通过观察会发现，黄色箭头从来不会指向它们。

【任务实施】

1. 在 Keil μVision 软件中，新建工程，工程名称为 rw2 - 1。编辑的汇编语言源程序如下，保存的文件名为 rw2 - 1. asm，在进行汇编后生成可执行文件 rw2 - 1. hex。

```
;*************************************************************************
; 程序名称：rw2 - 1. asm
; 程序功能：了解单片机的内部结构
;*************************************************************************
        ORG    0000H        ;伪指令,指定程序从 0000H 开始存放
MAIN:   MOV    A,#30H       ;(A) = 30H
        MOV    PSW,#08H     ;(PSW) = 08H,使用通用寄存器组 1
        MOV    R0,#20H      ;(R0) = 20H,内部 RAM (08H) = 20H
        MOV    PSW,#10H     ;(PSW) = 10H,使用通用寄存器组 2
        MOV    R0, #20H     ;(R0) = 20H, 内部 RAM (10H) = 20H
        MOV    A,#00H       ;奇偶标志位 P = 0
        MOV    A,#0FEH      ;奇偶标志位 P = 1
        MOV    SP,#80H      ;执行指令前(SP) = 07H , 执行指令后(SP) = 80H
        MOV    A,#01H       ;(A) = 01H
        MOV    DPTR,#0001H  ;(DPTR) = 0001H
        MOVX   @DPTR,A      ;外部 RAM (0001H) = 01H
        MOV    P0,#0FH      ;并行口(P0) = 0FH
        SJMP   $            ;动态停机
        END
```

2. 在 Keil μVision 软件中，设置为仿真方式，单步运行该程序。每执行一条指令，观察相关寄存器或存储单元的内容，重点关注的问题如下。

（1）在程序执行过程中，程序计数器 PC 中的数值是如何变化的？

（2）在选择通用寄存器组 1 和组 2 时，观察寄存器 R0 的内容及它对应的存储器单元的内容是否一样？

（3）累加器 A 的内容不同，对应的奇偶标志位 P 的值分别是什么？

（4）观察在执行 MOV SP,#80H 指令前后，堆栈指针寄存器 SP 的数值有何不同？

（5）当执行 SJMP $ 指令时，程序是否还继续运行？此时，在存储器窗口观察内部 RAM 20H 单元和外部 RAM 0001H 单元的内容，在 P0 窗口中观察该端口值的变化。

任务 2.2　片内数据存储器的数据传送

【学习目标】

1. 理解 4 种基本寻址方式。
2. 掌握 MOV 指令的格式、功能和使用方法。
3. 学会常用的两条伪指令、无条件跳转指令和加 1 指令的使用。
4. 进一步熟悉 Keil 软件的使用。

【任务描述】

使用汇编语言指令编写程序，实现将 0 ～ 9 这 10 个数送到单片机片内 RAM 30H ～ 39H 单元中。

【相关知识点】

2.2.1　寻址方式

在指令执行过程中，最重要的是通过什么方式找到要参与操作的数据。指令中的操作数不一定就是参与操作的数据，它有可能直接或间接提供了参与操作的数据的位置信息。寻址方式就是如何找到参与操作的数据的方式。所以，如何通过对指令中给出的操作数进行分析，最终找到参与操作的数据，这就是寻址方式要解决的问题。指令的寻址方式一般是指源操作数的寻址方式。

MCS－51 系列单片机有 7 种寻址方式，其中有 4 种最基本的寻址方式，分别是立即寻址、直接寻址、寄存器寻址和寄存器间接寻址。这里先讲这 4 种基本的寻址方式，而基址变址寻址、相对寻址和位寻址方式会在任务中再做讲解。

1. 立即寻址（Immediate Addressing）

（1）定义。参与操作的数据在指令中直接给出，该数据为 8 位或 16 位二进制数，称为立即数。为了与直接寻址中的存储单元地址相区别，立即数前加“#”标志。

【例 2.2】　分析指令 MOV R7,#220 的执行过程。

分析：该指令将立即数 220 送到通用寄存器 R7 中，指令执行后，R7 中的内容为 220。

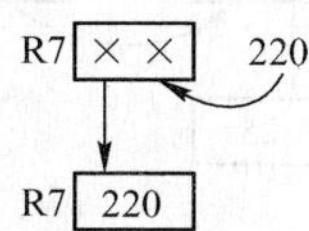

（2）指令用途：主要用于给寄存器或内部数据存储器赋初值，也可以与累加器 A 作加减或逻辑运算。

做一做：分析下列指令分别实现什么功能。

① MOV　A,#14H
② MOV　10H,#10H
③ MOV　DPTR,#1000H

2. 直接寻址（Direct Addressing）

（1）定义。参与操作的数据存放在内部 RAM 单元中，指令中直接给出了数据所在存储单元的地址。

【例 2.3】 分析指令 MOV R7，26H 的执行过程。

分析：该指令将内部 RAM 26H 单元中的数据传送到通用寄存器 R7 中。假设 26H 单元中存放的是 10，则指令执行后，R7 中的内容为 10，26H 单元中数据不变。

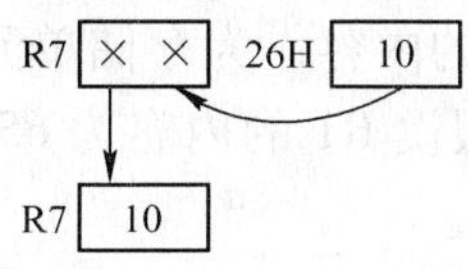

（2）直接寻址方式的寻址范围。

① 内部 RAM 低 128 单元。直接以单元地址形式给出。

② 特殊功能寄存器。这部分存储单元可以以单元地址形式给出，也可以以寄存器符号形式给出。如：MOV A,P1 与 MOV A,90H 为同一条指令的两种表达形式。用 P1 表示，是寄存器寻址；用 90H 表示，是直接寻址。另外，累加器写做“ACC”时，是直接寻址。

③ 在一些程序控制指令中，如 LJMP、LCALL，采用直接寻址方式提供程序转移的目标地址。

做一做：分析下列指令分别实现什么功能。

① MOV　A,20H
② MOV　10H,30H
③ MOV　R0,50H

3. 寄存器寻址（Register Addressing）

（1）定义。参与操作的数据存放在寄存器中，指令直接给出了寄存器的符号。

【例 2.4】 分析指令 MOV P1，R1 的执行过程。

分析：该指令将通用寄存器 R1 中的数据传送到特殊功能寄存器 P1 中。假设 R1 里存放的数据是 25，则指令执行后，P1 中的内容为 25，R1 中的内容不变。

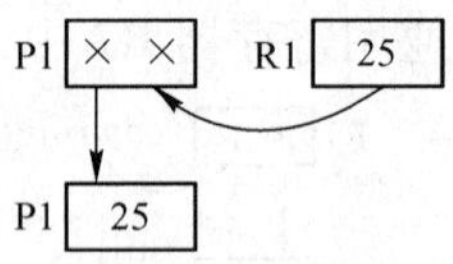

（2）寄存器寻址方式的寻址范围。

① 4 个通用寄存器组共 32 个通用寄存器。注意，指令中只能使用当前寄存器组。

② 部分特殊功能寄存器。如累加器 A、寄存器 B 和数据指针寄存器 DPTR。注意，累加器写做“A”，其寻址方式是寄存器寻址。

做一做：分析下列指令分别实现什么功能。

① MOV　A,R6
② MOV　30H,R4
③ MOV　50H,B

4. 寄存器间接寻址（Register Indirect Addressing）

（1）定义。参与操作的数据存放在存储单元中，而该存储单元的地址存放在寄存器中，在指令中给出了寄存器的符号。这个寄存器称为间址寄存器。

为了区别于寄存器寻址方式，间址寄存器前面加“@”符号。

【例 2.5】 分析指令 MOV P1，@R1 的执行过程。

该指令将通用寄存器 R1 中存放的内容作为存储单元的地址，把该地址对应存储单元中的数据传送给特殊功能寄存器 P1。假设 R1 的内容为 65H，内部 RAM 65H 单元中的内容为 47H，指令执行后，P1 的内容为 47H。

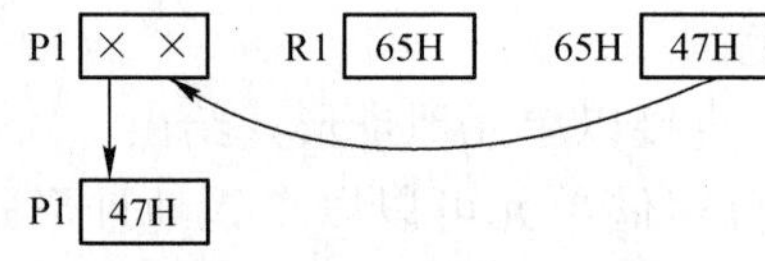

（2）寄存器间接寻址的寻址范围。

① 内部 RAM 低 128 单元。只能使用 R0 或 R1 作为间址寄存器（写做@R0 或@R1）。

② 外部 RAM 64KB。使用 DPTR 作为间址寄存器（写做@DPTR）。另外，外部 RAM 的低 256 单元也可以使用 R0 或 R1 作为间址寄存器。

③ 在堆栈操作指令中，以 SP 作为间址寄存器（写做@SP），寻址范围为片内 RAM。

做一做：分析下列指令分别能够实现什么功能。

① MOV　A,@R0
② MOVX　A,@R1
③ MOVX　A,@DPTR
④ MOV　20H,@SP

在上述 4 种基本寻址方式中，参与操作的数据分别放在了 3 个地方：在指令中直接给出的是立即寻址方式；放在寄存器中的是寄存器寻址方式；放在存储单元中的是直接寻址或寄存器间接寻址方式。

2.2.2 数据传送指令

1. 数据传送指令的概念

该类指令将数据从一个地方复制传送到另一个地方，是单片机指令中使用最频繁的一类。

2. 数据传送指令分类

数据传送指令按照传送的内外存储器的不同进行分类，可分为3类。

（1）MOV（Move）指令：只涉及到片内数据存储器单元之间的数据传送。

（2）MOVX（Move External RAM）指令：涉及到片外数据存储器单元的数据传送。

（3）MOVC（Move Code）指令：涉及到程序存储器单元的数据传送。

首先学习第一类数据传送指令，也是编程时使用最多的指令。

3. MOV（Move）指令——片内RAM数据传送指令

（1）指令格式：

```
MOV   dest,src
```

（2）功能说明：在指令格式中，dest表示目的操作数，它是数据的接收者；src表示源操作数，它是传送数据的拥有者。该指令把src代表的数据复制一份传送给dest代表的接收者。src的寻址方式可以是上述4种基本寻址方式之一，而dest的寻址方式不能是立即寻址。

（3）MOV指令分类。按目的操作数进行分类，有以下几种类型。

① 以累加器A为目的操作数的传送指令有4条：

```
MOV   A,direct      ;A←(direct),直接寻址方式
MOV   A,#data       ;A←#data ,立即寻址方式
MOV   A,Rn          ;A←(Rn),寄存器寻址方式
MOV   A,@ Ri        ;A←((Ri)),寄存器间接寻址方式
```

【例2.6】 说出下列每条指令的功能。

```
① MOV   A,20H
② MOV   A,#33H
③ MOV   A,R4
④ MOV   A,@ R0
```

分析：第一条指令是将内部RAM 20H单元里存放的数据传送到累加器A中；第二条指令是将立即数33H传送到累加器A中；第三条指令是将通用寄存器R4中的数据传送到累加器A中；第四条指令是将R0指向的地址中的数据传送到累加器A中。

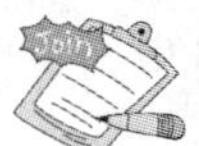

做一做：你还能举出这样的例子吗？

② 以寄存器Rn为目的操作数的传送指令有3条：

```
MOV   Rn,direct      ; Rn←(direct),片内RAM地址单元中的数据送到寄存器Rn
```

```
MOV   Rn,#data        ; Rn←#data,立即数送到寄存器 Rn
MOV   Rn,A            ; Rn←(A),累加器 A 中的数据送到寄存器 Rn。
```

想一想：你能说出上述指令源操作数属于哪种寻址方式吗？

【例 2.7】 说出下列每条指令的功能。

```
MOV   R1,45H          ; 将片内 RAM 45H 单元中的数据传送到寄存器 R1 中
MOV   R3,#20H         ; 将立即数 20H 传送到寄存器 R3 中
MOV   R7,A            ; 将 A 中的数据传送到寄存器 R7 中
```

③ 以直接地址为目的操作数的传送指令有 5 条：

```
MOV   direct2,direct1  ;direct2←(direct1)
MOV   direct,#data     ;direct←#data
MOV   direct,A         ;direct←(A)
MOV   direct,Rn        ;direct←(Rn)
MOV   direct,@Ri       ;direct←((Ri))
```

【例 2.8】 说出下列每条指令的功能。

```
① MOV   20H,A        ;20H←(A)
② MOV   20H,#33H     ;20H←#33H
③ MOV   20H,R5       ;20H←(R5)
④ MOV   20H,30H      ;20H←(30H)
⑤ MOV   20H,@R1      ;20H←((R1))
```

想一想：你能说出上述各条指令的源操作数分别是哪种寻址方式吗？

④ 以间接地址为目的操作数的传送指令有 3 条：

```
MOV   @Ri,direct   ;(Ri)←(direct),片内 RAM 单元中的数据传送到 Ri 指针所指向的 RAM 单元
MOV   @Ri,#data    ;(Ri)←#data,立即数传送到 Ri 指针所指向的 RAM 单元
MOV   @Ri,A        ;(Ri)←(A),累加器 A 中的数据传送到 Ri 指针所指向的 RAM 单元
```

【例 2.9】 你能说出下面两条指令有什么区别吗？

```
① MOV   @R1,#30H
② MOV   @R1,30H
```

分析：第一条指令是把立即数 30H 传送到以 R1 指针所指向的内部 RAM 单元；第二条指令是把内部 RAM 30H 单元中的数据传送到以 R1 指针所指向的内部 RAM 单元。注意区分立即数和单元地址的写法。

⑤ 16 位数据传送指令有 1 条：

```
MOV   DPTR,#data16        ; DPTR←#data16,将 16 位立即数送入数据指针寄存器 DPTR 中
```

【例 2.10】 分析 MOV DPTR，#12EFH 指令执行的结果。

分析：DPTR 由两个专用寄存器 DPH 和 DPL 构成。这条指令中将 16 位立即数 12EFH 的高 8 位送入 DPH，低 8 位送入 DPL。指令执行完后，DPH 中的值为 12H，DPL 中的值为 0EFH。

2.2.3 任务中用到的其他指令

1. INC（INCrement）指令——加 1 指令

（1）指令格式：

```
INC   dest
```

（2）功能说明：该指令只有一个操作数，即目的操作数。该指令的功能是把 dest 的内容加 1，结果送回原处。加 1 指令主要用于修改地址指针或计数次数，它对程序状态位寄存器 PSW 中的状态位 CY、AC、OV 的值没有影响。加 1 指令的形式有以下 5 种。

```
INC   A       ;累加器 A 中的数据加 1
INC   Rn      ;寄存器 Rn 中的数据加 1
INC   direct  ;片内 RAM direct 单元中的数据加 1
INC   @Ri     ;Ri 指针指向的地址中的数据加 1
INC   DPTR    ;DPTR 中的数据加 1
```

【例 2.11】 已知（A）=23H，（R1）=11H，（10H）=55H，（(R0)）=2FH，（DPTR）=15H。观察执行下列 INC 指令后，目的操作数的值有何变化？

```
① INC   A
② INC   R1
③ INC   10H
④ INC   @R0
⑤ INC   DPTR
```

各条指令执行后的结果：（A）=24H，（R1）=12H，（10H）=56H，（(R0)）=30H，（DPTR）=16H。

【例 2.12】 分析下列程序段执行后的结果。

```
MOV   R0,#10H
MOV   @R0,A
INC   R0
MOV   @R0,#50H
```

程序段执行结果：内部 RAM 11H 单元中的数据为 50H。

2. DJNZ（Decrement and Jump if Not Zero）指令——减 1 不为 0 转移指令

（1）指令格式：

```
DJNZ   Rn,rel       ;Rn←(Rn) -1,若(Rn)不等于0,则转移,否则顺序执行
DJNZ   direct,rel   ;direct←(direct) -1,若(direct)不等于0,则转移,否则顺序执行
```

（2）功能说明：这两条指令主要用于循环程序中循环次数的修改和判别循环是否结束。Rn 或 direct 中存放的是循环的次数，完成一次循环操作后，要将循环的次数减 1，再判别减 1 后 Rn 或 direct 中的数值是否为 0。如果不为 0，则程序转移到 rel 位置所给出的标号处，继

续执行循环；如果为0，说明程序已经完成循环，则执行 DJNZ 指令下面的指令。

【例2.13】 分析下列程序段的功能。

```
        MOV     R0,#6           ;R0←#6
        MOV     R1,#10H         ;R1←#10H
L1:     MOV     @R1,A           ;(R1)←(A)或10H←(A)
        INC     R1
        INC     A
        DJNZ    R0,L1           ;R0中的内容减1,若不等于0则跳到L1;否则顺序执行
        MOV     R1,#0
```

分析：执行上述程序段，寄存器 R0 的内容为循环次数，每执行一次 DJNZ 指令，R0 中的数值就减1，减1后，立即判别 R0 的内容是否等于0，如果不等于0，说明循环次数不够，程序转移到标号为 L1 的语句（L1:MOV @R1,A）继续执行；如果等于0，说明循环次数已够，则执行 DJNZ 后面的指令，即 MOV R1,#0。

3. 无条件转移类指令

单片机在一般情况下是按照先后顺序一条一条地执行指令的，但当遇到某些指令时，就不会顺序执行下一条指令，而要跳到其他地方去，这些能够让单片机跳转的指令称为程序控制指令。程序控制类指令包括无条件转移类指令和条件转移类指令。下面介绍经常使用的无条件转移类指令。

所谓无条件转移指令，就是指它肯定会使单片机发生跳转，不需要任何条件；而有些转移指令是有条件的，只有满足条件才会发生转移，这类指令就是条件转移指令。无条件转移类指令包括相对转移指令 AJMP（Absolute Jump）、长转移指令 LJMP（Long Jump）、短转移指令 SJMP（Short Jump）和间接转移指令 JMP 共4条。

（1）AJMP（Absolute Jump）指令——绝对转移指令。

① 指令格式：

```
AJMP    addr11
```

② 指令功能：addr11 是一个11位的地址，该指令在程序存储器 2KB 范围内转移，所以又称近程转移指令。在编程时，可用标号替代 addr11。例如：

```
AJMP    L1   ;程序转移到标号L1处执行
```

（2）SJMP（Short Jump）指令——短转移指令。

① 指令格式：

```
SJMP    rel
```

② 指令功能：rel 是一个在 -128 ～ +127 范围内的8位带符号数，该指令在程序存储器 256B 范围内转移。在编程时，可用标号替代 rel，例如：

```
SJMP    LOOP        ;转移到标号LOOP处执行
```

另外，执行 SJMP $ 指令，功能是跳转到本身这条语句，即死循环，相当于动态停机

指令，51 单片机指令系统没有停机指令，可用它替代。

(3) LJMP (Long Jump) 指令——长转移指令。

① 指令格式：

```
LJMP    addr16
```

② 指令功能：addr16 是一个 16 位的地址，该指令在程序存储器 64KB 范围内转移。在编程时，可用标号替代 addr16，例如：

```
LJMP    MAIN    ;程序跳转到标号 MAIN 处执行
```

从上述 3 条指令的功能可以看出，它们之间的区别在于转移的范围不同，SJMP 指令最短，AJMP 指令次之，LJMP 指令最大。所有用 SJMP 或 AJMP 的地方都可以用 LJMP 替代。

(4) JMP (Jump) 指令——间接转移指令。

① 指令格式：

```
JMP    @A + DPTR
```

② 指令功能：该指令是间接转移指令，操作数采用基址变址寻址方式，转移地址是以 16 位数据指针 DPTR 为基址，以累加器 A 中内容作为地址的偏移量，两者内容相加的和作为转移地址送入程序计数器 PC，实现程序的分支转移。利用该指令可实现多个目标的转移，具有散转功能，又称散转指令。

2.2.4 任务中用到的伪指令

在 MCS－51 单片机中，常用的伪指令共有 8 条，包括 ORG，END，DB，DW，DS，BIT，EQU，DATA。在本次任务中涉及两条伪指令，下面分别加以介绍。

1. ORG (Origin) 伪指令——起始汇编伪指令

ORG 伪指令称为起始汇编伪指令，常用在汇编语言源程序或数据块开头。

(1) 指令格式：

```
ORG    16 位地址或标号
```

(2) 功能说明：在汇编时，当汇编程序检测到该语句时，它就把该语句下一条指令的首字节按 ORG 后面的“16 位地址或标号”存入相应存储单元，其他字节和后续指令字节（或数据）便依次存放在后面的存储单元内。例如，在下列程序中：

```
        ORG    2000H
START:  MOV    A,#64H
               …
        END
```

程序汇编后，标号 START 对应的地址就是 2000H，ORG 2000H 后面的指令汇编后的目标代码便从 2000H 开始依次存放。

在一个源程序中可以多次使用 ORG 伪指令，以规定不同程序段的起始位置，但不允许地址重叠。

2. END（End）伪指令——结束汇编伪指令

END 伪指令称为结束汇编伪指令，常用在汇编语言源程序末尾，用来告诉汇编程序到此结束汇编。

（1）指令格式：

```
END
```

（2）功能说明：在汇编时，当汇编程序检测到该语句时，它就确认汇编语言源程序已经结束，对 END 后面的指令都不再予以汇编。因此，一个汇编语言源程序只能有一个 END 伪指令语句，而且必须放在整个程序的最后。

2.2.5 数据交换指令

数据交换指令是一种另类的数据传送指令，用来完成累加器 A 和内部 RAM 单元之间的字节、半字节交换。

1. XCH（Exchange）指令——字节交换指令

（1）指令格式：字节交换指令有以下 3 条。

```
XCH   A,Rn        ;(A)←→(Rn)
XCH   A,direct    ;(A)←→(direct)
XCH   A,@Ri       ;(A)←→((Ri))
```

（2）指令功能：是将累加器 A 的内容与源操作数代表的数据互相交换。

2. XCHD（Exchange low－order Digit）指令——半字节交换指令

（1）指令格式：半字节交换指令有 1 条。

XCHD A,@Ri   ;$(A)_{3\sim0}\longleftrightarrow((Ri))_{3\sim0}$

（2）指令功能：是将累加器 A 的低 4 位内容与寄存器 Ri 间接寻址单元的低 4 位内容互相交换。

3. SWAP（Swap）指令——累加器高低半字节交换指令

（1）指令格式：累加器高低半字节交换指令有 1 条。

SWAP   A   ;$(A)_{7\sim4}\longleftrightarrow(A)_{3\sim0}$

（2）指令功能：是将累加器 A 的高、低 4 位内容互相交换。

数据交换指令属于特殊的数据传送指令。前面所学的数据传送指令 MOV，数据传送方向都是从源操作数到目的操作数，是单向的、复制性的传送；而数据交换指令是两个操作数的内容或操作数自身的内容相互交换，传送方向是双向的，最终结果是操作数自身的内容都发生了变化。

【例 2.14】 编写程序段实现将内部 RAM 40H 单元的内容低 4 位与累加器 A 内容的低 4

位互换，然后将 A 的高 4 位存入 30H 单元的低 4 位，A 的低 4 位存入 30H 单元的高 4 位。

分析：根据题意，涉及到累加器 A 与内部 RAM 单元内容的半字节交换和累加器内容的高、低半字节交换，完成该功能的程序段如下。

```
MOV   R0,#40H
XCHD  A,@R0      ;完成内部 RAM 40H 单元与累加器 A 的低半字节交换
SWAP  A          ;累加器 A 的高、低半字节交换
MOV   30H,A      ;再将累加器 A 的内容传送到内部 RAM 30H 单元
```

【任务分析】

1. 程序设计

把 0 ～ 9 这 10 个数送到片内 RAM 30H ～ 39H 单元中，最简单的方法是采用 10 条 MOV 指令，分别把 0 送到 30H 单元，把 1 送到 32H 单元，把 2 送到 32H 单元，依次送下去，最后把 9 送到 39H 单元。除此之外，还可以采用循环程序，程序流程图如图 2. 11 所示。

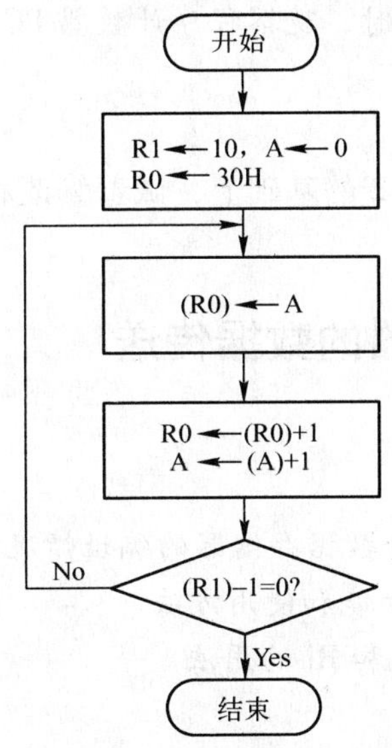

图 2. 11　片内数据传送程序流程图

2. 汇编语言源程序清单

```
;*************************************************************************
;程序名称：rw2 -2. asm
;程序功能：将 0～9 这 10 个数送到 10 个片内 RAM 存储单元 30H～39H 中
;*************************************************************************
        ORG     0000H       ;程序从程序存储器的 0000H 单元开始存放
        AJMP    MAIN        ;跳转到标号 MAIN 处执行
        ORG     0030H       ;主程序从程序存储器的 0030H 单元开始存放
```

```
MAIN:MOV    A,#0        ;把要传送的第一个数0赋给A
     MOV    R1,#10      ;R1用来存放程序循环的次数,次数设定为10
     MOV    R0,#30H     ;R0作为地址指针寄存器,指向片内RAM 30H单元
L1:  MOV    @R0,A       ;把A里的数据传送给片内RAM的存储单元30H(31H~39H)
     INC    A           ;数据加1
     INC    R0          ;地址加1
     DJNZ   R1,L1       ;是否传送了10次?如果没有,跳到L1继续传送
     SJMP   $           ;如果完成10次传送,程序动态停机
     END
```

【任务实施】

1. 用Keil μVision软件编辑源程序rw2－2.asm，检查无误后进行汇编，生成rw2－2.hex文件。

2. 运用Keil μVision软件的仿真和单步调试功能，对程序指令一条一条地执行，观察指令执行的过程。每完成一次循环，通过存储器窗口观察片内RAM 30H～39H单元中的数据是怎样变化的。另外，在程序执行时，观察程序计数器PC的值是如何变化的。

【技能拓展】

完成上述任务后，请在任务2.2的基础上，试着修改程序将10～20这11个数据传送到片内RAM 40H～4AH单元中。

任务2.3 片外数据存储器的数据传送

【学习目标】

1. 掌握80C51单片机的片内外数据存储器的编址情况。
2. 掌握MOVX指令的格式、功能和使用方法。
3. 能区分数据地址指针DPTR和Ri的用法。

【任务描述】

编写程序实现将外部RAM 10H单元中的数据传送到外部RAM 1000H单元中去。

【相关知识点】

2.3.1 数据存储单元的编址问题

80C51单片机的数据存储器分为片内与片外两部分。当片内RAM的容量不够用时，可以在单片机外扩展RAM，该部分称为片外RAM。

80C51单片机的片内RAM和片外RAM的地址是相互独立的，与片内、外程序存储器不同，两者之间的地址编号没有连续性，各自是一个独立的空间，这种编址方式叫做独立编址。内部RAM和外部RAM的地址编号情况如图2.12所示。

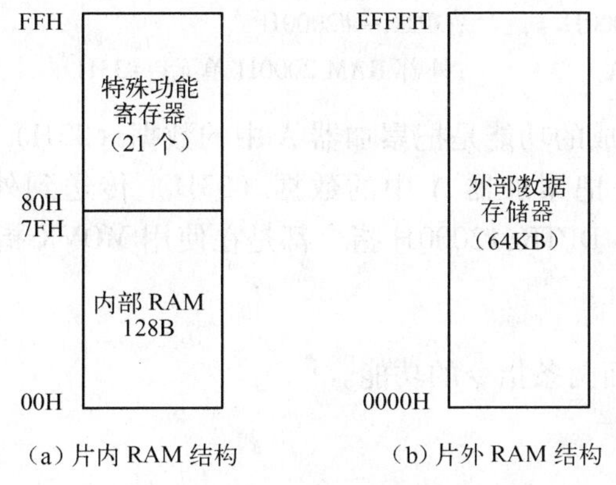

图 2. 12　80C51 单片机数据存储器示意图

从图 2. 12 中可以看出，片内 RAM 单元的地址编号是从 00H 到 FFH，片外 RAM 的地址编号是从 0000H 到 FFFFH，这两组存储空间的地址有重叠，那么，CPU 在访问的时候如何区分呢? 区分的办法是采用不同的指令，即访问片内 RAM，采用 MOV 指令，而访问片外 RAM 则采用 MOVX 指令。

2. 3. 2　累加器与外部 RAM 之间的数据传送指令

凡是涉及到单片机片外 RAM 的数据传送，都要使用 MOVX（Move External RAM）指令。

（1）指令格式：MOVX 指令包括以下 4 条。

```
MOVX   A,@ Ri          ; A←((Ri))
MOVX   @ Ri,A          ;(Ri)←(A)
MOVX   A,@ DPTR        ; A←((DPTR))
MOVX   @ DPTR,A        ;(DPTR)←(A)
```

（2）功能说明：完成累加器 A 与片外 RAM 单元之间的数据传送。

使用 MOVX 指令，要注意以下 4 点。

① 指令中有一个操作数必须是累加器 A，也就是说数据只能在外部 RAM 单元与累加器 A 之间传递。两个外部 RAM 单元之间或外部 RAM 单元与内部 RAM 单元之间是不能直接传递数据的。

② @ Ri 和@ DPTR 的寻址方式是寄存器间接寻址，它们所代表的存储单元都是外部 RAM 单元。Ri 为 8 位地址指针，寻址范围只限于外部 RAM 的低 256 单元（00H ～ FFH），而 DPTR 为 16 位地址指针，寻址范围为 64KB（0000H ～ FFFFH）。

③ 在使用 MOVX 指令之前，要给指令中的地址指针赋值，确定外部 RAM 单元的地址。

④ 外部 RAM 单元与累加器 A 之间的数据传递是双向的，要根据数据传送的方向来选用指令。

【例 2. 15】　分析下列程序段的功能。

```
MOV    R0,#30H         ;R0←#30H
MOV    A,#33H          ;A←#33H
MOVX   @ R0,A          ;30H←#33H
```

```
MOV    DPTR,#2000H        ;DPTR←#2000H
MOVX   @DPTR,A            ;外部 RAM 2000H 单元←#33H
```

分析：前三条指令完成的功能是把累加器 A 中的数据（33H）传送到外部 RAM 30H 单元。后两条指令的功能是把累加器 A 中的数据（33H）传送到外部 RAM 2000H 单元中。MOV R0,#30H 和 MOV DPTR,#2000H 指令都是在使用 MOVX 指令之前给地址指针赋值，确定外部 RAM 单元的地址。

想一想：区分下面两条指令的功能。

```
MOV    A,@R0
MOVX   A,@R0
```

【任务分析】

1. 任务分析

因为任务涉及到外部 RAM 单元中数据的传送，所以必须采用 MOVX 指令完成任务。MCS－51 单片机的指令系统中没有在两个外部 RAM 单元之间直接进行数据传送的指令，为了完成这一任务，可以通过累加器 A 进行中转，分两步完成数据传送，即先把外部 RAM 10H 单元的数据传给累加器 A，再把累加器 A 中的数据传给外部 RAM 1000H 单元。程序流程图如图 2.13 所示。

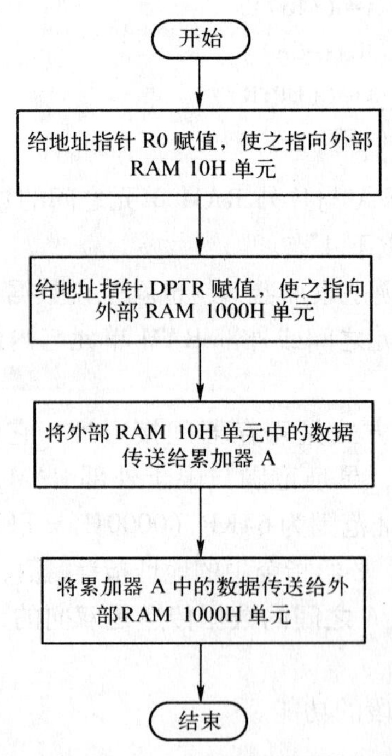

图 2.13　外部 RAM 数据传送程序流程图

2. 汇编语言源程序清单

```
;*****************************************************************
;程序名称:rw2-3.asm
;程序功能:将外部 RAM 10H 单元中的数据传送到外部 RAM 的 1000H 单元中
;*****************************************************************
        ORG   0000H
        AJMP  MAIN                ;跳转到标号 MAIN 处执行
        ORG   0030H               ;主程序从程序存储器的 0030H 地址开始存放
MAIN:   MOV   R0,#10H             ;给地址指针 R0 赋值,指向外部 RAM 10H 单元
        MOV   DPTR,#1000H         ;给地址指针 DPTR 赋值,指向外部 RAM 1000H 单元
        MOVX  A,@R0               ;片外 RAM 10H 单元的内容传送给累加器 A
        MOVX  @DPTR,A             ;再把累加器 A 中的内容传送给外部 RAM 1000H 单元
        SJMP  $                   ;程序动态停止
END
```

【任务实施】

1. 用 Keil μVision 软件编辑源程序 rw2-3.asm，检查无误后进行汇编，生成 rw2-3.hex 文件。

2. 在 Keil μVision 软件运行程序之前，先给外部 RAM 10H 单元赋值，然后利用软件的仿真和单步调试功能，一条一条地执行指令，观察寄存器 R0、DPTR、A 中数值的变化。程序执行完毕后，观察外部 RAM 1000H 单元中的数据是否与外部 RAM 10H 单元中的数值一致。

【技能拓展】

结合任务 2.2 中的程序，试着编写程序完成将 10 ～ 19 这 10 个十进制数传送到片外 RAM 1040H ～ 1049H 单元中。

任务 2.4 程序存储器的数据传送

【学习目标】

1. 掌握 MOVC 指令的格式、功能和使用方法。
2. 掌握条件转移类指令的格式、功能和使用方法。
3. 学会编写查表程序。

【任务描述】

已知累加器 A 中有一个 0 ～ 9 范围内的数，若这个数不为 0，利用查表的方法编写能查找出该数平方值的程序。

【相关知识点】

2.4.1 基址变址寻址方式

在本次任务中要学习程序存储器的数据传送指令 MOVC，它的源操作数的寻址方式就是基址变址寻址（Base address indexed addressing）方式。

1. 定义

参与操作的数据存放在存储单元中，指令中给出了以 DPTR 或 PC 为基址、以累加器 A 为变址的两个寄存器，并将两个寄存器的内容相加形成的 16 位数据作为存储单元的地址。

2. 基址变址寻址方式的特点

（1）基址寄存器 DPTR 或 PC 中应预先存放数据作为基地址。

（2）变址寄存器累加器 A 中应预先存放有参与操作数据所在存储单元的地址与基地址的差值（偏移量）作为变址，该变址是一个 00H ～ FFH 范围内的无符号数。

（3）在执行时，把在 DPTR（或 PC）内的基地址和累加器 A 中的变址相加，形成参与操作数据所在存储单元地址。

3. 采用基址变址寻址方式的指令

采用基址变址寻址方式的指令有以下 3 条。

```
MOVC    A,@A+DPTR
MOVC    A,@A+PC
JMP     @A+DPTR
```

前两条指令是程序存储器读指令，是本次任务重点学习的指令；第三条指令是无条件转移指令，已在任务 2.2 中学习过。

4. 使用中注意的问题

（1）基址变址寻址方式只能对程序存储器寻址，不能对数据存储器寻址，或者说它是专门针对程序存储器的寻址方式，寻址范围可达 64KB。

（2）基址变址寻址方式较为复杂，在使用时应预先给 DPTR 或累加器 A 赋值。

2.4.2 程序存储器中数据传送到累加器 A 的指令

凡是把程序存储器中的数据传送到累加器 A 的操作都要用到 MOVC（Move Code）指令。

（1）指令格式：MOVC 指令有两条。

```
MOVC    A,@A+DPTR       ;A←((A)+(DPTR))
MOVC    A,@A+PC         ;A←((A)+(PC))
```

这两条指令的区别是所采用的基址寄存器不同。DPTR 为固定值，在使用时要给 DPTR

赋值；PC 的值与当前指令的地址有关，在使用时不需要赋值，因此，第一条指令应用较多。

（2）功能说明：该指令涉及到程序存储器的数据传送，源操作数采用基址变址寻址方式，目的操作数只能是累加器 A。该指令的功能是把程序存储器单元中的数据传送到累加器 A 中。由于对程序存储器的操作只能是读出，所以数据的传送是单向的。

MOVC 指令通常用于查表操作。

2.4.3 累加器判零转移指令

累加器判零转移指令是条件转移类指令的一种。指令先判别累加器 A 的内容是否为零，再根据判别结果决定程序是否转移。学习的时候一定要抓住转移的条件是什么。

1. JZ（Jump if Zero）指令——判断 A 为 0 转移指令

（1）指令格式：

```
JZ   rel
```

（2）功能说明：判别的条件是累加器 A 的内容为 0。如果（A）=0，则程序转移，否则顺序执行下一条指令。其中 rel 为地址偏移量，实际编程时此处为标号，用来指明程序转移的地点。

【例 2.16】 分析下列程序段的功能。

```
        MOV     A,R0            ;A←(R0)
        JZ      M1              ;判断 A 的值是否为 0,若为 0 则跳到标号 M1 处,否则
                                ;顺序向下执行
        MOV     R1,#0FFH        ;R1←#0FFH
        SJMP    M2              ;跳转到 M2
M1:     MOV     R1,#00H         ;R1←#00H
M2:     SJMP    $               ;动态停机
```

分析：假设（R0）=0，执行程序后，则（R1）=00H；若（R0）=2，执行程序后，则（R1）=0FFH。

2. JNZ（Jump if Not Zero）指令——判断 A 不为 0 转移指令

（1）指令格式：

```
JNZ   rel
```

（2）功能说明：判别的条件是累加器 A 的内容不为 0。如果（A）≠0，则程序转移，否则顺序执行下一条指令。

【例 2.17】 分析下列程序段的功能。

```
        MOV     A,R2            ;A←(R2)
        JNZ     LOOP            ;若 A 中内容不等于 0,则跳到 LOOP
        SJMP    $               ;动态停机
LOOP:   MOV     R0,#10H         ;R0 中的内容为 10H
```

分析：假设（R2）=1，执行程序后，则（R0）=10H；若（R2）=0，动态停机。

做一做：上述程序段，使用指令 JZ 如何修改程序？

2.4.4 定义字节与定义字伪指令

1. DB（Define Byte）伪指令——定义字节伪指令

（1）指令格式：

[〈标号:〉] DB〈表达式表〉

（2）功能说明：用来为汇编语言源程序在程序存储器 ROM 的某区域中定义一个字节数据表。该伪指令把表达式表中的字节数据存储到从标号开始的连续单元中。表达式是用逗号分隔的若干个字节数据。

【例 2.18】 分析下列伪指令的功能。

```
Table:DB 31H,01H,1+3,'A'
```

分析：该伪指令在程序存储器以标号 Table 为首地址的区域建立一个字节数据表，表内数据依次为：31H、01H、04H、41H。

2. DW（Define Word）伪指令——定义字伪指令

（1）指令格式：

[〈标号:〉] DW〈表达式表〉

（2）功能说明：用来为汇编语言源程序在程序存储器 ROM 的某区域中定义一个字数据表。该伪指令把表达式表中的字数据存储到从标号开始的连续单元中，低地址单元存放高字节，高地址单元存放低字节。记住，1 字 =2 字节。

【例 2.19】 分析下列伪指令的功能。

```
Table2:DW 3456H,200H,1+3,'A'
```

分析：该伪指令在程序存储器以标号 Table2 为首地址的区域建立一个字数据表，表内数据依次为：34H、56H、02H、00H、00H、04H、00H、41H。

想一想：观察比较一下，DB 与 DW 伪指令有何不同？

2.4.5 查表程序的设计

求一个数的平方值，可以先在程序存储器中建立一个平方值数据表格，然后再用 MOVC 指令定位到该数平方值所在的存储单元，把平方值从存储单元取出来即可。

1. 数据表格的建立

在对一系列字节数据进行操作时，需要事先把数据保存到 ROM 中的某一段存储区域，使用 DB 伪指令来完成这一操作。

【例 2.20】 分析伪指令 TABLE：DB　02H，36H，74H，0B4H，0FFH 在 ROM 中的数据表。

分析：该伪指令在 ROM 中建立的数据表如图 2.14 所示。标号 Table是该表的首地址，后面的单元地址依次加 1，数据从 Table 单元依次存放。

Table+0	02H
Table+1	36H
Table+2	74H
Table+3	B4H
Table+4	FFH

图 2.14　数据表格

注意： 标号是可选项，可以不写，也可以使用如下程序段建立数据表格。

```
ORG  0500H
DB  02H,36H,74H,0B4H,0FFH
```

这里，用 ORG 伪指令指明了数据表格的首地址为 0500H。

2. 查表程序的设计

查表程序主要使用 MOVC A，@ A + DPTR 指令来完成。将被查数据放在累加器 A 中，数据表格的首地址放在数据指针寄存器 DPTR 中，累加器 A 中的内容（变址）与 DPTR 中的内容（基址）相加之和即为所查找结果对应存储单元的地址，从存储单元中取出的内容就是要查找的结果。

【例 2.21】 分析下列程序段执行的结果。

```
MOV     A,#1                        ;A←#1
MOV     DPTR,#1000H                 ;DPTR←表起始地址 1000H
MOVC    A,@ A + DPTR                ;A←((A + DPTR))
ORG     1000H                       ;定义表首地址为 1000H
DB      30H,31H,32H,33H,34H,35H,36H,37H,38H,39H    ;建立数据表格
```

分析：利用 DB 伪指令定义了一个数字 0 ～ 9 的 ASCII 码表格，表格首地址为 1000H。把被查数据放入累加器 A 中（A = 1），表格首地址放入 DPTR 中（DPTR = 1000H），执行 MOVC A，@ A + DPTR 指令，得到的存储单元地址是 1001H，该单元中的数据就是要查找的结果。该程序段的功能就是查找 0 ～ 9 对应 ASCII 码的程序。

想一想： 如果把第一条指令改为 MOV A，#3，则最后累加器 A 中的数据是多少?

读一读： 在建立数据表格时，最好用标号来表示首地址，不要用 ORG 指令，因为用 ORG 指令，必须确定表格在程序存储器中的具体位置。程序经常需要修改，那么表格的位置就有可能改变，每次都要修改 ORG 伪指令比较麻烦，所以用标号来代替，让单片机自动根据标号安排地址。

上述程序可修改如下。

```
MOV     A,#1                        ;A←#1
```

```
          MOV      DPTR,#TABLE       ;DPTR←表首地址
          MOVC     A,@A+DPTR         ;A←((A+DPTR))
TABLE:    DB 30H,31H,32H,33H,34H,35H,36H,37H,38H,39H ;建立数据表格
```

【任务分析】

1. 任务分析

求 0 ～ 9 之间的某数的平方值，可以采用查表的方法。若该平方值表起始地址为 Tab，则建立的平方值表如图 2.15 所示。

从图 2.15 的平方表中可以看出，累加器 A 中的数恰好等于该数平方值所在单元地址与平方表起始地址的差值。例如，6 的平方值为 36，36 对应的地址为 Tab＋6，它对 Tab 地址的偏移量为 6。因此，查表时需要把表格的首地址赋值给基址寄存器 DPTR。程序流程图如图 2.16 所示。

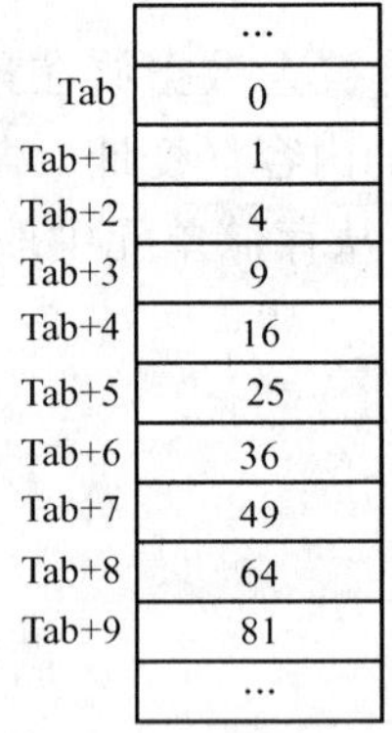

图 2.15　0 ～ 9 的平方表

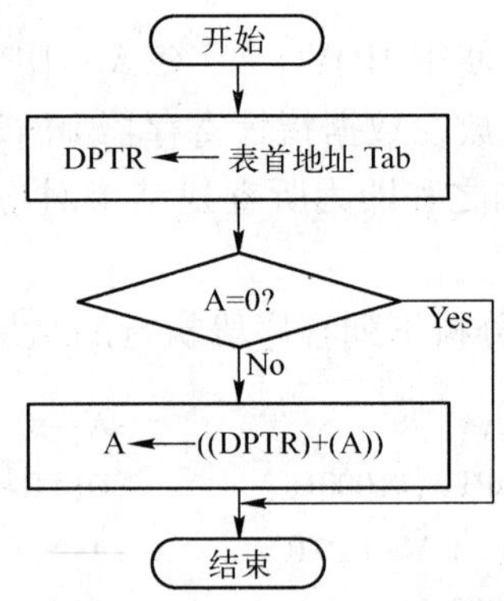

图 2.16　任务 2.4 的程序流程图

2. 汇编语言源程序清单

```
;****************************************************************
;程序名称：rw2-4.asm
;程序功能：使用查表方法找出 0 ～ 9 范围内的一个数的平方值
;****************************************************************
       ORG    0000H
       AJMP   MAIN                          ;跳转到标号 MAIN 处执行
       ORG    0030H                         ;主程序从程序存储器的 0030H 地址开始存放
MAIN:  MOV    DPTR,#Tab                     ;DPTR←表首地址 Tab
       MOV    A,#3
       JZ     L1                            ;判断 A 的值是否为 0,若为 0 则结束程序
       MOVC   A,@A+DPTR                     ;A 的值不为 0,查表取得该数的平方值
L1:    SJMP   $                             ;动态停机
Tab:   DB     0,1,4,9,16,25,36,49,64,81    ;平方表
       END
```

【任务实施】

1. 在 Keil μVision 软件中编辑源程序 rw2－4. asm，检查无误后进行汇编，得到rw2－4. hex 文件。

2. 在 Keil μVision 软件中，在程序存储器窗口观察是否存在平方表。

3. 运用 Keil μVision 软件的单步调试功能，逐条执行指令，通过寄存器窗口观察累加器 A 值的变化。

【技能拓展】

对任务2.4 加以修改，内容如下：已知累加器 A 中有一个0 ～4 范围内的数，试用查表的方法编写能查找出该数的立方值的程序，立方表的首地址为 Table。

任务2.5　单 LED 数码管轮流显示十六进制数

【学习目标】

1. 进一步熟悉数据传送指令的功能和应用。
2. 掌握 LED 数码管与单片机的连接方法。
3. 利用查表方法编写 LED 数码管的显示程序。

【任务描述】

用一个 LED 数码管轮流显示0 ～9，A ～ F 这16 个十六进制数。

【相关知识点】

2.5.1　8 段 LED 数码管

数码管是一种常见的显示器件，它能显示数字及少量字符，应用非常广泛。

1. 数码管的结构

如图2. 17 所示的数码管是由7 个（a ～ g）条状的发光二极管（LED）按如图2. 18 所示的形式排列而成的，可实现数字“0 ～9”及少量字符的显示。另外，为了显示小数点，增加了1 个（dp）点状的发光二极管，这8 个发光二极管的引出线分别为“a，b，c，d，e，f，g，dp”，也称段选线；公共端 COM 的引出线称为位选线。

2. 数码管的分类

数码管按各发光二极管电极的连接方式不同分为共阴极数码管和共阳极数码管两种。

（1）共阴极数码管是指将所有发光二极管的阴极连接到一起，形成公共阴极（Common Cathode）的数码管，如图2. 17（a）所示。共阴极数码管在使用时应将公共极 COM 接到地线 GND 上，当某一字段发光二极管的阳极为高电平时，相应字段就点亮；当某一字段的阳极为低电平时，相应字段就处于熄灭状态。

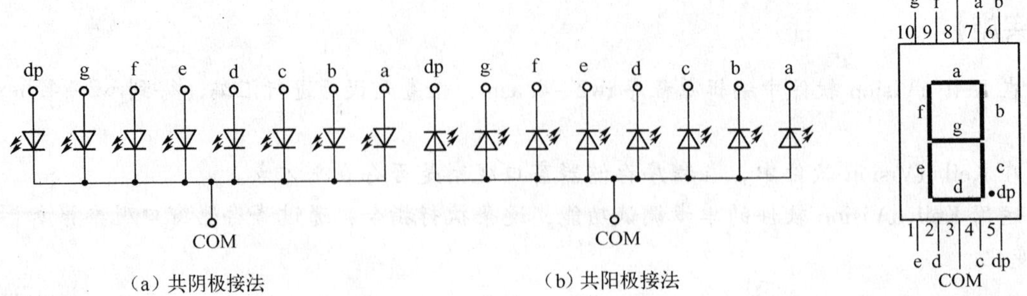

（a）共阴极接法　　（b）共阳极接法

图 2.17　数码管的内部结构图

图 2.18　数码管的引脚示意图

（2）共阳极数码管是指将所有发光二极管的阳极连接到一起形成公共阳极（Common Anode）的数码管，如图 2.17（b）所示。共阳极数码管在使用时应将公共极 COM 接到电源正极，当某一字段发光二极管的阴极为低电平时，相应字段就点亮；当某一字段的阴极为高电平时，相应字段就处于熄灭状态。

【例 2.22】 有一共阴极数码管，要显示数字 2，如何实现？

分析：数码管是共阴极的，根据数码管的结构图应该点亮 a，b，g，e，d 段，即这些相应段为高电平，其他段为低电平，所以只要向数码管的 dp，g，f，e，d，c，b，a 这 8 段输入 01011011B（5BH），而把 COM 端接地即可。

想一想：如果这个数码管是共阳极的，显示 2 应该如何实现？

3. 数码管字形编码表

从例 2.22 可以看出，数码管要显示的每一个十进制数都对应了一个 8 位的二进制数，把这个 8 位二进制数称为要显示字符的字形编码。LED 数码管的字形编码见表 2.6。如果数码管要显示某个字符，只需通过查表的方法找到该字符的字形编码送给数码管引脚即可。

表 2.6　数码管的字形编码表

显示字符	共阴极编码	共阳极编码	显示字符	共阴极编码	共阳极编码
0	3FH	0C0H	D	5EH	0A1H
1	06H	0F9H	E	79H	86H
2	5BH	0A4H	F	71H	8EH
3	4FH	0B0H	H	76H	89H
4	66H	99H	L	38H	0C7H
5	6DH	92H	P	73H	8CH
6	7DH	82H	R	31H	0CEH
7	07H	0F8H	U	3EH	0C1H
8	7FH	80H	Y	6EH	91H
9	6FH	90H	—	40H	0BFH
A	77H	88H	.	80H	7FH
B	7CH	83H	灭	00H	FFH
C	39H	0C6H			

2.5.2 四个并行I/O口在使用时的注意事项

80C51单片机有4个8位并行I/O口，每个口都可以输出高、低电平去控制连接在单片机I/O引脚上的电子器件，如图2.19所示。

4个I/O口都可作为输入和输出口，是输入还是输出，是由指令决定的。如：MOV A，P1指令就是输入；MOV P1，#0FF指令就是输出。

因为80C51单片机内部结构上的原因，在执行输入引脚上数据（读引脚）操作时，必须先在引脚上输出高电平，才能读取引脚上所连接的外部数据，否则会导致输入错误。如读取P2口引脚上的数据送到累加器A的指令为：

```
MOV    P2,#0FFH
MOV    A,P2
```

由于P0口的输出级属漏极开路结构，没有上拉电阻，所以在执行输出功能时，必须在每个引脚上接一个上拉电阻，否则不能正常工作。上拉电阻一般可以选择4.7～10kΩ，连接方法如图2.20所示。P1、P2、P3口与P0口不同，内部有上拉电阻，执行输出功能时，不必在每个引脚上接上拉电阻。

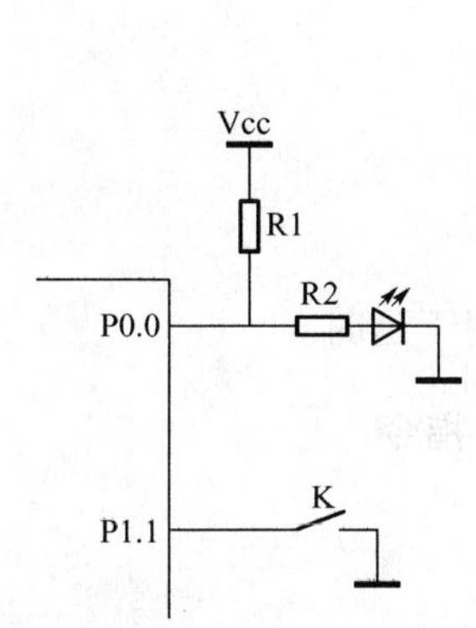

图2.19 P0口控制外部电子器件

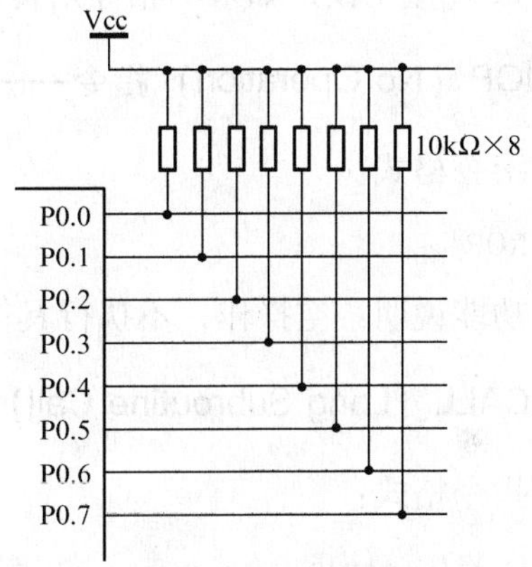

图2.20 P0口上拉电阻

就端口的驱动能力而言，P0口能以灌电流方式驱动8个LS型TTL输入负载；P1～P3口以灌电流或拉电流方式驱动4个LS型TTL负载。所以，在端口外接负载时应考虑各端口的驱动能力。

读一读：什么是上拉电阻？什么是下拉电阻？

I/O端口通过电阻与电源相连，这个电阻就是上拉电阻。上拉电阻一般可取值4.7～10kΩ。I/O端口通过电阻与地相连，这个电阻就是下拉电阻。

2.5.3 任务中用到的其他指令

1. CJNE（Compare and Jump if Not Equal）指令——比较不相等转移指令

（1）指令格式：

```
CJNE  A,#data,rel
```

```
CJNE   A,direct,rel
CJNE   Rn,#data,rel
CJNE   @Ri,#data,rel
```

（2）功能说明：CJNE 指令属于条件转移指令，功能是把两个操作数相比较，若不相等则转移，否则顺序执行下面的指令。以 CJNE A，direct，rel 为例，将累加器 A 的内容与 direct单元的内容比较，若不相等则转移。编程时，rel 的位置是一个标号，就是程序转移的位置。这样，利用这条指令，就可以判断两数是否相等，这在很多场合是非常有用的。

【例 2.23】 分析下列 3 条指令的功能。

```
① CJNE   A,10H,L1
② CJNE   10H,#35H,L2
③ CJNE   @R0,#35H,L3
```

分析：第一条指令是将累加器 A 的内容与片内 RAM 10H 单元的内容做比较，如果不相等则转移到标号 L1 处的语句。第二条指令是将片内 RAM 10H 单元的内容和立即数 35H 做比较，如果不相等则转移到标号 L2 处的语句。第三条指令是将 R0 间址的存储单元的内容与立即数 35H 做比较，如果不相等则转移到标号 L3 处的语句。

2. NOP（No Operation）指令——空操作指令

（1）指令格式：

```
NOP
```

（2）功能说明：空操作，不执行具体的操作，一般用于延时。

3. LCALL（Long Subroutine Call）指令——长调用指令

（1）指令格式：

```
LCALL   addr16
```

（2）功能说明：LCALL 为子程序远程调用指令，功能是主程序调用 64KB 范围内的子程序。addr16 是一个 16 位的地址，说明主程序和被调用的子程序同在 64KB 存储空间内。

4. ACALL（Absolute subroutine Call）指令——绝对调用指令

（1）指令格式：

```
ACALL   addr11
```

（2）功能说明：这是一条子程序近程调用指令，和上一条 LCALL 指令不同之处是两者调用范围不同，addr11 是 11 位地址，说明主程序和被调用的子程序同在 2KB 存储空间内。

5. RET（Return from Subroutine）指令——子程序返回指令

（1）指令格式：

```
RET
```

（2）功能说明：子程序执行完毕后返回主程序。子程序的最后一条指令就是 RET 指令。

2.5.4　堆栈的使用

子程序执行完毕后，子程序返回指令 RET 如何准确地返回到主程序 LCALL 或 ACALL 指令的下一条指令位置继续主程序的运行呢？这就需要把 LCALL 或 ACALL 指令的下一条指令所在存储区域的首地址（也称为断点地址）保存起来。保存在哪里？如何保存？这就用到了堆栈。

堆栈是设置在片内 RAM 中的按照先进后出、后进先出方式工作的一块存储区域。通常情况下，堆栈操作在子程序调用或中断处理中用来保存断点地址和保护现场数据，以便返回后可以方便地恢复。在执行 LCALL 或 ACALL 指令时，把断点地址保存在堆栈中。

1. 堆栈的管理

堆栈需要一个地址指针来指示堆栈顶部（栈顶）在内部 RAM 中的位置。堆栈指针寄存器 SP 就是用来指示栈顶位置的寄存器，用来保存堆栈最上面的数据所在存储单元的地址。

MCS - 51 系列单片机的堆栈是向上生长型的，其堆栈的底部在低地址单元，随着将数据送入堆栈，堆栈指针向上移动，地址递增，如图 2.21 所示。

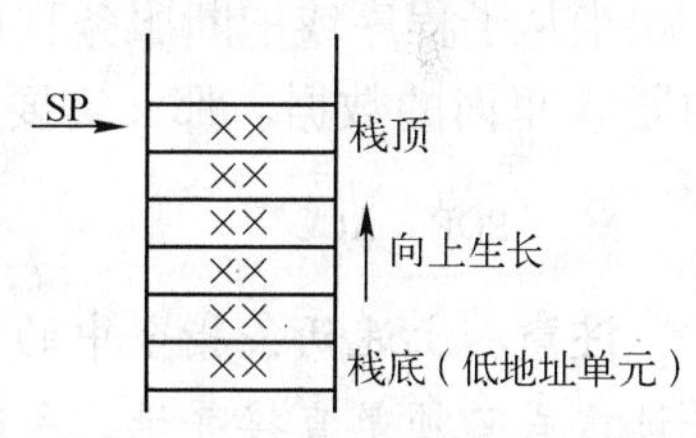

图 2.21　堆栈示意图

单片机复位时，SP 的值为 07H，这样堆栈就会开辟在片内 RAM 的工作寄存器区中，而通常堆栈设置在用户 RAM 区中（30H ～ 7FH），因此，在程序设计时用数据传送指令给 SP 赋初值，一般设置在 30H 单元以上。

2. 堆栈的操作

堆栈有两种操作：进栈（数据送入堆栈）和出栈（从堆栈中取出数据）。每一次进栈操作后，SP 的值自动加 1，表明堆栈顶部的位置向上移（向高地址方向增长）；每一次出栈操作后，SP 的值自动减 1，表明堆栈顶部位置向下移。

堆栈操作指令是一种特殊的数据传送指令，它是根据堆栈指示器 SP 中的栈顶地址进行数据传送操作的。这类指令共有以下两条。

```
PUSH    direct    ;SP←(SP) +1,(SP)←(direct)
POP     direct    ;direct←((SP)),SP←(SP) -1
```

第一条指令称为进栈指令，其功能是把 direct 单元的内容传送到 SP 指向的栈顶单元中。该指令执行时分为两步：

（1）先使 SP 中的栈顶地址加 1，使之指向新的栈顶单元，为数据入栈做好准备。

（2）将 direct 单元中的数据压入由 SP 指向的栈顶单元。

第二条指令称为出栈指令，其功能是把堆栈中的操作数传送到 direct 单元。该指令的执行是入栈指令的逆过程，仍分为两步：

（1）先将 SP 所指的栈顶单元中的数据复制性地弹到 direct 单元。

（2）使 SP 中的原栈顶地址减 1，使之指向新的栈顶地址。

出栈指令不会改变堆栈区存储单元中的内容，堆栈中是否有数据的唯一标志是 SP 中栈顶地址是否与栈底地址重叠，与堆栈区中是什么数据无关。因此，只有进栈指令才会改变堆栈中的数据。

子程序调用指令 LCALL 或 ACALL 无须使用 PUSH 指令，指令执行时会把断点地址自动送入堆栈；子程序返回指令 RET 也无须使用 POP 指令，指令执行时会把断点地址自动从堆栈弹出来。

3. 堆栈的应用

堆栈操作在子程序调用或中断处理中往往用来保存断点地址和保护现场数据，以便返回后可以方便地恢复。

例如，在调用子程序或中断服务程序时，累加器 A 中的数据需要保护，以备返回后继续使用。那么需要做如下操作：

```
PUSH   ACC
```

当从子程序或中断服务程序返回主程序时，为了继续原来的工作，必须重新得到原来累加器 A 里面的数据。那么需要做如下操作：

```
POP   ACC
```

注意：上述两条指令中的累加器不能写成 A，而必须写成 ACC，因为堆栈指令操作数的寻址方式必须是直接寻址，A 表示寄存器寻址，而 ACC 表示直接寻址。

2.5.5 延时子程序的设计

1. 时序分析

单片机执行指令的过程就是顺序地从程序存储器中取出指令，逐条地执行，然后进行一系列的微操作控制，来完成各种规定的动作。这一系列微操作控制信号在时间上要有一个严格的先后顺序，这种顺序就是时序。这就好比学校上课时用的电铃，为了保证课堂秩序，学校就必须在铃声的统一协调下规范教学活动。那么单片机的时序是如何规定的呢？下面来了解一下与单片机时序相关的几个概念。

（1）振荡周期：晶振电路产生的矩形波的振荡信号的周期。它的数值是晶振频率的倒数，即 $1/f_{osc}$。比如使用 12MHz 的晶振，那么它的振荡周期就为 1/12μs。

（2）时钟周期：振荡信号经单片机内部的二分频后得到的信号是时钟信号，其周期是时钟周期，也称状态周期。

（3）机器周期：它是单片机执行一次基本操作所需要的时间。MCS－51 单片机一个机器周期包括 12 个振荡周期，即一个机器周期为$(1/f_{osc})\times 12$。如果晶振频率为 12MHz，则一个机器周期为 1μs；如果晶振周期为 6MHz，则一个机器周期为 2μs

（4）指令周期：就是执行一条指令所用的时间，一般是机器周期的整数倍。按指令的不同，一条指令的指令周期可能是 1 个、2 个或 4 个机器周期。如 DJNZ 指令就是双机器周期指令，表示 DJNZ 指令需要 2 个机器周期才能执行完成。

附录 C 中给出了每条指令的机器周期数。

2. 子程序的概念

在设计程序时，有时具有某种功能的程序段会在程序的不同地方反复使用，那么就可以把这个程序段设计成独立的程序，每次需要时就“调用”一下，这个程序称为子程序。主程序通过调用指令（ACALL 或 LCALL）来调用子程序，子程序执行完之后用返回指令（RET）再返回到主程序调用子程序的指令的下一条指令继续执行。

3. 延时子程序的设计

软件延时程序在单片机程序设计中应用十分广泛，其设计思路是构成循环程序，只占用 CPU 的时间，而不进行任何实质性操作，来达到延时的目的。其中空操作指令为单周期指令，没有任何具体的功能，只是延迟 1 个机器周期的时间。

下面来分析一下 100ms 延时子程序的编写过程（设晶振为 12MHz，机器周期为 1μs）。

下面一段程序是实现 500μs 延时的程序。

```
;--------------------程序功能:500μs 延时--------------------
        MOV     R1,#250          ;循环 250 次,消耗 1μs
LOOP1:  DJNZ    R1,LOOP1         ;执行一次消耗 2μs
```

分析：这段程序的关键指令是 DJNZ 指令，它的执行过程是将 R1 值先减 1，再判断 R1 的值是否等于 0。如果等于 0，就顺序执行下面的指令；如果不等于 0，就转移到标号 LOOP1 所指的语句，这里就是该指令本身。所以执行“LOOP1：DJNZ R1，LOOP1”就是在原地“转圈”250 次。DJNZ 指令是双机器周期指令，执行一次要花费 2μs 的时间，它反复执行 250 次，就要花费 500μs。“MOV R1，#250”是单机器周期指令（1μs），所以当这个程序执行完后，所消耗的时间为 500μs +1μs。因为 1 比 500 小得多，可以忽略。当改变装入 R1 的数值时，就可以改变延时的时间。R1 中的最大值为 255，如果想延时 1000μs（1ms），如何解决呢？分析下面这段程序。

```
;--------------------程序功能:1ms 延时程序--------------------
        MOV     R1,#250          ;循环 250 次
LOOP1:  NOP                      ;单机器周期指令,消耗 1μs
        NOP
        DJNZ    R1,LOOP1         ;双机器周期指令,消耗 2μs
```

分析：在程序的循环体中增加了两条 NOP 指令，则完成一次循环要消耗 4μs，250 次循环就可实现延时 1ms 的要求。现在如果想延时 100ms，又如何解决呢？采用循环嵌套的方法，也就是双重循环，就能实现 100 ms 的延时，如图 2. 22 所示。

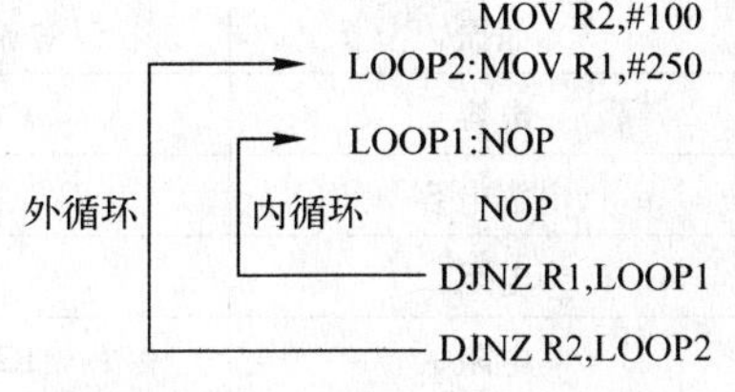

图 2. 22 延时 100ms 的程序结构示意图

分析：该程序包含两个循环，内循环完成 1ms 的延时，外循环把内循环作为一个整体又循环了 100 次，所以该程序可以完成 100ms 的延时。

【任务分析】

1. 硬件电路设计

本次任务的硬件电路设计如图 2. 23 所示。数码管采用的是共阳极数码管，由 P2 口输出的 8 位二进制数控制，其中 P2. 0 接 a 控制端，P2. 1 接 b 控制端，依次下去，最后 P2. 6 接 g 控制端。数码管显示某个十六进制数只需要将它所对应的字形编码从 P2 口输出就可以了。

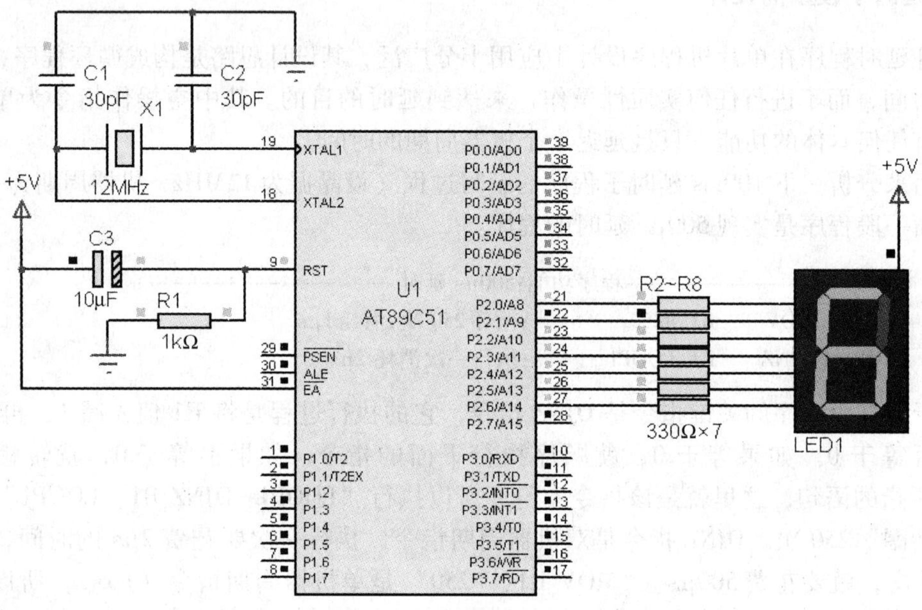

图 2. 23　单数码管轮流显示十六进制数的硬件电路图

由于 P2 口内含上拉电阻，故不需要外接上拉电阻。R2 ～ R8 是数码管内 7 个 LED 管的限流电阻，取值范围在 220 ～ 1000Ω，这里取 330Ω。

所需元件清单见表 2. 7。

表 2. 7　任务 2. 5 所需元件清单

元 件 名 称	元 件 标 号	元件标称值	Proteus 中的名称
单片机	U1	AT89C51	AT89C51
晶振	X1	12MHz	CRYSTAL
电容	C1，C2	30pF	CAP
电解电容	C3	10μF	CAP - ELEC
电阻	R1	1kΩ	RES
电阻	R2～R8	330Ω	RES
LED 数码管	LED1	共阳极数码管	7SEG - COM - ANODE

2. 程序设计

（1）程序设计分析。首先根据硬件电路图和前面介绍的数码管字形编码表建立一个十六进制数 0 ～ 9，A ～ F 的字形编码的数据表格，如下所示。

TABLE：DB 0C0H，0F9H，0A4H，0B0H，99H，92H，82H，0F8H，80H，90H，88H，83H，0C6H，0A1H，86H，8EH

如果想显示哪个十六进制数，就将这个数传送到累加器 A 中，使用查表方法将对应的字形编码从数据表格中取出来，经过 P2 输出，数码管就可以显示该数字了。程序流程图如图 2.24 所示。

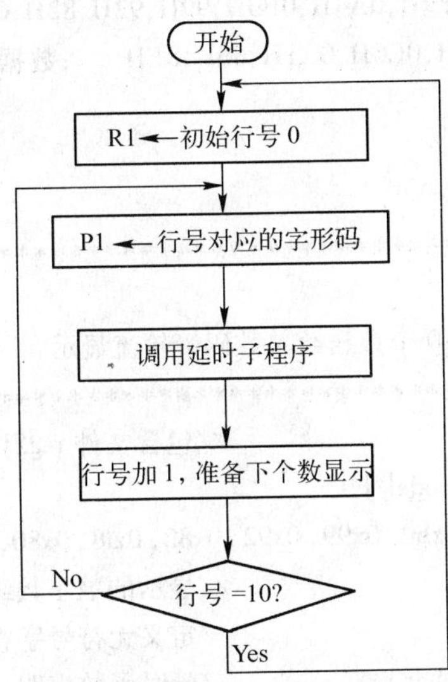

图 2.24　单数码管轮流显示十进制数程序流程图

（2）汇编语言源程序清单。

```
;*****************************************************************
;程序名称：rw2 - 5. asm
;程序功能：用单 LED 数码管轮流显示 0 ～ 9，A ～ F 这 16 个数
;*****************************************************************
        ORG     0000H
        AJMP    MAIN
        ORG     0030H
MAIN：  MOV     R1,#00H             ;先显示十六进制数 0
NEXT：  MOV     A,R1                ;把预显示数送累加器 A
        MOV     DPTR,#TABLE         ;把数据表格首地址送 DPTR
        MOVC    A,@ A + DPTR        ;查表,结果存在累加器 A 中
        MOV     P2,A                ;从 P2 口输出送数码管显示
        MOV     SP,#30H             ;堆栈设在片内 RAM 30H 单元以上的区域
        LCALL   DELAY               ;调用 100ms 延时子程序
        INC     R1                  ;R1 的内容加 1,送下一个数显示
        CJNE    R1,#16,NEXT         ;判别 16 个数是否显示完毕
        LJMP    MAIN                ;当 16 个数据都显示完,再从 0 开始显示
;--------------延时子程序,延时 100ms ---------------
DELAY： MOV     R3,#100             ;循环 100 次,实现延时 100ms
```

```
LOOP1: MOV    R4,#250                      ;循环 250 次,实现延时 1ms
LOOP2: NOP                                 ;占用 1 个机器周期,1μs
       NOP                                 ;占用 1 个机器周期,1μs
       DJNZ   R4,LOOP2                     ;占用 2 个机器周期,2μs
       DJNZ   R3,LOOP1                     ;占用 2 个机器周期,2μs,在此忽略不计
       RET                                 ;子程序返回
TABLE: DB     0C0H,0F9H,0A4H,0B0H,99H,92H,82H,0F8H,80H,90H
       DB     88H,83H,0C6H,0A1H,86H,8EH    ;数据表格
       END
```

（3）C 语言源程序清单。

```
/****************************************************************
* 程序名称: rw2 - 5. c
* 程序功能: 将 0 ～ 9 这 10 个数送给单数码管轮流显示
****************************************************************/
   #include <reg51.h>                      //包含文件 reg51. h
   unsigned char code dispcode[]
    = {0xc0,0xf9,0xa4,0xb0,0x99,0x92,0x82,0xf8,0x80,0x90,0x88,0x83,0xc6,0xa1,0x86,
0x8e};                                     //显示的数字数组
   unsigned char m;                        //定义无符号字符型变量 m 为显示循环次数
   void delayms(unsigned char t);          //延时函数声明
   void main()                             //主函数
   {
       P2 = 0xff;                          //P2 口作为输入首先置为高电平
       while(1)
       {
           for(m = 0;m <= 15;m ++ )        //循环显示 16 个数
           {
               P2 = dispcode[m];           //数组中的对应数字送到 P2 口显示
               delayms (2);                //调用延时子程序,显示 200ms
           }
       }
   }
/****************************************************************
* 函数名称: delayms()
* 函数功能: 延时 t × 100ms
****************************************************************/
   void delayms (unsigned char t)
   {
       unsigned char i,j,k;
       for(i = t;i > 0;i -- )              //嵌套循环
       {
          for(j = 202;j > 0;j -- )
```

```
        {
            for(k = 243;k > 0;k --);
        }
    }
}
```

【任务实施】

1. 在 Proteus 软件中按图 2.23 连接电路，元件清单见表 2.7。

2. 在 Keil μVision 软件中编辑源程序 rw2 - 5.asm，检查无误后进行汇编，得到 rw2 - 5.hex 文件。

3. 在 Keil μVision 软件中利用仿真功能单步运行程序，观察堆栈指针寄存器 SP 和堆栈中数据的变化。

4. 在 Proteus 软件中，将 rw2 - 5.hex 文件加载到单片机 AT89C51 中，启动仿真运行。

5. 观察数码管显示的数字是否正确，如有问题，应判别是硬件电路问题还是程序设计问题，并加以修改，直到显示正确。

【技能拓展】

1. 对于图 2.23，将 LED 数码管从 P2 口改到 P0 口，要注意什么？

2. 对程序进行修改，实现将 0 ～ 9 共 10 个数字按倒序轮流从数码管显示，即从 9 到 0，每个数字显示间隔时间为 1s。

任务 2.6　让单片机进行算术运算

【学习目标】

1. 掌握 80C51 单片机的算术运算指令格式、功能和使用方法。

2. 了解算术运算指令对程序状态寄存器 PSW 中各标志位的影响。

【任务描述】

使用单片机分别实现两个数 79H、45H 的加法、减法、乘法和除法运算，并将结果送到 P0 和 P2 口所接发光二极管进行显示。

【相关知识点】

2.6.1　算术运算指令

MCS - 51 单片机的算术运算指令主要执行加减乘除四则运算，还有加 1、减 1 操作，加 1 指令在任务 2.2 中已经学过。学习算术运算指令，除了掌握指令的格式和功能外，还要注意它们对 PSW 中有关标志位的影响。

1. ADD（Addition）指令——加法指令

（1）指令格式：

```
ADD A,src
```

加法指令 ADD 的源操作数 src 有 4 种寻址方式，所以 ADD 指令有以下 4 条。

```
ADD   A,#data        ;A←(A) + #data
ADD   A,direct       ;A←(A) + (direct)
ADD   A,Rn           ;A←(A) + (Rn)
ADD   A,@Ri          ;A←(A) + ((Ri))
```

（2）功能说明：从指令可以看出，目的操作数都是累加器 A，源操作数可以是立即数、通用寄存器、片内 RAM 单元或特殊功能寄存器和 Ri 间址的内部 RAM 单元。其功能是将累加器 A 中的数据与源操作数表示的数据相加，结果送累加器 A，源操作数不变。ADD 指令将影响 PSW 的 CY、AC、OV 状态位。ADD 指令举例如下。

```
ADD   A,#10H         ;A←(A) + #10H
ADD   A,10H          ;A←(A) + (10H)
ADD   A,R7           ;A←(A) + (R7)
ADD   A,@R0          ;A←(A) + ((R0))
```

【例 2.24】 分析下列程序段的功能，并说明运算结果对 PSW 的影响。

```
MOV   A,#88H         ;A← #88H
ADD   A,#0AFH        ;A←(A) + #0AFH
```

分析：这两条指令执行的是 88H + 0AF 的运算，该运算的竖式如下。

```
     88H  ──►  10001000B
+   0AFH  ──►  10101111B
─────────────────────────
    137H      100110111B
              ↑进位
```

从竖式可以看出，运算结果：（A） = 37H，（CY） = 1，（AC） = 1，（OV） = 1。

2. ADDC（Addition with Carry）指令——带进位的加法指令

（1）指令格式：

```
ADDC  A,src
```

与加法指令 ADD 一样，ADDC 指令也有 4 条指令。对比 ADD 指令，看看 ADDC 指令有何不同？

```
ADDC  A,#data        ;A←(A) + #data + (CY)
ADDC  A,direct       ;A←(A) + (direct) + (CY)
ADDC  A,Rn           ;A←(A) + (Rn) + (CY)
ADDC  A,@Ri          ;A←(A) + ((Ri)) + (CY)
```

（2）功能说明：将累加器 A 中的数据、源操作数表示的数据和进位标志位 CY 的内容相加，结果送累加器 A 中。ADDC 指令在 ADD 指令基础上再加上 CY 的内容。ADDC 指令对状态标志位的影响与 ADD 相同。

【例 2.25】 编写程序段实现计算 1067H + 10A0H，将结果的高 8 位保存到 R1，低 8 位保存到 R0。

分析：整个加法运算分两步实现。第一步先用 ADD 指令完成两个 16 位数的低 8 位数相加的运算，即 67H + A0H = 107H，保存在 A 中的是 07H，而 1 作为进位体现在 CY 中。第二步再做高 8 位数相加，但要考虑低 8 位数相加产生的进位，所以要使用 ADDC 指令，即 10H + 10H + （CY） = 21H，最后结果是 2107H。程序如下。

```
MOV   A,#67H          ;A←#67H
ADD   A,#0A0H         ;A←(A) + #0A0H,完成低 8 位数相加
MOV   R0,A            ;和保存到 R0,而产生的进位体现在 CY 中
MOV   A,#10H          ;A←#10H
ADDC  A,#10H          ;A←(A) +#10H  +(CY),完成高 8 位带进位加法运算
MOV   R1,A            ;和保存到 R1
```

3. SUBB（Subtraction with Borrow）指令——带借位减法指令

（1）指令格式：

```
SUBB   A,src
```

减法指令的源操作数 src 有 4 种寻址方式，所以 SUBB 指令有如下 4 条。

```
SUBB   A,#data        ;A←(A) - #data - (CY)
SUBB   A,direct       ;A←(A) -(direct) - (CY)
SUBB   A,Rn           ;A←(A) -(Rn) - (CY)
SUBB   A,@ Ri         ;A←(A) -((Ri)) - (CY)
```

（2）功能说明：将累加器 A 中的数据、源操作数表示的数据和进位标志位 CY 中的内容三者相减，结果送累加器 A 中。要实现不带借位的减法，只需先将 CY 清零（可使用 CLR C 指令），再使用 SUBB 指令。SUBB 指令对状态标志位的影响与 ADD 指令相同。

【例 2.26】 分析下列程序段的功能。

```
CLR    C           ;CY 清零
MOV    R1,#03H     ;R1←#03H
MOV    A,#20H      ;A←#20H
SUBB   A,R1        ;A←(A) -(R1) - (CY)
```

分析：执行 CLR C 指令已经将 CY 清零，所以 SUBB A，R1 指令做的是不带借位的减法，即 20H－03H。但是 20H－03H 产生了借位，最后计算结果是（A）= 1DH，（CY）= 1。

【例 2.27】 计算 22C5H 和 135AH 两数之差，计算结果的高 8 位保存在 R5 中，低 8 位保存在 R4 中。用减法指令实现。

分析：因为减法指令完成的是 8 位数的减法运算，所以本题要做两次减法运算。先做不带借位的减法计算低 8 位数的差，即 0C5H－5AH，结果放在 R4；然后再做带借位的减法计算高 8 位的差，即 22H－13H－CY，结果放在 R5 中。

程序段如下。

```
MOV     A,#0C5H     ;取被减数低字节放在 A 中
CLR     C           ;清除借位位
SUBB    A,#5AH      ;低字节相减差值放在 A 中
MOV     R4,A        ;将低字节差保存在 R4
MOV     A,#22H      ;将被减数高字节放在 A 中
SUBB    A,#13H      ;将高字节之差再减去借位位 C 的结果放在 A 中
MOV     R5,A        ;高字节之差保存在 R5
```

想一想：ADD、ADDC 和 SUBB 指令的功能不同，但它们的操作数形式一样，记忆的时候，只需记住一种指令的操作数，其他指令也就记住了。

4. MUL（Multiply）指令——乘法指令

（1）指令格式：

```
MUL AB
```

（2）功能说明：累加器 A 和寄存器 B 中的两个 8 位无符号数相乘，乘积可能是 16 位，其中低 8 位放在累加器 A 中，高 8 位放在寄存器 B 中。乘法运算影响 PSW 的状态标志位，若乘积大于 255 时，则 OV 溢出置 1，否则 OV 为 0，而 CY 总是为 0。

【例 2. 28】 编写程序段实现乘法运算 25H × 3EH。

```
MOV     A,#25H          ;A←#25H
MOV     B,#3EH          ;B←#3EH
MUL     AB              ;A×B 所得乘积是 08F6H,则(A) = F6H,(B) = 08H
```

5. DIV（Divide）指令——除法指令

（1）指令格式：

```
DIV  AB
```

（2）功能说明：将累加器 A 中的 8 位无符号数除以寄存器 B 中的 8 位无符号数，即 A/B。所得的商放在 A 中，余数放在 B 中，CY 总是为 0，只有当除数（B）=0 时，OV 置 1，表示除法的结果无意义。

【例 2. 29】 编写程序段实现除法运算 0EDH ÷ 2EH。

```
MOV     A,#0EDH         ;A←#0EDH
MOV     B,#2EH          ;B←#2EH
DIV     AB              ;A/B 的商是 05H,余数为 07H,则(A) = 05H,(B) = 07H
```

做一做：假设（A）=7DH，（B）=16H，DIV AB 指令执行后，则（A）=？（B）=？

6. DEC（Decrement）指令——减 1 指令

（1）指令格式：

```
DEC  dest
```

DEC 的指令有以下 4 条。

```
DEC  A              ;A←(A) -1
DEC  Rn             ;Rn←(Rn) -1
DEC  direct         ;(direct)←(direct) -1
DEC  @Ri            ;(Ri)←((Ri)) -1
```

（2）功能说明：与 INC 指令一样只有 1 个目的操作数。功能很简单，就是将操作数表示的数据减 1。这类指令不影响标志位 CY、AC 和 OV。

注意：与 INC 指令不同，DEC 指令没有 DEC DPTR 指令。

【例 2.30】 分析下列程序段执行的结果是多少？

```
MOV  A,#12H
DEC  A
```

分析：执行第一条指令后，（A） =12H，执行第二条指令后，很明显，（A） =11H。

2.6.2 十进制调整指令

前面介绍的加、减、乘、除指令都是对二进制数进行操作的，其结果也是二进制数。但对于十进制数（以 BCD 码形式出现）进行加法运算，如果采用 ADD 指令，得到的结果仍然是二进制数，而非十进制数，如何解决这个问题呢？MCS－51 指令系统对于十进制数的加法运算，首先使用二进制数加法指令进行运算，然后使用十进制数调整指令 DA（Decimal Adjust）再对加法结果进行调整，就可得到正确的结果。

（1）指令格式：

```
DA  A
```

（2）功能说明：在进行十进制数（BCD 码）加法运算时，用来对 BCD 码的加法运算结果自动进行修正。

注意：两个加数必须是 BCD 码，且 DA A 指令只能紧跟加法指令之后运行。

【例 2.31】 编写程序段实现十进制数 6＋7 的运算。

```
MOV  A,#6       ;6 的 BCD 码是 00000110,7 的 BCD 码是 00000111
ADD  A,#7       ;采用 ADD 指令,结果是 0DH(00001101B)
DA   A          ;采用 DA 指令调整后,得到的结果是 13(BCD 码是 00010011)
```

【任务分析】

1. 硬件电路设计

根据任务要求，参与运算的数据在程序中直接给出，运算的结果输出到 P0 口和 P2 口，灯亮说明输出是“1”，灯灭说明输出是“0”。对于加、减法运算，其结果由 P0 口所接的 LED 表示。对于乘法运算，P0 口所接的 LED 表示乘积的低 8 位，P2 口所接的 LED 表示乘积的高 8 位。对于除法运算，P0 口所接的 LED 表示商，P2 口所接的 LED 表示余数。硬件电路如图 2.25 所示，元件清单见表 2.8。在图 2.25 中，RP1、RP2、RP3 为排阻，RP1 作为

P0 口的上拉电阻，RP2、RP3 作为发光二极管的限流电阻。

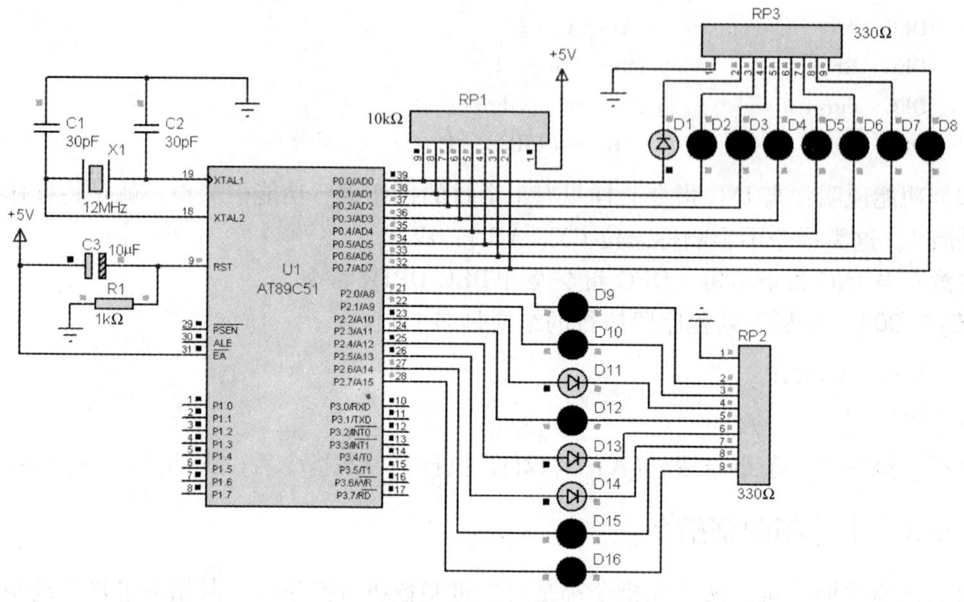

图 2.25　算术运算指令验证电路图

表 2.8　任务 2.6 所需元件清单

元件名称	元件标号	元件标称值	Proteus 中的名称
单片机芯片	U1	AT89C51	AT89C51
晶振	X1	12MHz	CRYSTAL
电容	C1，C2	30pF	CAP
电解电容	C3	10μF	CAP - ELEC
发光二极管	D1～D16		LED - YELLOW
电阻	R1	1kΩ	RES
排阻	RP1	10kΩ	RESPACK - 8
排阻	RP2，RP3	330Ω	RESPACK - 8

读一读：什么是排阻？

排阻指的是若干个参数完全相同的电阻，把它们其中的一个引脚连到一起，作为公共引脚，其余引脚正常引出，所以，如果一个排阻是由 n 个电阻构成的，那么它就有 $n+1$ 只引脚。一般来说，最左边的那个是公共引脚，它在排阻上一般用一个色点标出来。

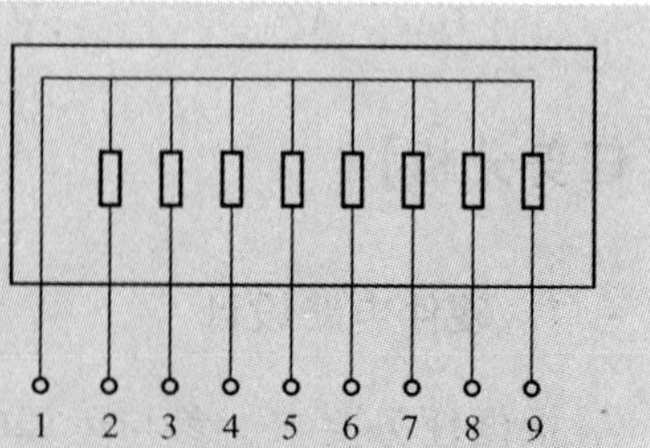

图 2.26　排阻结构示意图

如图 2.26 所示是一个 8 电阻的排阻结构示意图。图中 8 个电阻的一个引脚连在一起为公共端（1 脚），一般接电源或地（在图 2.25 中为接电源）；其余引脚（2～9 脚）引出可外接其他元器件。

2. 程序设计

（1）程序流程图。完成两个数的加法、减法、乘法和除法运算的程序流程图如图 2.27 所示。

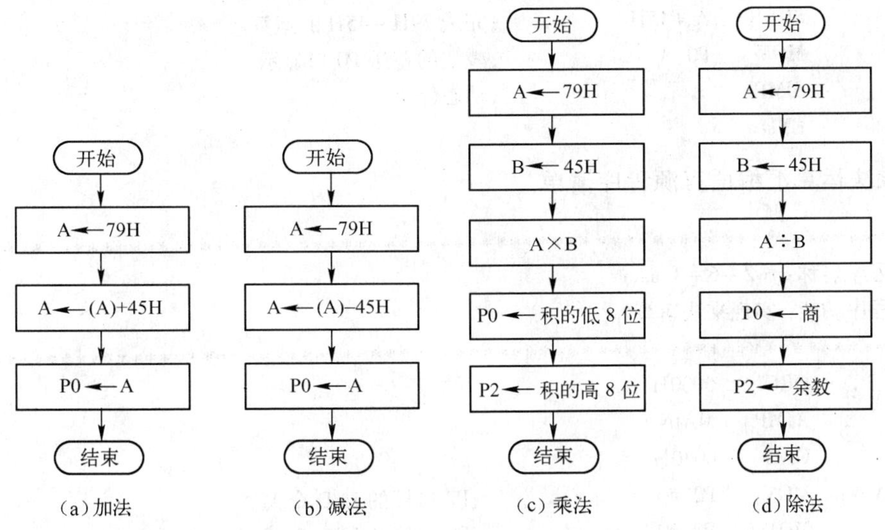

（a）加法　（b）减法　（c）乘法　（d）除法

图 2.27　加、减、乘、除法程序流程图

（2）加法运算汇编语言源程序清单。

```
;***********************************************************************
;程序名称：rw2 - 6 - 1. asm
;程序功能：实现加法运算
;***********************************************************************
        ORG     0000H
        AJMP    MAIN
        ORG     0030H
MAIN:   MOV     P2,#0           ;P2 口接的 LED 全灭
        MOV     P0,#0           ;P0 口接的 LED 全灭
        MOV     A,#79H          ;立即数 79H 送累加器 A
        ADD     A,#45H          ;完成 79H + 45H 的运算
        MOV     P0,A            ;加法的和送 P0 口显示
        SJMP    $               ;动态停机
        END
```

（3）减法运算汇编语言源程序清单。

```
;***********************************************************************
;程序名称：rw2 - 6 - 2. asm
;程序功能：实现减法运算
;***********************************************************************
        ORG     0000H
        AJMP    MAIN
        ORG     0030H
```

```
MAIN:  MOV   P2,#0        ;P2 口接的 LED 全灭
       MOV   P0,#0        ;P0 口接的 LED 全灭
       CLR   C            ;CY 清零
       MOV   A,#79H       ;立即数 79H 送累加器 A
       SUBB  A,#45H       ;完成 79H - 45H 的运算
       MOV   P0,A         ;减法的差送 P0 口显示
       SJMP  $            ;动态停机
       END
```

(4) 乘法运算汇编语言源程序清单。

```
;*****************************************************************
;程序名称: rw2 - 6 - 3. asm
;程序功能: 实现乘法运算
;*****************************************************************
       ORG   0000H
       AJMP  MAIN
       ORG   0030H
MAIN:  MOV   P2,#0        ;P2 口接的 LED 全灭
       MOV   P0,#0        ;P0 口接的 LED 全灭
       MOV   A,#79H       ;立即数 79H 送累加器 A
       MOV   B,#45H       ;立即数 45H 送寄存器 B
       MUL   AB           ;A 和 B 乘积的高 8 位保存在 B 中,低 8 位保存在 A 中
       MOV   P0,A         ;乘积的低 8 位送 P0 口显示
       MOV   P2,B         ;乘积的高 8 位送 P2 口显示
       SJMP  $            ;动态停机
       END
```

(5) 除法运算汇编语言源程序清单。

```
;*****************************************************************
;程序名称: rw2 - 6 - 4. asm
;程序功能: 实现除法运算
;*****************************************************************
       ORG   0000H
       AJMP  MAIN
       ORG   0030H
MAIN:  MOV   P2,#0        ;P2 口接的 LED 全灭
       MOV   P0,#0        ;P0 口接的 LED 全灭
       MOV   A,#79H       ;立即数 79H 送累加器 A
       MOV   B,#45H       ;立即数 45H 送寄存器 B
       DIV   AB           ;A 除以 B 的商保存在 A 中,余数保存在 B 中
       MOV   P0,A         ;商送 P0 口显示
       MOV   P2,B         ;余数送 P2 口显示
       SJMP  $            ;动态停机
       END
```

【任务实施】

1. 在 Proteus 软件中按图 2.25 连接电路，元件清单见表 2.8。

2. 在 Keil μVision 软件中分别编辑上面 4 个程序，检查无误后进行汇编，分别得到 rw2 -1 -1. hex、rw2 -1 -2. hex、rw2 -1 -3. hex 和 rw2 -1 -4. hex 文件。

3. 在 Proteus 软件中，将 4 个 hex 格式文件分别加载到单片机 AT89C51 中，对程序分别进行调试。

4. 运行仿真，观察运算结果。

【技能拓展】

1. 把任务 2.6 中两个进行运算的数改为 58H 和 12H，修改上述 4 个程序，重新汇编后，再运行观察结果。

2. 将例 2.31 编写完整的程序，利用图 2.25，在 Proteus 软件中进行仿真，将加法的和送 P0 口输出，观察结果。

任务 2.7　让单片机进行逻辑运算

【学习目标】

（1）掌握 80C51 单片机的逻辑运算指令的格式、功能和使用方法。

（2）学会运用逻辑运算指令进行编程。

【任务描述】

对 MCS -51 单片机的与、或、异或、非运算指令进行验证。两个操作数由 P1 和 P2 两个 I/O 口所接的拨码开关提供，将运算结果送 P0 口所接发光二极管进行显示，发光二极管亮表示二进制数 1，熄灭表示二进制数 0。

【相关知识点】

逻辑运算就是与、或、非、与非、或非、异或等运算操作。MCS -51 指令系统提供了字节操作的逻辑与、或、异或、非四种逻辑运算指令，这类指令不影响 PSW 中的标志位。

1. ANL（Logical - AND）指令——逻辑与操作指令

（1）指令格式：逻辑与操作运算指令有以下 6 条。

```
ANL   A,Rn              ;A←A ∧(Rn)
ANL   A,direct          ;A←A ∧(direct)
ANL   A,@ Ri            ;A←A ∧((Ri))
ANL   A,#data           ;A←A ∧ #data
ANL   direct,A          ;direct←(direct)∧A
ANL   direct,#data      ;direct←(direct)∧#data
```

（2）功能说明：指令的功能是对目的操作数和源操作数所代表的数据按位进行逻辑与操作，结果送回目的操作数中，源操作数不变。

【例 2.32】 分析 ANL A，#10H 和 ANL 60H，#1FH 指令的功能。

分析：ANL A，#10H 指令是把 A 中的内容和立即数 10H（00010000 B）相与，结果送入 A 中。最终，A 中数据的低 4 位和高 3 位清零，其余位不变。

ANL 60H，#1FH 指令是把片内 RAM 60H 单元中的数据和立即数 1FH（00011111 B）相与，结果送入 A 中。最终，60H 单元中数据的高 3 位清零，其余位不变。

（3）逻辑与指令的应用：利用逻辑与运算法则“有 0 为0，全1 为1”，可以把某个数据或数据的某些位清零，清零位和 0 相与，不变位和 1 相与。

【例 2.33】 写出实现把 A 中数据的高 4 位清零，低 4 位不变的指令。

分析：根据题意，累加器 A 的高 4 位清零，要与 0000B 相与；低 4 位不变要与 1111B 相与，则指令为 ANL A，#00001111B。

2. ORL（Logical – OR）指令——逻辑或操作指令

（1）指令格式：逻辑或操作运算指令有以下 6 条。

```
ORL   A,Rn              ;A←A ∨(Rn)
ORL   A,direct          ;A←A ∨(direct)
ORL   A,@Ri             ;A←A ∨((Ri))
ORL   A,#data           ;A←A ∨ #data
ORL   direct,A          ;direct←(direct)∨A
ORL   direct,#data      ;direct←(direct)∨#data
```

（2）功能说明：指令的功能是对目的操作数和源操作数所代表的数据按位进行或操作，结果送回目的操作数中，源操作数不变。

【例 2.34】 分析 ORL A，#10H 和 ORL 20H，#1FH 指令的功能。

分析：ORL A，#10H 指令是把 A 中的数据和立即数 10H（00010000 B）相或，结果送入 A 中。最终把 A 中的位 4 置 1，其余位不变。

ORL 20H，#1FH 指令是把片内 RAM 20H 单元中的数据和立即数 1FH（00011111 B）相或，结果送入 A 中。最终把 20H 单元数据的低 5 位置 1，其余位不变。

（3）逻辑或指令的应用：利用逻辑或运算法则“有 1 为1，全0 为0”，可以把某个数据或数据的某些位置 1，置 1 位和 1 相或，不变位和 0 相或。

【例 2.35】 写出将累加器 A 中数据的高 4 位置 1，低 4 位不变的指令。

分析：根据题意，累加器 A 高 4 位置 1，要和 1111B 相或；低 4 位不变，要和 0000B 相或，则指令为 ORL A，#11110000B。

3. XRL（Logical Exclusive – OR）指令——逻辑异或操作指令

（1）指令格式：逻辑异或操作运算指令有以下 6 条。

```
XRL   A,Rn              ;A←A⊕(Rn)
XRL   A,direct          ;A←A⊕(direct)
XRL   A,@Ri             ;A←A⊕((Ri))
XRL   A,#data           ;A←A⊕#data
```

```
XRL  direct,A         ;direct←(direct)⊕A
XRL  direct,#data     ;direct←(direct)⊕#data
```

（2）功能说明：指令的功能是对目的操作数和源操作数所代表的数据按位进行异或操作，结果送回目的操作数中，源操作数不变。

【例2.36】 分析 XOR A，#10H 指令的功能。

分析：XOR A，#10H 是把 A 中的数据和立即数 10H（00010000 B）相异或，结果送入 A 中。最终结果是把 A 中的位 4 取反，其余位不变。

（3）逻辑异或指令的应用：利用逻辑异或运算法则“相同为 0，相异为 1”，可以把某个数据或数据的某些位取反，取反位和 1 异或，不变位和 0 异或。

【例2.37】 写出将累加器 A 中数据的偶数位取反，奇数位不变的指令。

分析：根据题意，累加器 A 中数据的偶数位取反，则这些位和 1 相异或；奇数位不变，这些位和 0 相异或，则指令为：XRL A，#10101010B。

4. CPL（Converse Position Logical）指令——累加器 A 取反指令

（1）指令格式：

```
CPL A
```

（2）功能说明：指令的功能是将累加器中的内容按位取反。与异或指令取反功能不同的是，CPL 指令是对累加器 A 中所有位取反，而 XRL 指令可对所有位取反，也可对某些位取反。

5. CLR（Clear）指令——累加器 A 清零指令

（1）指令格式：

```
CLR A
```

（2）功能说明：指令的功能是将累加器中的内容清 0。

能够实现对累加器 A 中内容清零功能的指令有以下几条。

```
① MOV  A,#00H
② ANL  A,#00H
③ XRL  A,ACC
④ CLR  A
```

【任务分析】

1. 硬件电路设计

硬件电路如图 2.28 所示，其中 P2 口和 P1 口所接 DSW1 和 DSW2 为拨码开关，拨码开关构成的两个 8 位二进制数送入 P2 口和 P1 口，作为逻辑运算类指令的两个数据，开关处于 OFF 时，表示逻辑“1”，处于 ON 时，表示逻辑“0”。P0 口采用总线方式连接 8 个发光二极管 D1 ～ D8，用来显示逻辑运算的结果，灯灭表示逻辑“0”，灯亮表示逻辑“1”。元件清单见表 2.9。

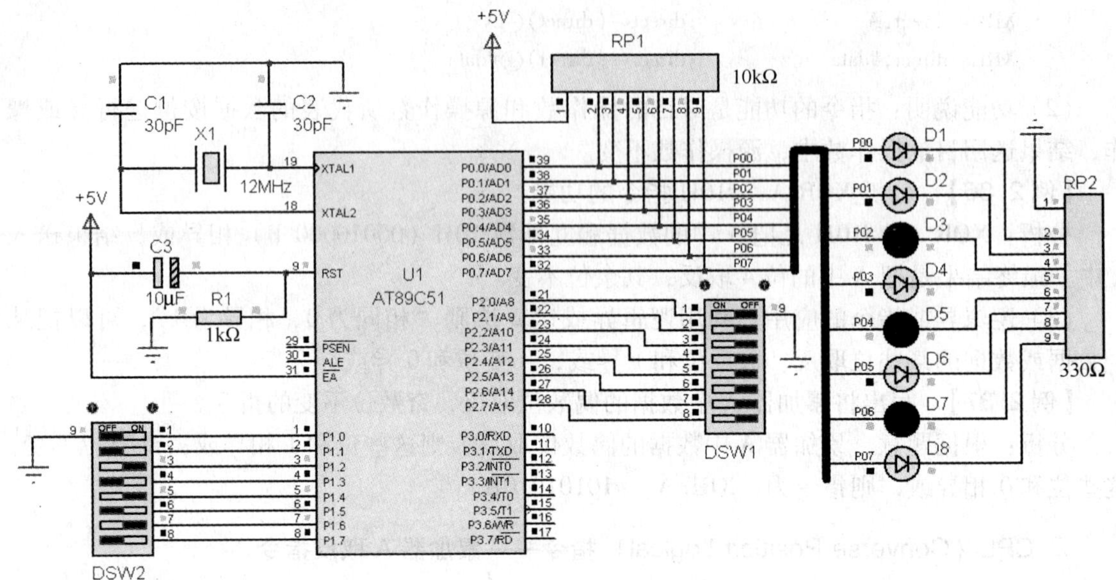

图 2.28　逻辑运算指令验证电路图

表 2.9　任务 2.7 所需元件清单

元 件 名 称	元 件 标 号	元件标称值	Proteus 中的名称
单片机	U1	AT89C51	AT89C51
晶振	X1	12MHz	CRYSTAL
电容	C1，C2	30pF	CAP
电容	C3	10μF	CAP－ELEC
拨码开关	DSW1，DSW2	拨码开关	DIPSWC_8
发光二极管	D1～D8		LED－YELLOW
电阻	R1	1kΩ	RES
排阻	RP1	10kΩ	RESPACK－8
排阻	RP2	330Ω	RESPACK－8

2. 程序设计

（1）程序流程图。完成逻辑与、或、异或运算 3 个程序的流程图如图 2.29 所示。

（2）逻辑与运算的汇编语言源程序清单。

```
;***********************************************************************
;程序名称：rw2－7－1.asm
;程序功能：实现逻辑与运算
;***********************************************************************
        ORG     0000H
        AJMP    MAIN
        ORG     0030H
MAIN：  MOV     P1,#0FFH        ;P1←#0FFH,读 P1 口之前先要写入高电平
```

```
        MOV     P2,#0FFH        ;P2←#0FFH,读 P2 口之前先要写入高电平
        MOV     P0,#0           ;LED 全熄灭
LOOP:   MOV     A,P1            ;A←(P1)
        ANL     A,P2            ;两个开关的数据相与,结果送入 A
        MOV     P0,A            ;逻辑与运算的结果送到 P0 口显示
        SJMP    LOOP
        END
```

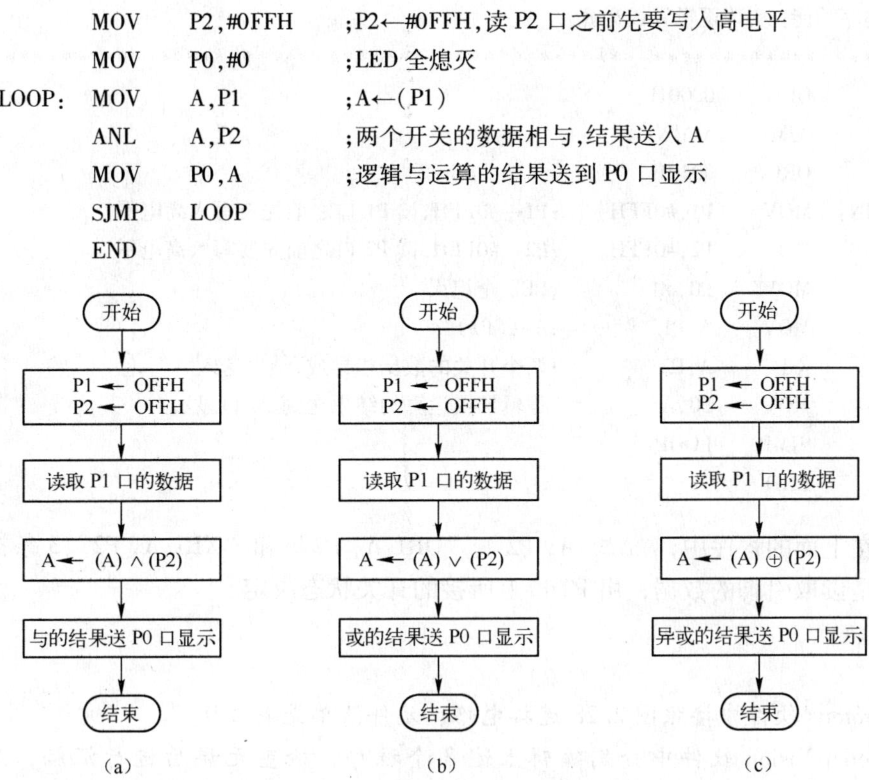

图 2.29　逻辑运算程序流程图

（3）逻辑或运算的汇编语言源程序清单。

```
;*****************************************************************
;程序名称:rw2-7-2.asm
;程序功能:实现逻辑或运算
;*****************************************************************
        ORG     0000H
        AJMP    MAIN
        ORG     0030H
MAIN:   MOV     P1,#0FFH        ;P1←#0FFH,读 P1 口之前先要写入高电平
        MOV     P2,#0FFH        ;P2←#0FFH,读 P2 口之前先要写入高电平
        MOV     P0,#0           ;LED 全熄灭
LOOP:   MOV     A,P1            ;A←(P1)
        ORL     A,P2            ;两个开关的数据相或,结果送入 A
        MOV     P0,A            ;逻辑或运算的结果送到 P0 口显示
        SJMP    LOOP
        END
```

（4）逻辑异或运算的汇编语言源程序清单。

```
;*****************************************************************
;程序名称:rw2-7-3.asm
```

```
;程序功能：实现逻辑异或运算
;**************************************************************
        ORG     0000H
        AJMP    MAIN
        ORG     0030H
MAIN:   MOV     P1,#0FFH        ;P1←#0FFH,读 P1 口之前先要写入高电平
        MOV     P2,#0FFH        ;P2←#0FFH,读 P2 口之前先要写入高电平
        MOV     P0,#0           ;LED 全熄灭
LOOP:   MOV     A,P1            ;A←(P1)
        XRL     A,P2            ;两个开关的数据相异或,结果送入 A
        MOV     P0,A            ;逻辑异或运算的结果送到 P0 口显示
        SJMP    LOOP
        END
```

说明：在上面的程序中，“ANL A, P2”、“ORL A, P2”和“XRL A, P2”3 条指令对 P2 口的操作都是读取引脚的数据，由 P2 口上所接的开关状态决定。

【任务实施】

1. 在 Proteus 软件中按照图 2.28 连接电路，元件清单见表 2.9。

2. 在 Keil μVision 软件中分别编辑上述 3 个程序，检查无误后进行汇编，分别得到 rw2 – 7 – 1. hex、rw2 – 7 – 2. hex 和 rw2 – 7 – 3. hex 文件。

3. 在 Proteus 软件中，将上述 3 个 hex 格式文件分别加载到单片机 AT89C51 中，对 3 个程序进行仿真调试。

4. 在 Proteus 中仿真时，拨动拨码开关 DSW1、DSW2，确定进行逻辑运算的两个数，观察 P0 口所接发光二极管显示的结果与预先计算的结果是否一致。

【技能拓展】

利用图 2.28 所示电路，采用逻辑运算指令，编程实现 P0 口所接 8 个 LED D0、D2、D4、D6 和 D1、D3、D5、D7 交替亮灭，间隔时间 1s。

任务 2.8　8 个 LED 流水灯的控制

【学习目标】

1. 掌握 80C51 单片机的 4 种循环移位指令的格式、功能和使用方法。

2. 学会编写比较复杂的流水灯效果的控制程序。

【任务描述】

利用单片机的 I/O 口控制 8 个 LED 的亮灭效果，实现逐个点亮向左流动的流水灯效果（指 8 个 LED 中只有一个亮，形成从右向左轮流亮，循环不断的效果）。

【相关知识点】

2.8.1 循环移位指令

循环移位指令共有4条，每执行一次都将累加器A中的内容循环左移或右移一位，其中有两条指令是连同进位标志位CY一起移动的。

1. RL（Rotate Left）指令——循环左移指令

（1）指令格式：

RL A

（2）功能说明：累加器A中的8位二进制数向左移动一位，最高位移至最低位。

假设A中的数据为01H，则执行一次“RL A”指令的过程如图2.30所示。执行完毕后，（A）=02H。

2. RR（Rotate Right）指令——循环右移指令

（1）指令格式：

RR A

（2）功能说明：累加器A中的8位二进制数向右移动一位，最低位移至最高位。

假设A中的数据为01H，则执行一次“RR A”指令的过程如图2.31所示。执行完毕后，（A）=80H。

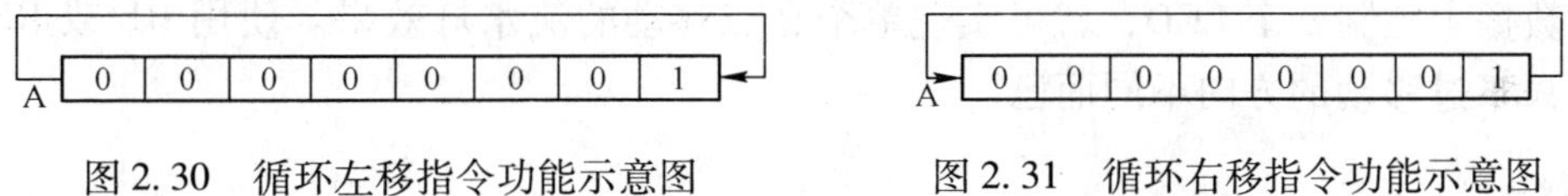

图2.30 循环左移指令功能示意图

图2.31 循环右移指令功能示意图

3. RLC（Rotate Left with Carry）指令——带进位循环左移指令

（1）指令格式：

RLC A

（2）功能说明：与RL A指令不同，参与移位操作的共有9位，累加器A中的8位二进制数连同进位标志位CY一起向左移动一位，则累加器的最高位移至CY，CY原内容移至累加器A的最低位。

假设A中的数据为01H，CY中的内容为1，则执行一次“RLC A”指令的过程如图2.32所示。进位标志与累加器一起构成一个9位的数据串，整个数据向左移一位，移出的最左边数据补到最右边去，执行完毕后，（A）=03H，（CY）=0。

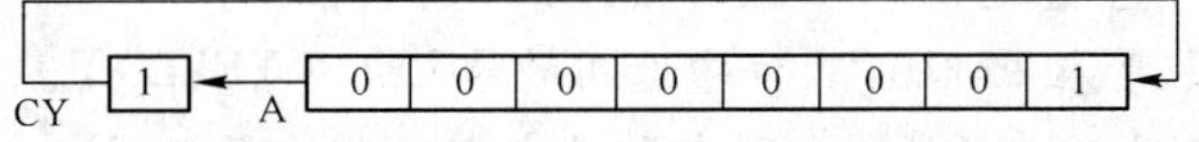

图2.32 带进位循环左移指令功能示意图

4. RRC（Rotate Right with Carry）指令——带进位循环右移指令

（1）指令格式：

RRC　A

（2）功能说明：与 RR A 指令不同，参与移位操作的共有 9 位，累加器 A 中的 8 位二进制数连同进位标志位 CY 一起向右移动一位，即累加器的最低位移至 CY，CY 原内容移至累加器 A 的最高位。

假设 A 中的数据为 01H，CY 中的内容为 1，则执行一次“RRC A”指令的过程如图 2. 33 所示。进位标志与累加器一起构成一个 9 位的数据串，整个数据向右移一位，移出的最右边数据补到最左边去，执行完毕后，(A) = 80H,(CY) = 1。

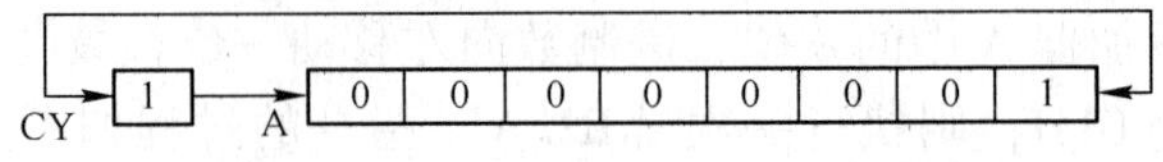

图 2. 33　带进位循环右移指令功能示意图

2. 8. 2　怎样产生流水灯效果

怎样才能让 8 个 LED 产生流水灯效果呢？如前所述，LED 的亮灭可由单片机 I/O 输出数据来控制。如图 2. 34 所示的电路，8 个 LED 采用共阳极接法，当 LED 的阴极接低电平（“0”）时点亮，接高电平（“1”）时熄灭。P0 口输出数据 11111110B 控制 8 个 LED，则只有一个 LED（D1）亮，然后不断地用 RL（或者 RR）指令，让这个 8 位二进制数中的“0”不断地向左或者向右移动，每移动一次，调用延时程序延时一段时间，用这个“0”不断移动的 8 位数据去控制 8 个 LED，就可实现单个亮点移动的流水灯效果。使用 RL 或 RR 指令都可以，只不过移动的方向不同而已。

【任务分析】

1. 硬件电路设计

硬件电路如图 2. 34 所示，元件清单见表 2. 10。P0 口接 8 个 LED 灯 D1 ～ D8 构成流水灯结构，RP1 为 P0 口的外接上拉排阻，R2 ～ R9 为 8 个发光二极管的限流电阻。

读一读：什么是限流电阻？

单片机 I/O 控制 LED，要考虑流过 LED 的电流不能大于 LED 的最大工作电流，否则会缩短 LED 的寿命，严重时会烧坏 LED。一般 LED 的工作电流选在 10 ～ 20mA 之间。在设计电路时，要给 LED 串联一个电阻，以限制流过 LED 的电流不能超过它的最大允许电流，这个电阻称为限流电阻。改变电阻阻值，不仅可以调节电流大小，还可以调节 LED 的亮度，阻值越小，亮度越高。一般限流电阻的阻值在 220 ～ 1000Ω 之间。例如：图 2. 34 中的发光二极管在 Proteus 软件中选用的是 LED - YELLOW，其模型参数为：正向压降为 2V，最大驱动电流为 10mA，则在限流电阻上的电压为 3V，通过电流按 10mA 计算，则电阻阻值为 300Ω，这里取 330Ω。

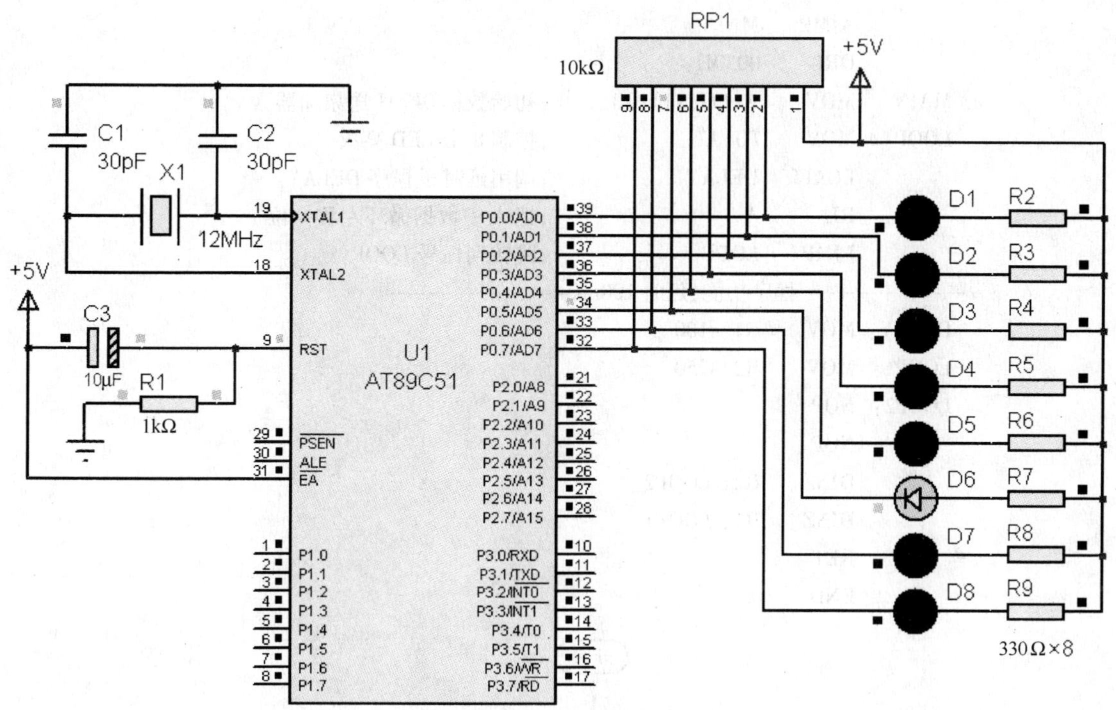

图 2.34　实现 8 个 LED 流水灯控制的电路图

表 2.10　任务 2.8 所需元件清单

元 件 名 称	元 件 标 号	元件标称值	Proteus 中的名称
单片机	U1	AT89C51	AT89C51
晶振	X1	12MHz	CRYSTAL
电容	C1，C2	30pF	CAP
电解电容	C3	10μF	CAP - ELEC
发光二极管	D1～D8	—	LED - YELLOW
电阻	R1	1kΩ	RES
电阻	R2～R9	330Ω	RES
排阻	RP1	10kΩ	RESPACK - 8

2. 程序设计

（1）程序设计分析。为实现流水灯效果，先向 P0 口送数据 0FEH，只让 P0.0 引脚上所接的 D1 点亮，其他 LED 灭。使用循环左移指令 RL 实现亮点左流动。两次亮灭的时间间隔采用延时子程序来实现。程序流程图如图 2.35 所示。

（2）汇编语言源程序清单。

```
;**************************************************************
;程序名称：rw2 - 8. asm
;程序功能：8 个 LED 流水灯的控制
**************************************************************
        ORG     0000H
```

```
        AJMP    MAIN
        ORG     0030H
MAIN:   MOV     A,#11111110B      ;初始数据0FEH送累加器A
LOOP:   MOV     P0,A              ;控制8个LED亮灭
        LCALL   DELAY             ;调用延时子程序DELAY
        RL      A                 ;把A中数据循环左移一位
        LJMP    LOOP              ;跳转到标号LOOP
;-------------程序功能:延时100ms-------------
DELAY:  MOV     R1,#100
LOOP1:  MOV     R2,#250
LOOP2:  NOP
        NOP
        DJNZ    R2, LOOP2
        DJNZ    R1, LOOP1
        RET
        END
```

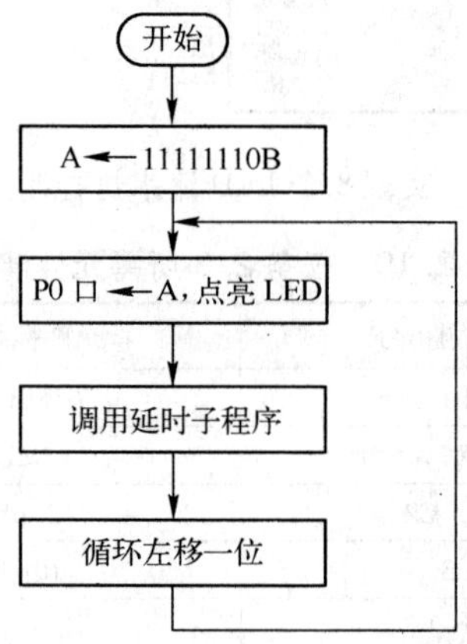

图2.35　8个LED流水灯控制程序流程图

（3）C语言源程序清单。

```
/**********************************************************************
* 程序名称: rw2-8.c
* 程序功能: 8个LED流水灯的控制
**********************************************************************/
    #include <reg51.h>                  //包含文件reg51.h
    unsigned char m,datas;              //定义变量m控制循环次数;定义变量datas为送显数据
    void delayms(unsigned char t);      //延时函数声明
    void main()                         //主函数
    {
        while(1)
        {
            datas=0xfe;
```

```
        P0 = datas ;
        for( m = 0;m < 8;m ++ )          //循环点亮 8 个 LED
        {
        delayms (1);                     //调用延时子程序,显示 100ms
        datas = (datas << 1) |0x01;      //datas 逻辑左移一位,为下一个 LED 亮做准备
        P0 = datas ;                     //点亮 P0 的位为 0 的 LED
        }
    }
}
/*************************************************************
 * 函数名称：delayms( )
 * 函数功能：延时 t * 100ms
*************************************************************/
  void delayms (unsigned char t)
  {
  unsigned char i,j,k;
  for( i = t;i > 0;i -- )          //嵌套循环
      {
      for( j = 202;j > 0;j -- )
          {
           for( k = 243;k > 0;k -- );
          }
      }
  }
```

【任务实施】

1. 在 Proteus 软件中按照图 2.34 连接电路，元件清单见表 2.10。

2. 在 Keil μVision 软件中编辑源程序 rw2 - 8. asm，检查无误后进行汇编，得到 rw2 - 8. hex 文件。

3. 在 Proteus 软件中，将 rw2 - 8. hex 文件加载到单片机 AT89C51 中，启动仿真运行来调试程序。

【技能拓展】

1. 修改程序，实现 P0 口所接 8 个 LED 构成的流水灯的亮点右流动效果。

2. 修改程序，实现 P0 口所接 8 个 LED 构成先从左到右，再从右到左的流水灯效果。

3. 你有创意吗？立即动手吧！

任务 2.9　8 灯闪烁 10 次控制的实现

【学习目标】

(1) 进一步熟悉 80C51 单片机的程序控制类指令的格式、功能和使用方法。

（2）理解汇编语言程序设计的 4 种结构。

【任务描述】

用单片机的 P0 口控制 8 个 LED 的亮灭，亮 1s 灭 1s，反复闪烁 10 次后一直保持亮的状态。

【相关知识点】

2.9.1 相对寻址方式

在 MCS－51 系列单片机的 7 种寻址方式中有一种寻址方式叫做相对寻址（Relative addressing）方式，在前面用到的程序控制指令 SJMP、JZ、DJNZ、CJNE 中的操作数 rel 的寻址方式就是相对寻址方式。

在程序运行过程中会发生转移，转移的地址会在指令中直接或间接给出，如长转移指令 LJMP addr16，转移的目标地址就直接给出了（addr16）；而短转移指令 SJMP rel，转移的目标地址没有直接给出，通过操作数 rel 可以间接求出转移的目标地址。

在 MCS－51 单片机指令系统中，用“rel”来表示地址偏移量，它是一个带符号的 8 位二进制数，其范围是－128 ～ ＋127，转移的目标地址可以表示如下。

目标地址＝转移指令首地址＋转移指令的字节数＋rel

例如，短转移指令 SJMP 08H，该指令是双字节指令，也就是说该指令放在程序存储器中要占用两个存储单元。设该指令存放在 100H 和 101H 单元，则执行该指令后，程序转移的目标地址为：目标地址＝100H＋2＋08H＝10AH。

在实际使用转移指令时，不用计算出 rel 的具体数值，在 rel 的位置用转移到某条语句的标号来表示。在源程序汇编时，汇编程序会自动算出 rel 的数值。

2.9.2 程序控制类指令

程序控制类指令用来完成程序的转移、子程序的调用与返回等操作，多用于分支、循环结构程序中。下面就来系统地学习一下程序控制类指令。

1. 无条件转移指令

无条件转移指令包括 4 条，在任务 2.2 中已经学习过，不再赘述。

（1）短转移类指令。

```
SJMP   rel
```

（2）绝对转移指令。

```
AJMP   addr11
```

（3）长转移类指令。

```
LJMP   addr16
```

（4）间接转移指令。

```
JMP    @A+DPTR
```

2. 条件转移指令

条件转移指令是指在满足一定条件时才能使程序发生转移的指令。

(1) 累加器判零转移指令。该类指令有两条，其差异在于第 1 条是判别(A) = 0 转移，第 2 条是判别(A) ≠0 转移，使用的时候要注意区分转移的条件。其格式和功能如下。

```
JZ rel          ;若(A) = 0,则转移,否则顺序执行
JNZ rel         ;若(A) ≠0,则转移,否则顺序执行
```

这 2 条指令已在任务 2. 4 中学习过。

(2) CJNE (Compare and Jump if NOT Equare) 指令——比较不相等转移指令。该指令有 4 条，其功能是把两个操作数所表示的数据相比较，两者不相等则转移，否则顺序执行。

```
CJNE A, #data, rel        ;(A) ≠#data,则转移,否则顺序执行
CJNE A, direct, rel       ;(A) ≠(direct),则转移,否则顺序执行
CJNE Rn, #data, rel       ; (Rn) ≠#data,则转移,否则顺序执行
CJNE @ Ri, #data, rel     ;((Ri)) ≠#data,则转移,否则顺序执行
```

这 4 条指令已在任务 2. 5 中学习过。

(3) DJNZ (Decrement and Jump if Not Zero) ——减 1 不为 0 转移指令。

```
DJNZ Rn, rel
DJNZ direct, rel
```

这 2 条指令在任务 2. 2 中已经学习过，它们多用于循环程序中。

(4) 子程序调用与返回指令。与子程序相关的指令包括子程序调用指令和子程序返回指令。

```
LCALL    addr16
ACALL    addr11
RET
```

这 3 条指令已经在任务 2. 5 中学习过。

2. 9. 3 汇编语言程序的结构

在汇编语言程序设计中，有 4 种常见的程序结构，即顺序结构、分支结构、循环结构和子程序。下面分别说明 4 种程序结构的特点和编程方法。

1. 顺序结构程序

顺序结构程序是最简单、使用最为普遍的程序结构，也称简单程序。程序执行时，从第一条指令开始按照指令的顺序逐条执行到最后一条。这种程序结构虽然简单，但它是构成复杂程序的基础。

任务 2.1、2.3、2.6、2.7 中的程序就属于顺序结构程序。

2. 分支结构程序

在编程处理复杂问题时，经常需要对某些情况做出判断，然后根据判断的结果选择程序的执行流向，从而使程序形成多种分支。这种程序结构就属于分支结构。

分支结构程序是通过程序控制类指令来实现的。分支程序主要有单分支程序和多分支程序两种形式。

（1）单分支程序。单分支程序中的判断部分有两个出口，根据判断结果执行其中的一个分支。通常用条件转移指令来实现程序的分支。

MSC－51 指令系统中，通过条件判断实现单分支程序设计的指令有 JZ、JNZ、CJNE、JC、JB 等。通过这些指令，可以实现累加器测试转移、比较不相等转移及位测试转移等。

单分支程序结构常见的形式有两种，如图 2.36 所示。任务 2.4 中的程序属于单分支结构。

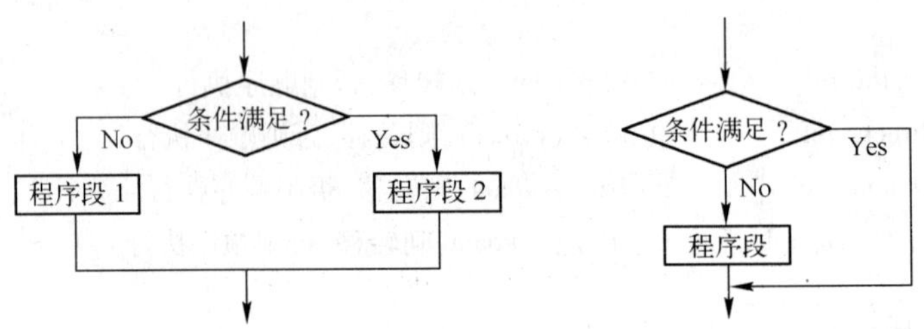

图 2.36　单分支程序结构

（2）多分支程序。当程序的判断部分有两个以上的出口时，称为多分支程序结构。MCS－51 指令系统中没有多分支转移指令。要实现多分支转移，可以使用多个条件转移指令逐次判断，实现多分支转移；或者使用查表方法，通过散转指令 JMP @ A + DPTR 进行分支。两种分支结构如图 2.37 所示。任务 2.10 中的程序就属于多分支结构。

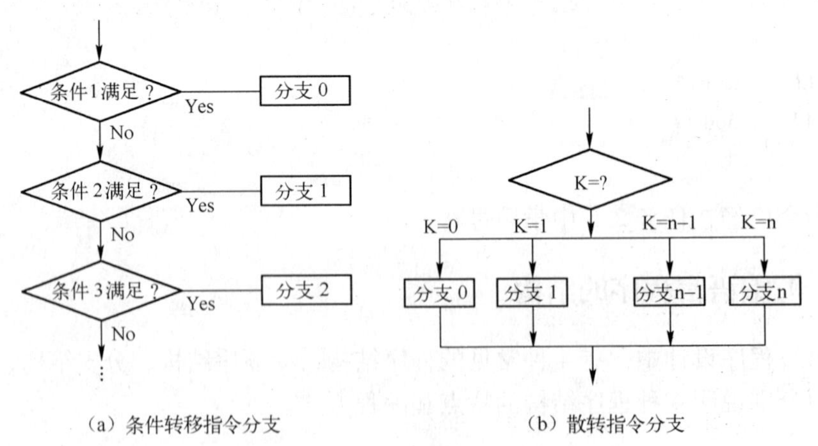

（a）条件转移指令分支　　（b）散转指令分支

图 2.37　多分支程序结构

3. 循环结构程序

在解决实际问题的过程中，往往需要在一定条件下重复某些相同的操作，即对某一部分程序进行循环执行。把能够完成循环操作的程序称为循环结构程序。

循环程序有两种结构：一种是“先执行，后判断”，即“直到型”循环，这种结构的循环至少执行一次循环体；另一种是“先判断，后执行”，即“当型”循环，这种结构的循环先判断条件，如果满足循环结束条件，则直接跳出循环，一次也不执行循环体，即循环次数为0。任务2.2、2.5、2.9中的程序就属于“直到型”循环程序结构。

如图2.38所示是两种循环结构程序的示意图。结束处理部分用于存放执行循环程序后的运算结果等操作。

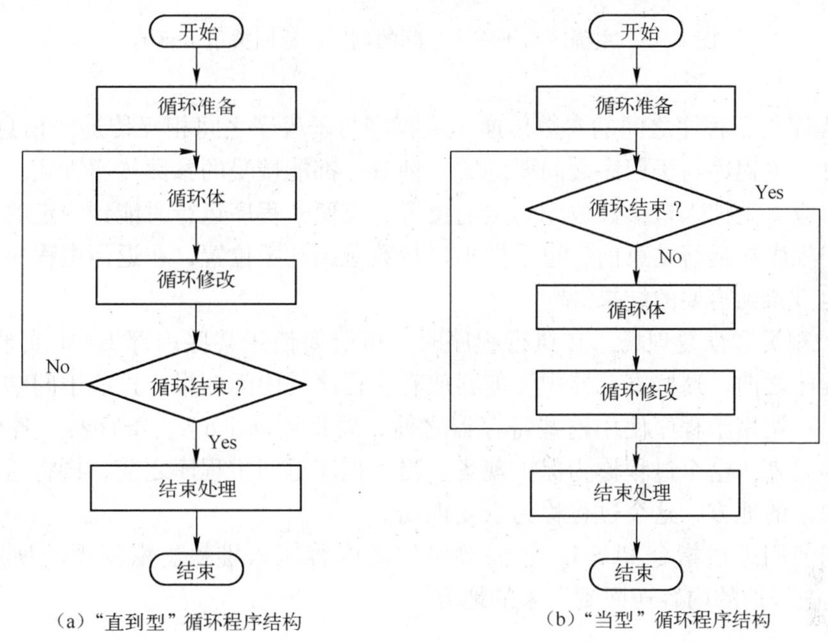

(a)“直到型”循环程序结构　(b)“当型”循环程序结构

图2.38　两种循环程序的结构

一般，循环结构的程序包含如下4个部分。

(1) 循环准备：位于程序的头部，用于设置循环次数、数据地址指针及运算变量初值等参数，完成循环前的准备工作。

(2) 循环体：位于程序的中间，是要求重复执行的部分，用于完成对数据进行实际处理。

(3) 循环修改：修改循环次数及有关变量参数等。

(4) 循环判断：根据循环结束条件来判别循环是否结束。DJNZ指令把循环次数的修改和循环判别的功能集于一身。

4. 子程序

子程序的概念在任务2.5中已经学习过，在这里不再赘述。在设计子程序时应注意以下问题。

(1) 主程序与子程序之间的调用和返回。主程序调用子程序是通过指令ACALL或LCALL来实现的。ACALL指令是在2KB程序存储器内调用子程序；LCALL指令是在64KB

程序存储器内调用子程序。子程序的返回使用 RET 指令，该指令放在子程序的末尾。如图 2. 39 所示就是主程序与子程序之间的调用、返回关系示意图。

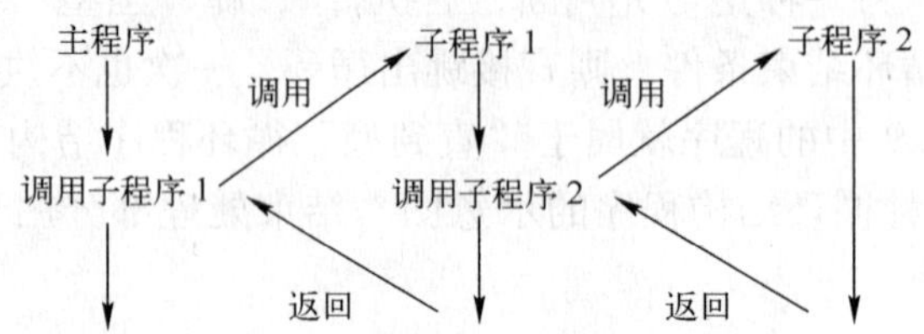

图 2. 39　主程序与子程序之间的调用、返回关系示意图

（2）主程序与子程序之间的参数传递。主程序与子程序之间相互传递的信息称为参数。在设计程序时，主程序与子程序之间要约定一种双方都能接受的参数传递方式。在调用子程序时，主程序应事先把入口参数放到约定的位置，以便子程序运行时能到约定的位置得到有关的参数。子程序在运行结束前，也应把出口参数送到约定位置，在返回主程序后，主程序可以从这些地方得到需要的结果。

（3）保护现场和恢复现场。在执行程序时，可能要使用某些内部 RAM 或某些寄存器，而在调用子程序之前，这些寄存器中可能存放有主程序的中间结果，这些中间结果是不能被破坏的，所以在调用子程序使用这些寄存器之前，要将内部 RAM、寄存器及各标志位的状态等内容保存起来，这个过程称为保护现场。当子程序返回主程序之前，再将这些内容取出来，送回到原来的地方，这个过程称为恢复现场。

保护现场使用进栈指令 PUSH，将需要保护的内容压入堆栈。恢复现场使用出栈指令 POP，将堆栈中保护的内容送回到原来的地方。

【任务分析】

1. 硬件电路设计

硬件电路如图 2. 40 所示，元件清单见表 2. 11。图中 8 个 LED 由 P0 口控制，RP1 为 P0 口的上拉排阻，RP2 为 8 个 LED 的限流排阻。

表 2. 11　任务 2. 9 所需元件清单

元 件 名 称	元 件 标 号	元件标称值	Proteus 中的名称
单片机	U1	AT89C51	AT89C51
晶振	X1	12MHz	CRYSTAL
电容	C1，C2	30pF	CAP
电解电容	C3	10μF	CAP – ELEC
发光二极管	D1～D8	—	LED – YELLOW
电阻	R1	1kΩ	RES
排阻	RP1	10kΩ	RESPACK – 8
排阻	RP2	330Ω	RESPACK – 8

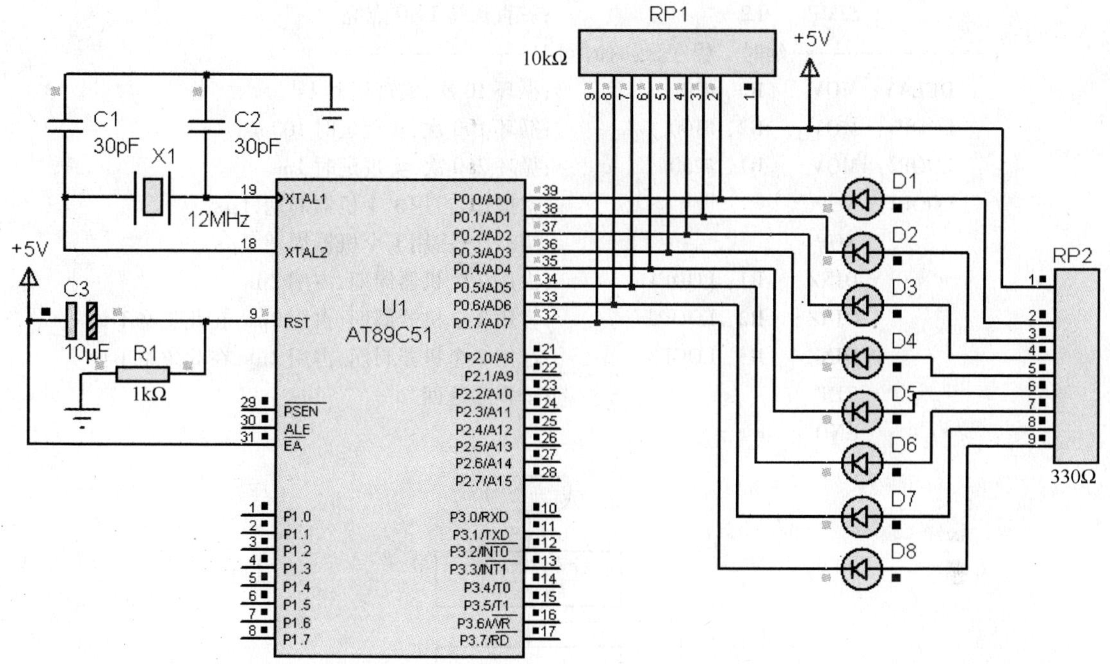

图 2.40　8 灯闪烁 10 次控制硬件电路图

2. 程序设计

（1）程序设计分析。如图 2.40 所示，要想让 8 个 LED 点亮，只需从 P0 口输出数据 00H；要想让 8 个 LED 熄灭，只需从 P0 口输出数据 0FFH，亮灭的时间间隔可采用软件延时。

因为 8 个 LED 亮灭共 10 次，所以这个程序是典型的循环程序结构。把软件延时程序做成子程序的结构，需要时调用。

程序流程图如图 2.41 所示。

（2）汇编语言源程序清单。

```
;**************************************************************
;程序名称：rw2 -9.asm
;程序功能：8 个 LED 灯闪烁 10 次后，一直亮，亮、灭间隔时间 1s
;**************************************************************
         ORG     0000H
         AJMP    MAIN
         ORG     0030H
MAIN:    MOV     R4,#10            ;确定程序循环的次数
L1:      MOV     P0,#0FFH          ;控制 8 个 LED 熄灭
         LCALL   DELAY             ;调用延时子程序，延时 1s
         MOV     P0,#00H           ;控制 8 个 LED 点亮
         LCALL   DELAY
         DJNZ    R4,L1             ;判别循环是否结束
L2:      MOV     P0,#00H           ;如果循环结束，让 8 个 LED 全亮
```

```
        SJMP    L2                  ;一直保持 LED 点亮
; --------------延时子程序,延时时间 1s --------------
DELAY:  MOV     R3, #10             ;循环 10 次,实现延时 1s
LOOP3:  MOV     R2, #100            ;循环 100 次,实现延时 100ms
LOOP2:  MOV     R1, #250            ;循环 250 次,实现延时 1ms
LOOP1:  NOP                         ;空操作,占用 1 个机器周期,1μs
        NOP                         ;空操作,占用 1 个机器周期,1μs
        DJNZ    R1, LOOP1           ;占用 2 个机器周期,占用 2μs
        DJNZ    R2, LOOP2           ;占用 2 个机器周期,占用 2μs,在此忽略不计
        DJNZ    R3, LOOP3           ;占用 2 个机器周期,占用 2μs,在此忽略不计
        RET                         ;子程序返回
        END
```

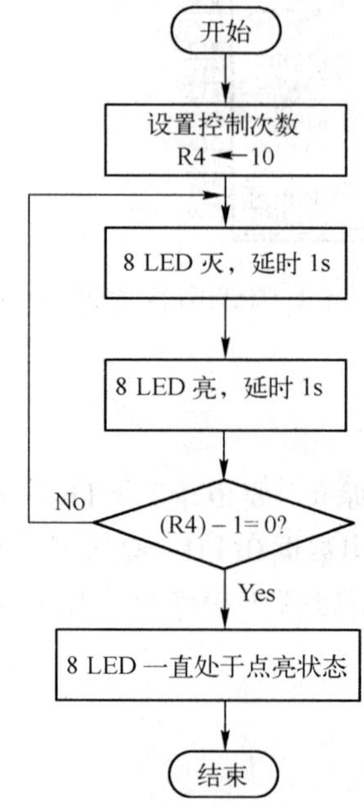

图 2.41　8 灯闪烁 10 次控制的程序流程图

(3) C 语言源程序清单。

```
/************************************************************************
 * 程序名称: rw2 -9. c
 * 程序功能: 单灯闪烁 10 次后,一直亮,亮灭间隔时间 0.5s
************************************************************************/
    #include <reg51. h>
    void delayms( unsigned char t);          //延时函数声明
    unsigned char time;                      //定义 LED 闪烁次数变量 time
    void main( )
    {
        P0 =0xff;                            //P0 口设为高电平,即 LED 初始状态为灭
```

```
    for(time=0;time<19;time++)    //控制 LED 闪烁 10 次
        {
            P0 = ~P0;               //LED 状态取反
            delayms(5);             //延时 0.5s
        }
    P0=0x00;                        //LED 亮
    while(1);
}
/*****************************************************************
* 函数名称：delayms( )
* 函数功能：延时 t×100ms
*****************************************************************/
void delayms (unsigned char t)      //t 是控制延时时间的系数,延时时间=t×100ms
{
    unsigned char i,j,k;            //定义延时循环控制次数变量 i,j,k
    for(i=t;i>0;i--)                //嵌套循环,延时时间大约为 100ms
    {
        for(j=202;j>0;j--)
        {
            for(k=243;k>0;k--);
        }
    }
}
```

【任务实施】

1. 在 Proteus 软件中按图 2.40 所示连接电路，元件清单见表 2.11。

2. 在 Keil μVision 软件中编辑源程序 rw2-9.asm，检查无误后进行汇编，得到 rw2-9.hex 文件。在运行状态，通过反汇编窗口观察源程序指令中的标号 LOOP1、LOOP2、LOOP3 在汇编后是否有具体的地址。

3. 在 Proteus 软件中，将 rw2-9.hex 文件加载到单片机 AT89C51 中，对程序进行仿真调试，观察仿真结果。

【技能拓展】

用单片机控制 8 个 LED 的亮灭，要求亮 0.5s 灭 1s，反复闪烁 20 次后，一直保持灭的状态。

任务2.10　4 键控制 4 灯显示

【学习目标】

（1）掌握位操作指令的格式、功能及使用方法。

（2）了解按键电路的结构及编程方法。

【任务描述】

用 4 个按键（K1 ～ K4）控制 4 个 LED（D1 ～ D4），每个按键独自控制 1 个 LED 的亮灭，当按下 K1 时，对应 D1 亮，按下 K2 时，对应 D2 亮，依此类推。

【相关知识点】

2.10.1 位寻址方式

在前面的任务中，陆续学习了 6 种寻址方式。这 6 种寻址方式的共同点就是参与操作的数据大多数是 8 位的，只有极少数是 16 位的。所以，把这 6 种寻址方式统称为字节寻址。如果参与操作的数据是 1 位二进制数，则把它的寻址方式称为位寻址（Bit Addressing）。

1. 位寻址的概念

参与操作的数据是片内 RAM 单元中的某一位或特殊功能寄存器的位的内容，在指令中给出了位地址或位的名称。

在字节寻址方式中，出现最多的是累加器 A；在位寻址中，出现最多的是位累加器 C，它其实就是进位标志位 CY，简写成 C。

在采用字节寻址方式的指令格式中，单元地址用 direct 表示；在采用位寻址的指令格式中，位地址用 bit 表示。

【例 2.38】 分析下面这两条指令的区别。

```
MOV A,20H
MOV C,20H
```

分析：第一条指令目的操作数是累加器 A，说明它是字节寻址，那么源操作数 20H 是片内 RAM 存储单元的地址。第二条指令的目的操作数是位累加器 C，那么源操作数 20H 就是一个位地址。所以，判别是不是位寻址，一是观察指令的操作码，如 JC、JB，这是位操作独有的指令；二是观察指令中是不是有位累加器 C，如果有，则肯定是位寻址方式。

2. 位寻址的寻址范围

在 MCS－51 系列单片机中，位寻址区专门安排在片内 RAM 中的两个区域。

（1）片内 RAM 的位寻址区。字节地址范围是 20H ～ 2FH，16 个 RAM 单元共 128 位，位地址是 00H ～ 7FH，见表 2.3。对这 128 个位的寻址使用位地址表示。

（2）可进行位寻址的特殊功能寄存器。在 21 个特殊功能寄存器中，有 11 个是可以进行位寻址的，并且有些特殊功能寄存器的每一位都有其专门的功能。这些可进行位寻址的特殊功能寄存器的单元地址、位地址或位功能标记见表 2.12。注意，这些可进行位寻址的特殊功能寄存器的单元地址的末位为“0”或“8”。

表 2.12 可进行位寻址的特殊功能寄存器

寄存器符号	单元地址	位地址/位符号名							
		位 7	位 6	位 5	位 4	位 3	位 2	位 1	位 0
B	0F0H	0F7	0F6	0F5	0F4	0F3	0F2	0F1	0F0
ACC	0E0H	0E7	0E6	0E5	0E4	0E3	0E2	0E1	0E0
PSW	0D0H	0D7	0D6	0D5	0D4	0D3	0D2	0D1	0D0
		CY	AC	F0	RS1	RS0	OV	/	P
IP	0B8H	0BF	0BE	0BD	0BC	0BB	0BA	0B9	0B8
		/	/	/	PS	PT1	PX1	PT0	PX0
P3	0B0H	0B7	0B6	0B5	0B4	0B3	0B2	0B1	0B0
		P3.7	P3.6	P3.5	P3.4	P3.3	P3.2	P3.1	P3.0
IE	0A8H	0AF	0AE	0AD	0AC	0AB	0AA	0A9	0A8
		EA	/	/	ES	ET1	EX1	ET0	EX0
P2	0A0H	0A7	0A6	0A5	0A4	0A3	0A2	0A1	0A0
		P2.7	P2.6	P2.5	P2.4	P2.3	P2.2	P2.1	P2.0
SCON	98H	9F	9E	9D	9C	9B	9A	99	98
		SM0	SM1	SM2	REN	TB8	RB8	TI	RI
P1	90H	97	96	95	94	93	92	91	90
		P1.7	P1.6	P1.5	P1.4	P1.3	P1.2	P1.1	P1.0
TCON	88H	8F	8E	8D	8C	8B	8A	89	88
		TF1	TR1	TF0	TR0	IE1	IT1	IE0	IT0
P0	80H	87	86	85	84	83	82	81	80
		P0.7	P0.6	P0.5	P0.4	P0.3	P0.2	P0.1	P0.0

注：打“/”的表示没有定义，若使用它们，可能会出现错误。

3. 位的表示方法

在位寻址方式中，位的表示有下列 4 种方法。

（1）位地址表示法。包括位寻址区的位地址 00H ～ 7FH 和表 2.12 中的部分特殊功能寄存器的位地址。例如，P0 的位 0 的地址是 80H，PSW 的位 3 的地址是 0D3H。

（2）单元地址加位表示法。例如，P0 的位 0 的地址可以表示为 80H.0；PSW 的位 3 的地址可以表示为 0D0H.3。

（3）位名称表示法。特殊功能寄存器的一些可寻址位是有符号名的，例如，P0 的位 0 的符号是 P0.0；PSW 的位 3 的符号是 RS0。

（4）寄存器符号加位表示法。例如，PSW 的位 3 可以表示为 PSW.3；IE 的位 7 可以表示为 IE.7。

2.10.2 位操作指令

在学习位操作指令时，一定要抓住参与操作的数据只是1位二进制数，而指令的功能，与前面学习过的指令的功能类似。

1. 位传送指令

（1）指令格式：位传送指令有以下2条。

```
MOV    C,bit      ; C←(bit)
MOV    bit,C      ; bit←(C)
```

（2）功能说明：这组指令的功能是实现位累加器C和其他位地址之间的数据传送。其中，bit就是前面讲到的位地址，比如20H存储单元的D0位位地址为00H，就可以用“MOV 00H，C”指令将C中的1位二进制数送到20H单元的D0位去。

注意：位传送指令都必须有位累加器C参与。

2. CLR（Clear）——位清零指令

（1）指令格式：位清零指令有以下2条。

```
CLR    C      ; C ← 0
CLR    bit    ; bit ← 0
```

（2）功能说明：对操作数所表示的位进行清“0”操作。

3. SETB（Set Bit）——位置1指令

（1）指令格式：位置1指令有以下2条。

```
SETB    C      ; C ← 1
SETB    bit    ; bit ← 1
```

（2）功能说明：对操作数所表示的位进行置“1”操作。

4. CPL（Converse Position Logical）——位取反指令

（1）指令格式：位取反指令有以下2条。

```
CPL    C      ;对C的内容取反,由1变为0或者由0变为1
CPL    bit    ;把直接寻址位的内容取反,由1变为0或者由0变为1
```

（2）功能说明：对操作数所表示的位的内容进行取反操作，指令执行后不影响其他标志位。

5. ANL（Logical－AND）——位逻辑与指令

（1）指令格式：位逻辑与指令有以下2条。

```
ANL    C,bit     ;C和指定的位地址的内容相与,结果送回C
ANL    C,/bit    ;先将指定位地址中的内容取反,再和C相与,结果送回C
```

注意：指定位地址中的内容本身并不发生变化。

（2）功能说明：该指令的功能是把位累加器 C 的内容和直接寻址位的内容进行逻辑与操作，结果送回位累加器 C 中。

6. ORL（Logical－OR）——位逻辑或指令

（1）指令格式：位逻辑或指令有以下 2 条。

```
ORL    C,bit     ;C 与直接寻址位的内容相或,结果送回 C
ORL    C,/bit    ;先将直接寻址位中的内容取反,再和 C 相或,结果送回 C
```

注意：指定位地址中的内容本身并不发生变化。

（2）功能说明：该指令的功能是把位累加器 C 的内容与直接寻址位的内容进行逻辑或操作，结果送回位累加器 C 中。

7. 位条件转移指令

（1）JC（Jump if Carry is Set）——进位标志位为 1 转移指令。

① 指令格式：

```
JC    rel     ;若(CY) = 1 则转移,否则顺序执行
```

② 功能说明：如果进位标志位 CY 的内容为 1，则程序转移到指定的目标地址去执行，若 CY 的内容为 0，则程序顺序执行。

（2）JNC（Jump if Not Carry）——进位标志位为 0 转移指令。

① 指令格式：

```
JNC    rel     ;若(CY) = 0 则转移,否则顺序执行
```

② 功能说明：如果进位标志位 CY 的内容为 0，则程序转移到指定的目标地址去执行，若 CY 的内容为 1，则程序顺序执行。

（3）JB（Jump if the Bit is Set）——位为 1 转移指令。

① 指令格式：

```
JB    bit,rel     ;若(bit) =1 则转移,否则顺序执行
```

② 功能说明：如果直接寻址位 bit 的内容为 1，则程序转移到指定的目标地址去执行，若为 0，则程序顺序执行。

（4）JNB（Jump if the Bit is Not Set）——位为 0 转移指令。

① 指令格式：

```
JNB    bit,rel     ;若(bit) =0 则转移，否则顺序执行
```

② 功能说明：如果直接寻址位 bit 的内容为 0，则程序转移到指定的目标地址去执行，若为 1，则程序顺序执行。

（5）JBC（Jump if the Bit is Set and Clear the Bit）——位为 1 清 0 转移指令。

① 指令格式：

```
JBC    bit,rel     ;若(bit) =1 则转移,并使该位清 0,否则顺序执行
```

② 功能说明：如果直接寻址位 bit 内容为 1，先将该位清 0，然后程序转移；若 bit 内容为 0，则程序顺序执行。

【例 2.39】 分析下列各条指令的功能。

```
① JB    PSW.0,L1
② JNB   ACC.0,L3
③ JB    P1.0,LOOP1
④ JBC   P0.0,LOOP2
```

分析：第一条指令的功能是判断程序状态字 PSW 寄存器的位 0 是否为 1，若是 1 则转移到标号 L1 处；第二条指令的功能是判断累加器 A 的位 0 是否为 0，若为 0 则转移到标号 L3 处；第三条指令的功能是判断 P1 口的位 0 即 P1.0 是否为 1，若是 1 则转移到标号 LOOP1 处；第四条指令的功能是判断 P0 口的位 0 是否为 1，若为 1，则 P0.0 清零，再转移到 LOOP2 处。

2.10.3 其他伪指令

1. EQU（Equal）伪指令 ——赋值伪指令

（1）指令格式：

符号名 EQU 表达式

（2）功能说明：在源程序汇编时，EQU 伪指令被汇编程序识别后，自动把 EQU 右边的表达式赋给左边的符号名。一旦符号名被赋值，它就可以在程序中作为一个数据地址、代码地址、位地址或一个立即数使用。

【例 2.40】 分析下列程序中 EQU 伪指令的作用。

```
        ORG     0500H
AA      EQU     R1
A10     EQU     10H
DELAY   EQU     07E6H
        MOV     R0,A10      ;R0←(10H)
        MOV     A,AA        ;A←(R1)
          ⋮
        LCALL   DELAY       ;调用位于地址为 07E6H 的子程序
          ⋮
        END
```

分析：程序中有 3 条 EQU 伪指令。当源程序经过汇编后，则 AA = R1，A10 = 10H，DELAY = 07E6H，就可以在程序指令中直接引用这些符号名。

注意：EQU 伪指令中的“符号名”必须先赋值后使用，故该语句通常放在源程序的开头。另外，使用 EQU 定义的符号不允许重复定义。

2. BIT（Bit）伪指令 ——定义位地址伪指令

（1）指令格式：

符号名 BIT 位地址

（2）功能说明：该伪指令的功能是把 BIT 右边的位地址赋给它左边的符号名。因此，BIT 语句定义过的符号名是一个符号位地址。

【例 2.41】 分析下列程序中 BIT 伪指令的作用。

```
        ORG     0300H
A1      BIT     00H
A2      BIT     P1.0
        MOV     C,A1        ;CY ←(20H.0)
        MOV     A2,C        ;P1.0)←CY
                ⋮
        END
```

分析：程序中的两条 BIT 伪指令，A1、A2 是两个符号名。当源程序经过汇编后，A1 = 00H,A2 = P1.0，则在两条 MOV 指令中，直接引用 A1、A2 作为位地址。

3. DATA（Data）伪指令 ——定义数据地址伪指令

（1）指令格式：

符号名 DATA 表达式

（2）功能说明：该伪指令相当于为内部 RAM 单元起一个符号化名字。DATA 伪指令的功能和 EQU 伪指令类似，它可以把 DATA 右边“表达式”的值赋给左边的符号名。这里的表达式可以是一个数据或地址，也可以是一个包含所定义“字符名称”在内的表达式，但不可以是一个汇编符号（如 R0 ～ R7）。

DATA 伪指令和 EQU 伪指令的主要区别是：EQU 定义的“符号名”必须先定义后使用，而 DATA 定义的“符号名”没有这种限制，故 DATA 伪指令可以用在源程序的开头或末尾。

【例 2.42】 分析下列程序中 DATA 伪指令的作用。

```
        ORG     0200H
AA      DATA    45H
DELAY   XDATA   0C9E6H
        MOV     A,AA        ;A←(45H)
          ⋮
        LCALL DELAY         ;调用延时子程序
          ⋮
        END
```

分析：当程序汇编时，遇到 DATA 伪指令，就将地址 45H 赋值给符号 AA。XDATA（External Data）也是一条伪指令，与 DATA 伪指令不同的是它给外部 RAM 单元定义符号名。

4. DS（Define Storage）伪指令 ——定义存储空间伪指令

（1）指令格式：

［标号:］DS 表达式

（2）功能说明：在上述格式中标号段也为任选项，“表达式”通常为一个数值，DS 伪指令可以指示汇编程序从标号指定的地址单元开始预留一定数量的存储单元，以备源程序执行过程中使用。预留单元的数量由表达式的值决定。

【例 2.43】 分析下列程序中 DS 伪指令的作用。

```
        ORG    0400H
START:  MOV    A,#32H
                 ⋮
SPC:    DS     08H
        DB     25H
        END
```

分析：当源程序汇编时，遇到 DS 伪指令便自动从标号 SPC 开始预留 8 个连续存储单元，第 9 个存储单元内存放的数据是 25H。

2.10.4 独立式键盘电路

键盘分为独立式键盘和矩阵式键盘。独立式键盘是一个按键占用单片机一个口位，适用于按键个数较少的情况。矩阵式键盘是按行列构成矩阵，在行列交叉点上连接一个按键，适用于按键较多的情况，具体内容将在第 4 章学习。

独立式键盘电路如图 2.42 所示，按键 K1 一端接 P1.0 口位，另一端接地。当没有按下按键时，P1.0 引脚上为高电平 1；按下按键 K1 后，P1.0 引脚就直接与地相连了，为低电平。因此，通过按键 K1 的动作就可以控制 P1.0 引脚上输入的是 1 还是 0。

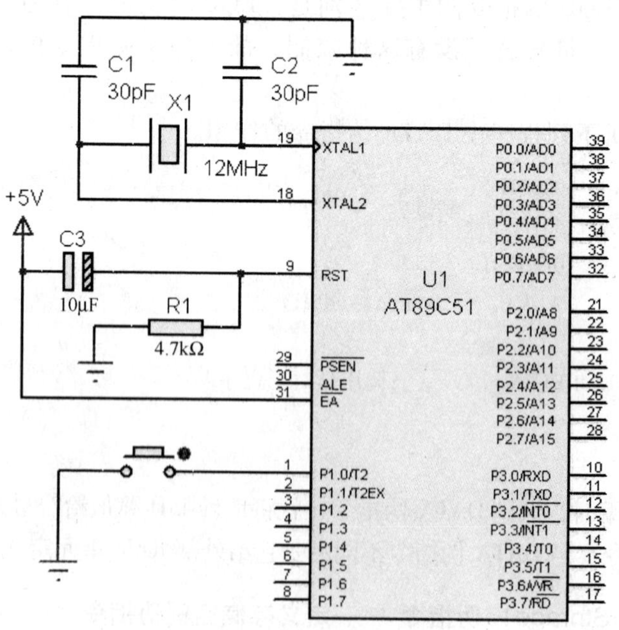

图 2.42 独立式键盘电路

【任务分析】

1. 硬件电路设计

硬件电路如图 2.43 所示，元件清单见表 2.13。图中的发光二极管 D1 ～ D4 由 P0 口 P0.0 ～ P0.3 引脚控制，输出“1”时灭，输出“0”时亮。K1 ～ K4 构成 4 个独立按键电路，可以控制 P1 口的 P1.0 ～ P1.3 引脚电平高低。按下键，相应引脚输入低电平，没有按下按键，输入高电平。

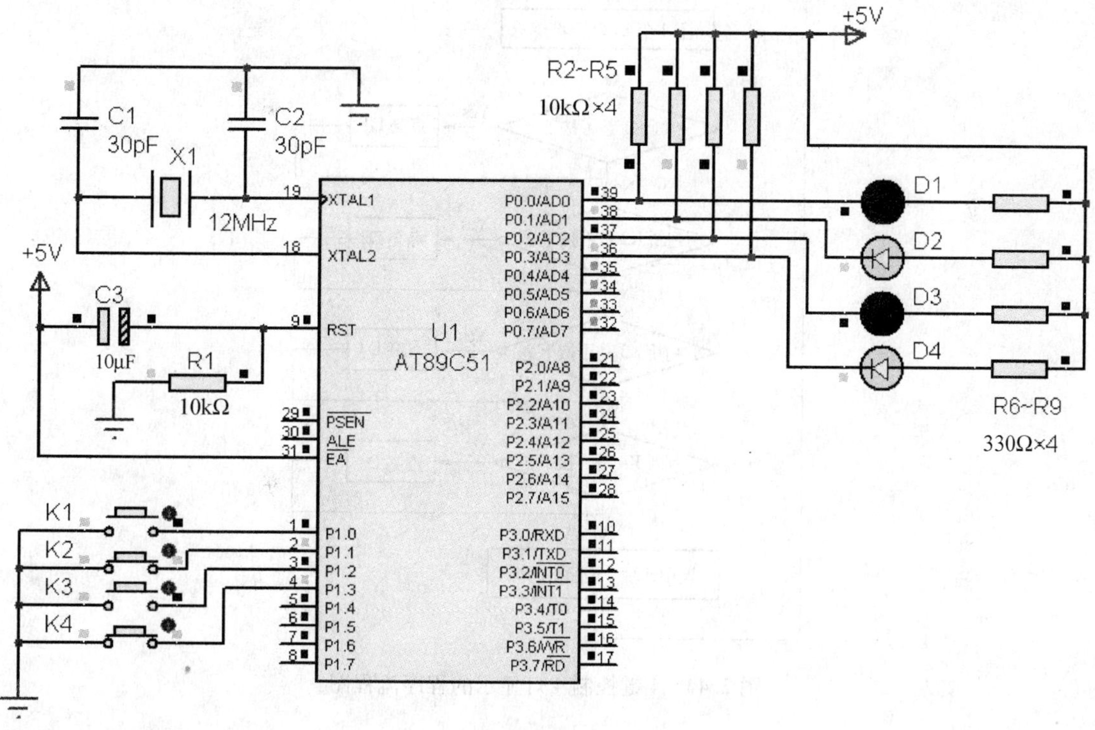

图 2.43　4 键控制 4 灯显示电路图

表 2.13　任务 2.10 所需元件清单

元 件 名 称	元 件 标 号	元件标称值	Proteus 中的名称
单片机	U1	AT89C51	AT89C51
晶振	X1	12MHz	CRYSTAL
电容	C1，C2	30pF	CAP
电解电容	C3	10μF	CAP - ELEC
发光二极管	D1，D2，D3，D4	—	LED - YELLOW
开关	K1，K2，K3，K4		BOTTON
电阻	R1	1kΩ	RES
电阻	R2～R5	10kΩ	RES
电阻	R6～R9	330Ω	RES

2. 程序设计

该程序采用多分支转移程序结构，需要对 4 个按键的状态从 K1 到 K4 逐个判别。先判别 K1 是否按下，如按下，P1.0 口位为低电平（0），则控制 D1 点亮。无论 K1 是否按下，判别完 K1 后再判别 K2。以此类推，直到判别完 K4，再进行下一轮的判别，循环往复。程序流程图如图 2.44 所示。

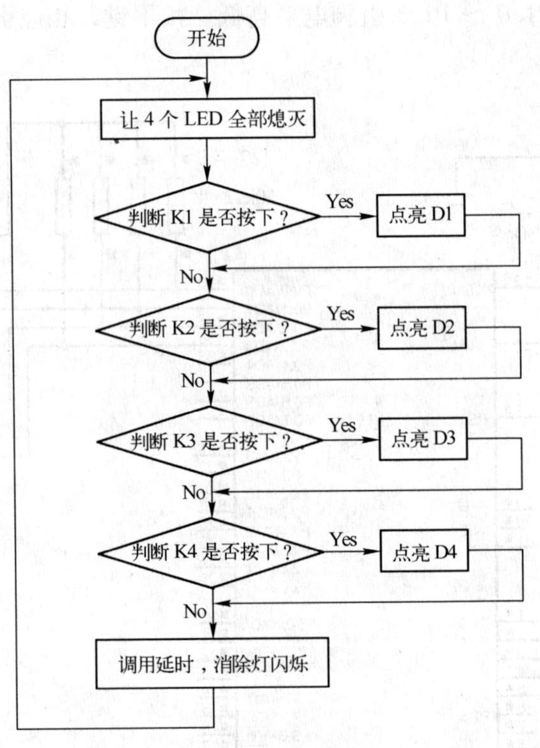

图 2.44　4 键控制 4 灯显示的程序流程图

（1）汇编语言源程序清单。

```
;*****************************************************************************
;程序名称：rw2－10.asm
;程序功能：4 个按键(K1～K4)控制 4 个发光二极管
;*****************************************************************************
                ORG     0000H
            K1  BIT     P1.0
            K2  BIT     P1.1
            K3  BIT     P1.2
            K4  BIT     P1.3
                AJMP    MAIN
                ORG     0030H
    MAIN:       MOV     P0,#0FFH            ;让 LED 全灭
                MOV     P1,#0FFH            ;读接口之前先写入高电平
```

```
            JB      K1,L1           ;判断 K1 按键是否按下,没按下就跳到 L1 处
            CLR     P0.0            ;K1 按下,让灯 D1 亮
L1:         JB      K2,L2           ;判断 K2 按键是否按下,没按下就跳到 L2 处
            CLR     P0.1            ;K2 按下,让灯 D2 亮
L2:         JB      K3,L3           ;判断 K3 按键是否按下,没按下就跳到 L3 处
            CLR     P0.2            ;K3 按下,让灯 D3 亮
L3:         JB      K4,LD           ;判断 K4 按键是否按下,没按下就跳到 LD 处
            CLR     P0.3            ;K4 按下,让灯 D4 亮
LD:         LCALL   DELAY           ;通过延时程序,消除灯的闪烁
            LJMP    MAIN            ;跳到 MAIN 继续查询按键按下情况
;-------------延时子程序 200ms------------
DELAY:      MOV     R1,#200
LOOP1:      MOV     R2,#250
LOOP2:      NOP
            NOP
            DJNZ    R2, LOOP2
            DJNZ    R1, LOOP1
            RET
            END
```

（2）C 语言源程序清单。

```
/*************************************************************************
* 函数名称：rw2 - 10.c
* 函数功能：4 个按键(K1～K4)控制 4 个发光二极管
*************************************************************************/
    #include <AT89X51.H>
    #define K1 P1_0                     //定义变量 K0 为 P1.0 连接的按键
    #define K2 P1_1                     //定义变量 K1 为 P1.1 连接的按键
    #define K3 P1_2                     //定义变量 K2 为 P1.2 连接的按键
    #define K4 P1_3                     //定义变量 K3 为 P1.3 连接的按键
    void delayms(unsigned char t);      //延时函数声明,也可以不声明
    void main()                         //主程序开始
        {
            while(1)
            {
                P1 = 0xff;              //读按键之前先置高电平
                P0 = 0xff;              //4 个 LED 全灭
                if(! K1) P0 = 0xfe;     //判断如果 K0 按键按下,D0 灯亮
                if(! K2) P0 = 0xfd;     //判断如果 K1 按键按下,D1 灯亮
                if(! K3) P0 = 0xfb;     //判断如果 K2 按键按下,D2 灯亮
                if(! K4) P0 = 0xf7;     //判断如果 K3 按键按下,D3 灯亮
                delayms(2);             //调用延时 200ms
            }
```

```
    }
/**********************************************************************
 *  函数名称：delayms( )
 *  函数功能：延时 t×100ms
**********************************************************************/
void delayms (unsigned char t)            //t 是控制延时时间的系数,延时时间 = t×100ms
    {
        unsigned char i,j,k;              //定义延时循环控制次数变量 i,j,k
        for(i = t;i > 0;i -- )
        {
            for(j = 202;j > 0;j -- )      //嵌套循环,延时时间大约为 100ms
            {
                for(k = 243;k > 0;k -- );
            }
        }
    }
```

【任务实施】

1. 在 Proteus 软件中按图 2.43 连接电路，元件清单见表 2.13。

2. 在 Keil μVision 软件中编辑源程序 rw2－10. asm，检查无误后进行汇编，得到 rw2－10. hex 文件。

3. 在 Proteus 软件中，将 rw2－10. hex 加载到单片机 AT89C51 中。

4. 对程序进行仿真调试，按下按键，观察相应的发光二极管是否点亮，松开按键，发光二极管是否熄灭。

【技能拓展】

对上述任务的程序进行修改，实现如下效果。

① 按下按键 K1，则 D1、D3 点亮，D2、D4 熄灭。

② 按下按键 K2，则 D2、D4 点亮，D1、D3 熄灭。

③ 按下按键 K3，则是单灯左移的流水灯。

④ 按下按键 K4，则 D1、D3 与 D2、D4 两组灯交替亮灭。

小结

1. 数据传送类指令主要掌握 MOV、MOVC 和 MOVX 3 类指令的使用，其中 MOV 指令是编程中用到最多的一类指令，主要用于数据在片内 RAM 的传送；MOVC 指令主要是对程序存储器中的数据表格进行查表操作；MOVX 指令用于访问片外 RAM 单元的数据传送。

2. 算术运算类指令包括加、减、乘、除等操作，除掌握指令功能外，还要了解各指令对 PSW 各标志位的影响。

3. 逻辑运算类指令中的循环移位指令应用较多，可以用来控制流水灯状态。

4. 程序控制类指令是应用非常频繁的一类指令，重点掌握条件转移指令的条件判断方法，如 DJNZ 指令对循环次数的控制方法。

5. 子程序的编写及调用要注意，子程序第一条指令的标号就是子程序的名字，最后一条指令一定是 RET，子程序的调用使用 ACALL 或 LCALL 指令。

6. 注意 4 个 I/O 口的使用技巧，尤其注意 P0 口在作为输出时应接上拉电阻。在读 I/O 口引脚数据时，应注意先输出全 1 数据。

7. 注意按键电路的连接方法，以及运用位检测指令实现判断是否有按键按下的方法。

练习题 2

1. 写出下列指令中源操作数的寻址方式。

```
MOV P1,#55H
MOV P1,20H
MOV P1,A
MOV P1,@R0
MOV P1,R4
MOV A,#55H
MOV A,20H
MOV R0,#55H
MOV R0,A
```

2. 写出能完成下列数据传送的指令。

① R2 中的内容传送到 R3。

② 内部 RAM 30H 单元中的内容传送到 40H 单元。

③ A 的内容传送到 40H 单元。

④ 内部 RAM 40H 单元中的内容传送到 R0。

⑤ 外部 RAM 50H 单元中的内容传送到内部 RAM 30H 单元。

3. 试编写实现把内部 RAM 20H 单元中的内容与 40H 单元中的内容相互交换的程序。

4. 试编程将 10 个数送到地址为 30H ～ 39H 的片内 RAM 中去，然后再将这 10 个存储器中的内容送到地址为 3000H ～ 3009H 的片外 RAM 中去。

5. 请分析下列程序段的执行结果。

```
MOV   30H,#55H
MOV   33H,#44H
MOV   R0,#30H
MOV   A,33H
ADD   A,@R0
```

6. 编写程序实现 1267H + 34A9H。

7. 编写计算 6825H - 357BH 的程序，将结果保存到 30H、31H，30H 存低位。

8. 用 MUL 指令实现（R1）×（R0）。

9. 用 DIV 指令实现 45H 除以 27H；用 DIV 指令实现 R3 除以 R4。

10. 根据注释写出相应的指令。

```
______________    ;取被加数低字节33H放在A中
______________    ;取加数低字节84H与被加数低字节相加,和放在A中
MOV    R1,A       ;将低字节和保存在R1
______________    ;将被加数高字节23H放在A中
______________    ;将被加数高字节和加数高字节56H之和再加上进位位C的
                  ;和放在A中
______________    ;高字节之和保存在R3
```

11. 利用逻辑与操作指令将 A 中数据的低 4 位清零，高 4 位不变。

12. 利用逻辑或操作指令将 A 中数据的高 4 位置 1，低 4 位不变。

13. 利用逻辑与操作指令将 R0 中数据的低 2 位清零，高 6 位不变。

14. 利用逻辑与、或操作指令将 A 中数据的低 4 位清零，高 4 位置 1。

15. 试编写能完成如下操作的程序段。

① 使 30H 单元中数的高 2 位变“0”，其余位不变。

② 使 40H 单元中数的高 2 位变“1”，其余位不变。

③ 使 50H 单元中数的高 2 位取反，其余位不变。

④ 使 60H 单元中数的所有位取反。

16. 将累加器 A 清零的指令有很多种，请按下列要求写出指令。

数据传送指令______________

逻辑与操作指令______________

累加器清零指令______________

17. 编写程序段，利用 DJNZ 指令把内部 RAM 从 30H 单元开始的 10 个单元清零。

18. 单数码管（共阳极）轮流显示十六进制数，要求从 F 到 0 轮流显示，循环不断。

19. 利用单片机 P0 口控制共阳极数码管按照从小到大的顺序显示所有 10 以内的奇数。

20. 编程实现 8 个 LED 的亮点左移动、右移动交替显示。

21. 8 个 LED 的闪烁控制，要求亮 0.5s，灭 0.5s，不断闪烁 20 次。

22. 编程实现 8 LED 跑马灯的效果，即第一次第 1 个亮，第二次第 1、2 个亮，第三次第 1、2、3 个亮，以此类推，第八次 8 个全亮，然后再从头循环不断。

23. 4 个按键（K1 ～ K4）控制 8 个发光二极管，每个按键独自控制一种彩灯方式，按下 K1 时为单灯闪烁，按下 K2 时为双灯追逐（先是 1、3、5、7 灯亮，延时后 2、4、6、8 灯亮），按下 K3 时为亮点左流动，按下 K4 时为暗点右流动。

第3章　单片机的三大资源

本章将学习80C51单片机的中断系统、定时器/计数器和串行口通信这3大内部资源，在掌握它们的概念、结构和工作方式的基础上，通过5个任务的实施，达到融会贯通的目的。

任务3.1　8 LED的外部中断控制

【学习目标】

(1) 理解TCON、SCON、IE、IP寄存器的功能和中断初始化的方法。
(2) 理解中断的处理过程，掌握中断服务程序的设计方法。
(3) 理解断点地址、中断入口地址、保护与恢复现场等概念。
(4) 掌握单片机外部中断的具体实施方法。

【任务描述】

在正常情况下，8个发光二极管呈现流水灯效果，亮灭间隔为1s。当外部出现故障时，通过外部中断0产生中断，让8个发光二极管快速闪烁20次，亮灭间隔为100ms，然后系统恢复正常工作。

【相关知识点】

3.1.1　中断的概念

CPU在正常执行程序的过程中，由于某种已经预见到的外部或CPU内部事件的发生，使CPU暂停执行当前的程序，而去处理临时发生的事件，在事件处理完毕后，再返回原先暂停的程序继续向下执行，这个过程叫做中断（Interrupt）。

3.1.2　与中断相关的寄存器

80C51单片机的中断系统提供了5个中断源，具有2个中断优先级，可实现两级中断嵌套。80C51单片机的中断系统结构示意图如图3.1所示。

由图可知，80C51单片机的5个中断源分别是：2个外部中断（由$\overline{INT0}$、$\overline{INT1}$引脚输入中断请求信号）、2个片内定时器/计数器溢出中断（T0、T1）和1个片内串行口中断。TCON、SCON是用来存放各中断源的中断申请标志的寄存器；IE是用来设置是否允许中断源中断的寄存器；IP是用来设置中断源优先级别的寄存器；硬件查询是相同优先级的中断源再进行排队的硬件电路。

TCON、SCON、IE 和 IP 是与中断相关的寄存器，下面分别对这 4 个寄存器的用法进行详细介绍。

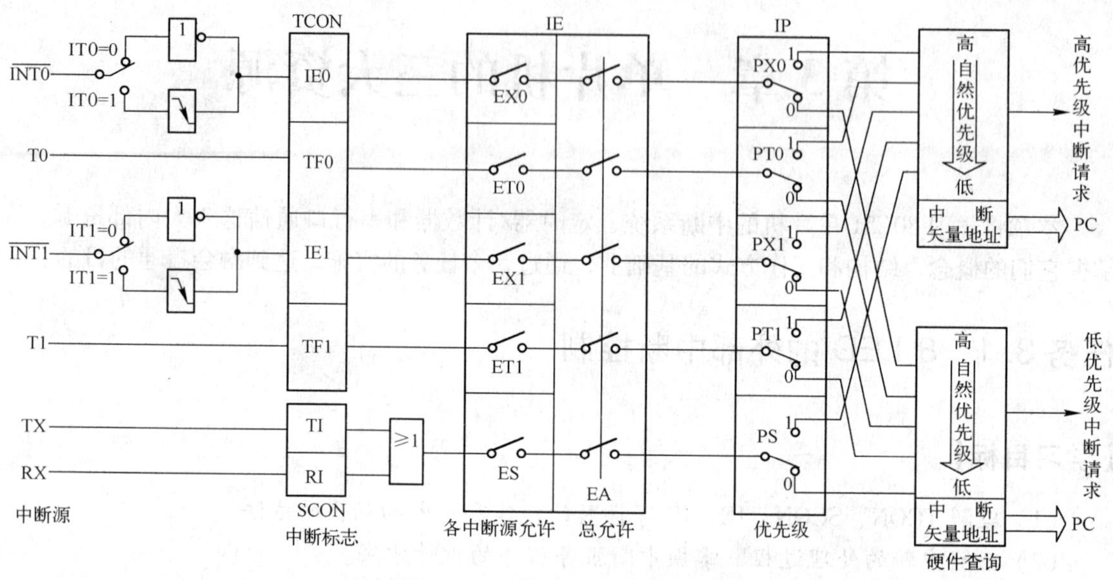

图 3.1　80C51 的中断系统结构示意图

1. 中断请求标志位

中断源发出中断请求信号后，先使相应中断请求标志位置 1，然后 CPU 来检测这些中断请求标志位的状态，以决定是否响应该中断请求。80C51 中断请求标志位集中安排在定时器控制寄存器 TCON 和串行口控制寄存器 SCON 中的某些位，当某一中断源发出有效的请求信号时，对应的中断请求标志位置 1，否则为 0。

（1）定时器控制寄存器 TCON（Timer Control Register）。TCON 为定时器/计数器 T0、T1 的控制寄存器，同时也锁存了 T0、T1 的溢出中断和 2 个外部中断请求的标志位。TCON 的单元地址为 88H，可位寻址，这些中断请求标志位可以用软件查询。TCON 的格式及与中断有关的位的功能如下。

位地址	8FH	8EH	8DH	8CH	8BH	8AH	89H	88H
TCON (88H)	TF1		TF0		IE1	IT1	IE0	IT0

IE0：外部中断 0 请求标志位。当 CPU 检测到 $\overline{\text{INT0}}$ 引脚上出现下降沿信号或低电平信号时，由内部硬件置位 IE0（IE0 = 1），向 CPU 请求中断。

IE1：外部中断 1 请求标志位。当 CPU 检测到 $\overline{\text{INT1}}$ 引脚上出现下降沿信号或低电平信号时，由内部硬件置位 IE1（IE1 = 1），向 CPU 申请中断。

TF0：定时器/计数器 T0 的溢出中断请求标志位。当 T0 计数溢出时，由内部硬件置位 TF0（TF0 = 1），向 CPU 申请中断。

TF1：定时器/计数器 T1 的溢出中断请求标志位。当 T1 计数溢出时，由内部硬件置位

TF1（TF1 =1），向 CPU 申请中断。

IT0：外部中断 0 触发方式控制位。当 IT0 =0 时，电平触发，低电平有效；当 IT0 =1 时，边沿触发，下降沿有效。

IT1：外部中断 1 触发方式控制位。当 IT1 =0 时，电平触发，低电平有效；当 IT1 =1 时，边沿触发，下降沿有效。

（2）串行口控制寄存器 SCON（Serial Control Register）。SCON 的低两位锁存了串行口发送中断和接收中断请求标志位。SCON 的单元地址为 98H，可位寻址。SCON 的格式和与中断有关的位的功能如下。

位地址							99H	98H
SCON (98H)							TI	RI

TI：串行口发送中断请求标志位。当串行口发送完一个数据帧时，将 TI 置位（TI =1），向 CPU 申请中断。

RI：串行口接收中断请求标志位。当串行口接收完一个数据帧时，将 RI 置位（RI =1），向 CPU 申请中断。

2. 中断允许寄存器 IE（Interrupt Enable Register）

中断源发出中断请求，CPU 是否允许中断源中断呢？这就要受中断允许寄存器 IE 的控制了。中断的允许或禁止是通过中断允许寄存器 IE 进行两级控制的。所谓两级控制是指有一个中断允许总控制位 EA（相当于总控开关），5 个中断源还单独有一个中断允许控制位（相当于分控开关），两者共同作用实现对中断请求的控制。这些中断允许控制位都集中在中断允许寄存器 IE 中，格式如下。

位地址	0AFH			0ACH	0ABH	0AAH	0A9H	0A8H
IE (0A8H)	EA	×	×	ES	ET1	EX1	ET0	EX0

EA：中断允许总控制位。若 EA =0，则所有中断源的中断请求均被禁止；若 EA =1，则所有中断源的中断请求均被允许，但中断请求最终能否被 CPU 响应，还取决于 IE 中各中断源的中断允许控制位的状态。

EX0 和 EX1：EX0 为外部中断 0 的中断允许控制位；EX1 为外部中断 1 的中断允许控制位。

ET0 和 ET1：ET0 为定时器/计数器 T0 的溢出中断允许控制位；ET1 为定时器/计数器 T1 的溢出中断允许控制位。

ES：串行口中断允许控制位。

对于各个中断源的中断允许控制位，当其为 1 时，允许中断；当其为 0 时，禁止中断。中断允许寄存器 IE 的单元地址是 0A8H，各控制位（位地址为 0A8H ～ 0AFH）可位寻址，故用户既可以用字节传送指令又可以用位操作指令来对各个中断请求加以控制。画×的位未用到，可设置为 0。

【例 3.1】 设允许定时器/计数器 T1 的溢出中断的中断请求，禁止其他中断源的中断请求，写出设置 IE 的指令。

分析：根据设定条件，则 IE 寄存器的 EA = 1，ET1 = 1，其他位为 0，IE 的值应为 10001000B，即 88H。

用字节传送指令可写为：

```
MOV   IE,#88H
```

或

```
MOV   0A8H,#88H
```

若改用位操作指令，则需两条指令：

```
SETB   ET1          ;允许 T1 溢出中断
SETB   EA           ;CPU 允许所有中断源中断
```

注意：80C51 单片机复位时，IE 的值为 00H，CPU 禁止所有的中断请求。所以，在应用设计时用到哪些中断源，用户必须在主程序中开放（允许）所需要的中断，以使 CPU 能响应该中断请求。

3. 中断优先级寄存器 IP（Interrupt Priority Register）

CPU 在某一时刻只能响应一个中断源的中断申请，如果有很多的中断源同时申请中断，到底应该响应哪一个呢？可以通过设定优先级别的方法来解决这个问题。80C51 单片机的 5 个中断源，均可由程序设置为高优先级中断或低优先级中断，谁的优先级别高，就先响应谁。每个中断源的中断优先级都通过中断优先级寄存器 IP 统一设置。IP 的格式和与优先级设置有关的位的功能如下。

位地址				0BCH	0BBH	0BAH	0B9H	0B8H
IP (0B8H)	×	×	×	PS	PT1	PX1	PT0	PX0

PX0 和 PX1：PX0 是外部中断 0 的中断优先级控制位；PX1 是外部中断 1 的中断优先级控制位。

PT0 和 PT1：PT0 为定时器/计数器 T0 的溢出中断优先级控制位；PT1 为定时器/计数器 T1 的溢出中断优先级控制位。

PS：串行口中断优先级控制位。

当某个中断源的优先级控制位为 1 时，设置为高优先级中断；为 0 时，设置为低优先级中断。IP 的单元地址为 0B8H，各控制位（位地址为 0B8H ～ 0BCH）可位寻址，故用户既可以用字节传送指令，又可以用位操作指令来对各个中断源的优先级进行设置。单片机复位时，IP = 00H，即所有中断源为低优先级中断。画 × 的位未用到，可设置为 0。

【例 3.2】 设 80C51 单片机的外部中断为高优先级，内部中断为低优先级，写出设置 IP 的指令。

分析：由给定的条件可知：IP 寄存器中，PX1 = 1，PX0 = 1，其余位为 0，即 IP = 00000101B = 05H。

用字节传送指令设置：

```
MOV  IP,#05H
```

或

```
MOV  0B8H,#05H
```

用位操作指令设置：

```
SETB  PX0
SETB  PX1
CLR   PT0
CLR   PT1
CLR   PS
```

【例 3.3】 编写外部中断 1 为边沿触发、高优先级的中断系统初始化程序段。

分析：因为单片机复位后，其 IE、IP 寄存器中的值都为 00H，则所有的中断均被禁止，所有的中断源均为低优先级。所以要求用户在编写的主程序中对所用到的中断源加以设置，也称初始化设置，对应的程序称为初始化程序。初始化的内容包括：设置相应中断源允许中断；设置相应中断源的中断优先级；如果是外部中断，还应设置其触发方式。

采用字节传送指令，初始化程序如下。

```
MOV  TCON,#04H        ;设置外部中断 1 为边沿触发方式
MOV  IP,#04H          ;设定外部中断 1 为高优先级
MOV  IE,#84H          ;允许外部中断 1 中断
```

采用位操作指令，初始化程序如下。

```
SETB  IT1
SETB  PX1
SETB  EX1
SETB  EA
```

如果 CPU 同时收到多个相同优先级的中断请求，则 CPU 会通过内部硬件查询电路，按事先规定好的查询顺序确定先响应哪一个中断请求。在同级中断中，查询顺序从高到低的排列为：外部中断 0、定时器中断 T0、外部中断 1、定时器中断 T1、串行口中断。注意，该排列顺序不能引起中断嵌套。

【例 3.4】 分析将串行口中断、定时器 T0 中断、外部中断 1 这 3 个中断源的中断优先级从高到低排列能否实现。

分析：只要将串行口中断设置为高优先级，其他两个中断源设置为低优先级即可实现。因为定时器 T0 中断、外部中断 1 的中断优先级设置同为低优先级，按照中断硬件查询电路的中断源排列顺序，定时器 T0 中断排在外部中断 1 的前面。

3.1.3 中断的处理过程

中断的处理过程大致可分为 4 步：中断请求、中断响应、中断处理和中断返回。

1. 中断请求

当中断源发出中断请求时，将相应的中断请求标志位置“1”，向 CPU 请求一次中断服

务。如果中断允许寄存器 IE 中的总控开关和相应的分控开关是闭合的，那么这个中断标志位就会传送到 CPU 中。CPU 响应中断请求必须同时满足以下条件。

① 无同级或高优先级的中断服务程序正在执行。

② 当前指令已经执行到最后一个机器周期并结束，即当前指令已完整执行。

③ 当前正在执行的指令不是返回指令（RETI、RET）或正在进行对寄存器 IE、IP 的读写指令（这些指令执行后，至少还要执行完一条其他指令，才能响应中断，以保证子程序或中断服务程序的正确返回，以及 IE、IP 寄存器功能的正确、稳定设置）。

如果上述 3 个条件都不能满足，虽然中断请求标志位置 1，也不能响应该中断请求。若 3 个中断响应条件都满足了，但中断请求标志位已复位，该中断也不会被响应。

2. 中断响应

CPU 响应中断时，先置位相应的优先级状态触发器，指明 CPU 开始处理的中断源的优先级别，以屏蔽后面的同级或低级中断请求；然后自动清除相应的中断标志（TI 或 RI 除外）；最后再执行由硬件自动生成的长调用指令（LCALL），该指令将程序计数器 PC 的内容（主程序被中断的地址，也称断点地址）压入堆栈保护起来，再将对应的中断服务程序的首地址（也称中断入口地址或中断矢量地址）装入程序计数器 PC，使 CPU 去执行中断服务程序。注意，断点地址被压入堆栈保护起来了，但对诸如 PSW、累加器 A 等寄存器的数据并没有保护，需要时可在中断服务程序中完成保护任务。系统规定的各中断源相对应的中断服务程序的中断入口地址见表 3.1。

表 3.1　各中断源对应的中断服务程序的入口地址

中　断　源	中断入口地址
外部中断 0	0003H
定时器 T0 溢出中断	000BH
外部中断 1	0013H
定时器 T1 溢出中断	001BH
串行口中断	0023H

从表 3.1 可以看出，系统分配给各中断源用于存放中断服务程序的存储空间仅有 8 个单元，往往不足以存放一个完整的中断服务程序，而将实际的中断服务程序安排在主程序之后。因此，通常在中断入口地址单元存放一条无条件转移指令，使其跳转到中断服务程序实际所在地址处执行。例如：

```
ORG    0003H              ;外部中断 0 的中断入口地址
LJMP   0200H              ;转移到 0200H 单元
```

这样，外部中断 0 的中断服务程序实际安排在程序存储器 0200H 单元开始的空间中。

3. 中断处理

中断处理主要是执行中断服务程序。在中断服务程序中一般要完成如下任务。

(1) 保护与恢复现场信息。当 CPU 响应中断时，主程序的断点地址被保护进入了堆栈，但在主程序中使用的一些寄存器，如累加器 A、通用寄存器等，如果在中断服务程序中也要使用，则需要把这些寄存器中的数据也压入到堆栈中保护，这个过程称为保护现场。当中断处理程序执行完毕后，需要将保存到堆栈的现场数据弹回到原来的地方，这个过程称为现场恢复。这里要提醒的是，堆栈是按后进先出方式工作的，一定要将现场数据恢复到原始位置，否则就会出错。

（2）开中断与关中断。在保护与恢复现场前要关闭中断（即禁止中断），以防止有高级中断请求进入，使保护现场与恢复现场的操作受到干扰而产生错误。在保护与恢复现场工作完成后要开放中断，即允许中断，以及时响应高优先级的中断请求。

（3）中断处理程序。中断处理程序是中断服务程序的核心，是针对中断源的具体要求而进行的操作。

（4）中断返回。中断服务程序的最后一条指令，必须是中断返回指令 RETI。该指令将响应时设置的优先级状态触发器清 0，并将主程序断点地址从栈顶弹出，装入到程序计数器 PC 中，使其从主程序断点处继续执行主程序。与子程序返回指令 RET 不同，RETI 指令仅用于中断服务程序中。

【例 3.5】 编写中断服务程序，完成对累加器 A、程序状态字寄存器 PSW 和通用寄存器 R0 中数据的保护与恢复工作。

分析：完成对累加器 A、程序状态字寄存器 PSW 和工作寄存器 R0 中数据的保护与恢复工作，可使用进栈指令 PUSH 和出栈指令 POP。在保护与恢复现场之前要关闭中断，之后要开放中断。程序的最后不要忘记中断返回指令 RETI。

典型的中断服务程序结构如下。

```
          ORG   0200H   ;中断服务程序从 0200H 单元开始存放
INTPRO:   CLR   EA      ;关闭中断,用于保护现场
          PUSH  ACC     ;把累加器内容送入堆栈
          PUSH  PSW     ;把 PSW 内容送入堆栈
          PUSH  07H     ;把 R0 内容送入堆栈，这里必须用 R0 的单元地址
          SETB  EA      ;开放中断
            ⋮           ;中断处理程序部分
          CLR   EA      ;关闭中断
          POP   07H     ;三条出栈指令,用于恢复现场。注意出栈顺序与进栈顺序相反
          POP   PSW
          POP   ACC
          SETB  EA      ;开放中断
          RETI          ;中断返回
```

4. 中断请求位的清除

CPU 响应某中断请求后，必须及时清除中断请求标志位（标志位由 1 变为 0），否则会错误地引起另一次中断的发生。对于边沿触发的两个外部中断请求标志 IE0、IE1 和两个定时器溢出中断请求标志 TF0、TF1，80C51 的中断系统在响应后会自动清除；对于串行口的中断标志位 TI、RI，硬件不能自动清 0，必须在中断服务程序中通过软件清除相应的中断请求标志（如 CLR　RI）；对于电平触发的两个外部中断标志 IE0、IE1，当 CPU 响应该中断

请求后，也会将中断请求标志自动清除，但如果加在$\overline{INT0}$或$\overline{INT1}$引脚上的中断请求信号没有及时撤除，就会再次将中断请求标志置位而申请中断，所以必须先撤除引脚上的中断请求信号，系统的自动清0才会有效。

【例3.6】 如图3.2所示，分析电平触发方式的外部中断请求的撤除电路的工作过程。

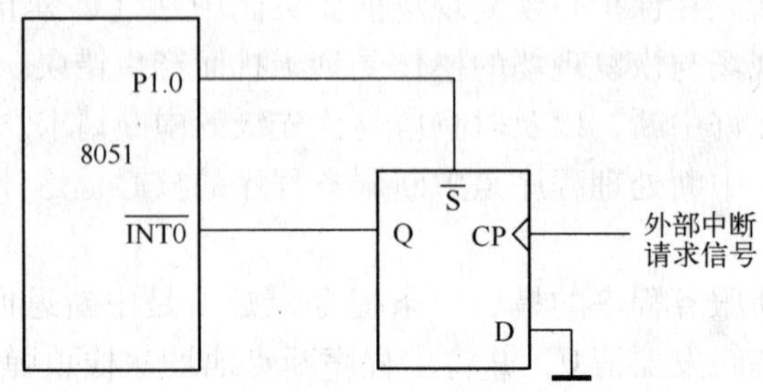

图3.2 电平触发方式的外部中断请求的撤除电路

分析：电路中使用的触发器为边沿触发的D触发器。在外部中断请求信号的上升沿使D触发器动作。由于D端接地，使Q端的状态变为低电平，并加到80C51的$\overline{INT0}$端作为外设向CPU发出中断请求信号。CPU响应中断后，为撤除$\overline{INT0}$上的低电平中断请求信号，在中断服务程序中使80C51的P1.0端输出一个负脉冲，加到D触发器的置位端$\overline{S}$，使D触发器置位，Q端变为高电平，从而撤除了外部中断请求信号。

在中断服务程序中，使P1.0端输出负脉冲的指令如下。

```
CLR     P1.0        ;P1.0 =0,使触发器置位(Q =1),撤除外部中断请求信号
SETB    P1.0        ;P1.0 =1,撤除D触发器的置位信号,为下一次中断请求做好准备
```

【任务分析】

1. 硬件电路设计

该任务采用的硬件电路如图3.3所示，元件清单见表3.2。

表3.2 任务3.1所需元件清单

元件名称	元件标号	元件标称值	Proteus中的名称
单片机	U1	AT89C51	AT89C51
晶振	X1	12MHz	CRYSTAL
电容	C1，C2	30pF	CAP
电解电容	C3	10μF	CAP - ELEC
发光二极管	D1～D8		LED - YELLOW
开关	K		BUTTON
电阻	R1	1kΩ	RES
电阻	R2～R9	330Ω	RES
排阻	RP1	10kΩ	RESPACK - 8

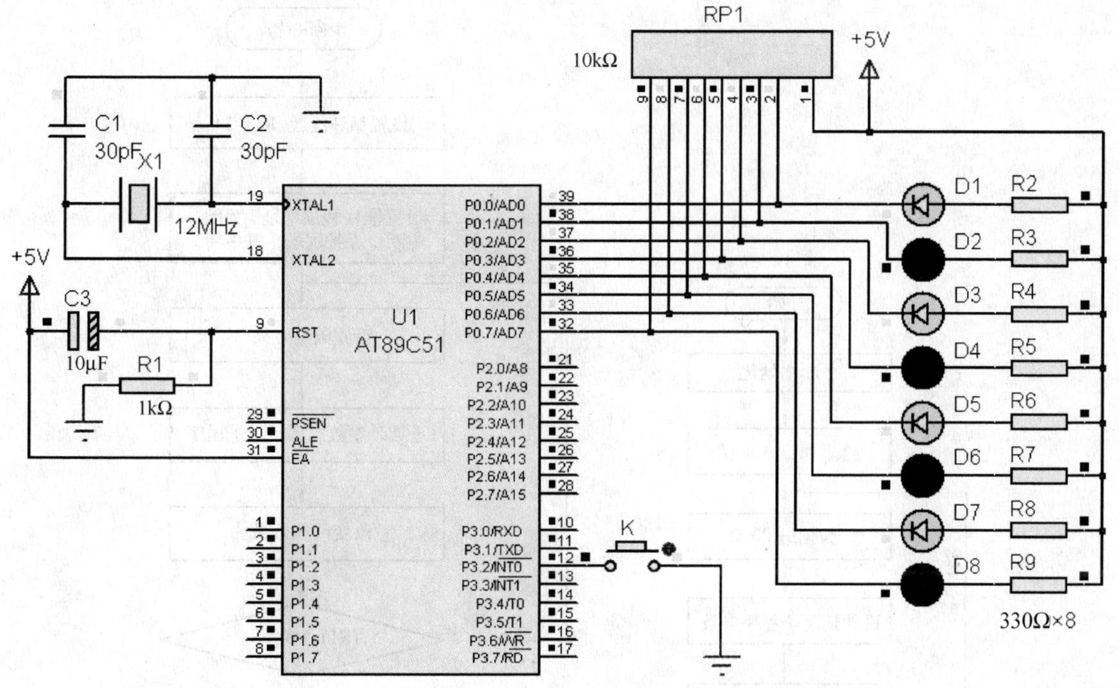

图 3.3　8 个发光二极管交替循环点亮控制电路图

（1）8 个发光二极管电路。由 P0 口控制 8 个发光二极管的发光效果，当 P0 口的输出数据为 0 时，各口位对应的发光二极管点亮；P0 口的输出数据为 0FFH 时，对应的发光二极管熄灭。

（2）外部中断产生电路。通过外部中断 0 产生中断。把$\overline{INT0}$引脚连接到按键 K，当按下 K 键时，P3.2 端与地短路，变为低电平，这样就产生一次电平由高到低的变化，通过 P3.2 送到单片机内，就会产生一次中断请求。

2. 程序设计

（1）中断的初始化。与中断相关的寄存器分别为 TCON、IP 和 IE，下面分别进行设置。

① 设置 TCON 寄存器：设置外部中断 0 为下降沿触发，则得到 IT0 = 1 或 TCON = 01H。

② 设置 IP 寄存器：只有一个中断源，选择默认中断优先级即可，则 IP = 00H。

③ 设置 IE 寄存器：设置 EA = 1，EX = 1，其他为默认，则得到 IE = 81H。

（2）程序设计分析。程序分为主程序和中断服务程序。主程序完成中断的初始化设置和发光二极管流水灯效果，当有中断发生时，自动转去执行中断服务程序。在中断服务程序中，要完成现场的保护与恢复，以及发光二极管的 20 次快速闪烁的效果，流程图分别如图 3.4 和图 3.5 所示。

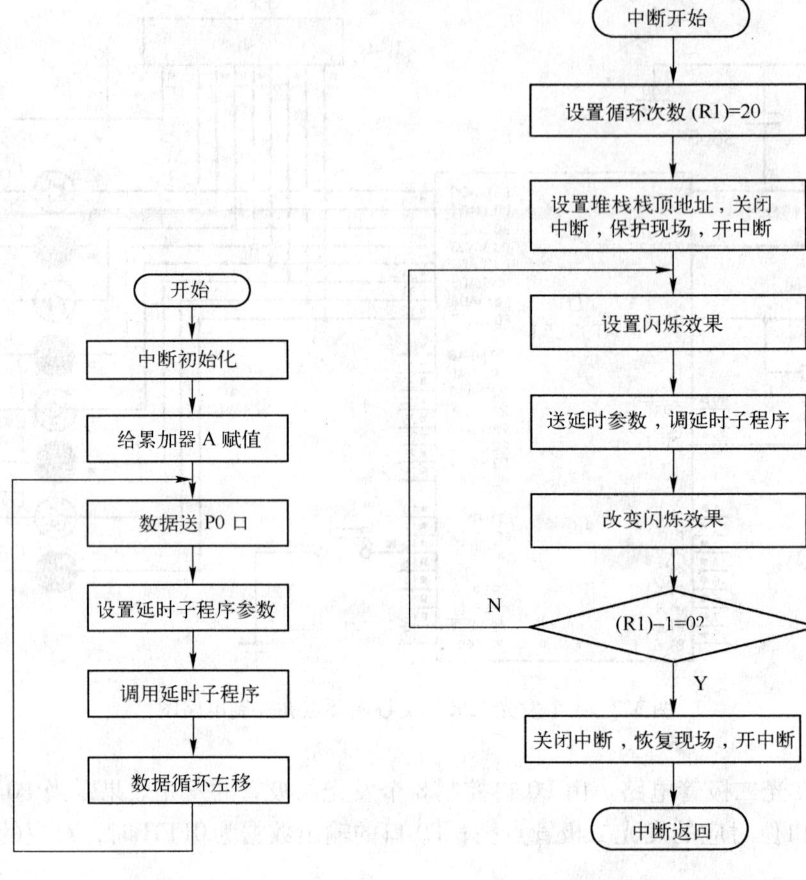

图 3.4　主程序流程图　　　　图 3.5　中断服务子程序流程图

（3）汇编语言源程序清单。

```
;*********************************************************************
;程序名称：rw3－1.asm
;程序功能：8 LED 的外部中断控制
;*********************************************************************
 LEDS EQU   P0
        ORG     0000H
        AJMP    MAIN            ;跳转到主程序
        ORG     0003H           ;外部中断 0 的入口地址
        AJMP    EXT0            ;跳转到外部中断 0 服务程序的实际存储地址
        ORG     0030H           ;主程序的起始地址从 0030H 开始
;----------主程序----------
MAIN:   MOV     TCON,#01H       ;外部中断 0 的初始化:边沿触发,下降沿有效
        MOV     IP,#00H         ;中断优先级为低优先级
        MOV     IE,#81H         ;开中断,允许外部中断 0 中断
        MOV     A,#0FEH         ;给累加器 A 赋值 0FEH
LOOP:   MOV     LEDS,A          ;A 的值传送给 P0 口,8 LED 呈现流水灯效果
```

```
        MOV     R7,#0AH       ;送延时子程序入口参数,延时 1s
        LCALL   DELAY         ;调用延时子程序
        RL      A             ;累加器 A 循环左移 1 位
        SJMP    LOOP          ;跳转到标号 LOOP 处
; ---------外部中断 0 中断服务程序 ---------
EXT0:
        MOV     SP,#30H       ;设置堆栈指针地址为 30H
        CLR     EA            ;关中断总控,禁止所有的中断
        PUSH    ACC           ;累加器 A 的值进入堆栈
        SETB    EA            ;开中断总控,允许中断
        MOV     R1, #14H      ;赋循环执行次数值,为 20 次
        MOV     A, #0AAH      ;给累加器 A 赋值
FLASH:  MOV     LEDS, A       ;闪烁控制部分
        MOV     R7,#1         ;送延时子程序入口参数,延时 100ms
        LCALL   DELAY         ;调用延时子程序
        CPL     A
        DJNZ    R1, FLASH     ;执行 20 次闪烁控制指令
        CLR     EA            ;关中断总控
        POP     ACC           ;累加器 A 的值弹出堆栈
        SETB    EA            ;开中断
        RETI                  ;中断返回
; ---------延时子程序 ---------
DELAY:
DL1:    MOV     R6, #0FAH     ;(100ms +4μs) ×(R7)
DL2:    MOV     R5, #0C6H     ;(396 +4) μs ×0FAH =100ms
DL3:    DJNZ    R5, DL3       ;C6H ×2 =396μs
        DJNZ    R6, DL2
        DJNZ    R7, DL1
        RET
        END
```

(4) C 语言源程序清单。

```
/ ******************************************************************************
 * 程序名称: rw3 -1. c
 * 程序功能: 8 LED 的外部中断控制
******************************************************************************/
#include <reg51. h >
#include <intrins. h >
//延时函数,延时 100ms
void delay100ms(unsigned char t)
{
    unsigned char a,b;
    while(t --)
```

```
    {
      for(b = 198;b > 0;b -- )
          for(a = 250;a > 0;a -- );
    }
}
//主函数
void main()
{
unsigned char temp1 = 0xfe;
    IE = 0x81;                      //开总中断,开外部中断 0
    TCON = 0x01;                    //外部中断 0,边沿触发,下降沿有效
    IP = 0x00;                      //中断优先级为默认状态
 while(1)
   {
     P0 = temp1;                    //temp1 的内容赋给 P0 口
     delay100ms(10);                //延时 1s
     temp1 = _crol_(temp1,1);       //8 位循环左移,相当于汇编指令 RL
   }
 }
 void EXT0() interrupt 0             //外部中断 0 服务函数
 {
 unsigned char i,temp;
     temp = 0xaa;
 for(i = 0;i < 20;i ++ )             //循环交替闪烁 20 次
 {
        P0 = temp;                   //temp1 的内容赋给 P0 口
   delay100ms(1);                    //延时 100ms
   temp = ~temp;                     //变量取反,相当于汇编指令 CPL
 }
 }
```

【任务实施】

1. 在 Proteus 软件中按照图 3.3 连接电路，元件清单见表 3.2。

2. 用 Keil μVision 软件编辑源程序 rw3 - 1. asm，检查无误后进行汇编，得到 rw3 - 1. hex 文件。

3. 在 Proteus 软件中，将 rw3 - 1. hex 加载到单片机 AT89C51，对程序进行仿真调试。

4. 在按下按键 K 产生中断的前后，观察 8 个 LED 点亮情况有什么变化。

5. 如果按键 K 一直处于闭合状态，会发生什么事情，为什么？

6. 设当 D4 灯亮时，按下按键 K，在闪烁 20 次结束后，从哪个灯开始正常工作，为什么？

【技能拓展】

在任务 3.1 的基础上，把外部中断 0 改为外部中断 1，则硬件电路和程序应如何修改？

任务 3.2 秒脉冲发生器

【学习目标】

(1) 掌握 TMOD、TCON、TH1、TL1、TH0、TL0 寄存器的功能和使用方法。
(2) 掌握定时器/计数器的两种工作方式。
(3) 学会定时器/计数器的计数初值的计算方法。
(4) 学会定时器/计数器的查询方式和中断方式的编程方法。

【任务描述】

由 80C51 单片机构成一个秒脉冲发生电路，产生一个秒脉冲信号，经 P0.0 输出，驱动 LED 每隔 1s 亮一次。分别采用中断方式和查询方式进行定时器/计数器的溢出处理。

【相关知识点】

3.2.1 定时器/计数器的概念

单片机主要应用在控制领域，在一些电气设备和电子设备中往往需要定时控制或计数控制，如全自动洗衣机的定时器，对流水线上每班次生产工件的数量统计等。所以，在单片机的内部集成了定时器、计数器部件，以方便用户的使用。

80C51 单片机的定时器/计数器之所以用“/”隔开，是因为它们是具有两种功能的同一个电路，实质上都是计数器。定时器和计数器的区别在于计数脉冲的来源不同。当单片机内部时钟振荡器产生的信号经 12 分频后作为计数脉冲时，由于计数脉冲的周期已知，乘以计数次数，就可以计算出从开始到结束所经历的时间，这时称为定时器。当计数脉冲是来自于单片机外部的信号，这些计数脉冲信号的频率大多是未知的，无法计算出从计数开始到结束所经历的时间，这时称为计数器。任务 3.1 中的延时采用的是软件延时的办法，其准确性不高，在精确延时的场合，要采用定时器。

3.2.2 定时器/计数器的结构组成

80C51 单片机内部集成了两个 16 位定时器/计数器 T0 和 T1。如图 3.6 所示为 80C51 单片机定时器/计数器的总体结构框图。

T0、T1 的核心是加 1 计数器，即对指定脉冲进行加 1 计数，直到计满溢出返 0。从图 3.6 可以看出，每个定时器/计数器都由两个 8 位的特殊功能寄存器组成（T0 ～ TL0、TH0；T1 ～ TL1、TH1），它们用于存放计数初值。对于定时器/计数器的工作方式、功能及运行控制方式的设置可在定时器方式寄存器 TMOD 中完成。对定时器/计数器的启动控制及计数溢出的中断请求标志位则包含在定时器控制寄存器 TCON 中。外部计数脉冲分别从引脚 T0（P3.4）、T1（P3.5）输入；而引脚$\overline{\text{INT0}}$（P3.2）、$\overline{\text{INT1}}$（P3.3）作为定时器/计数器的外部控制端。

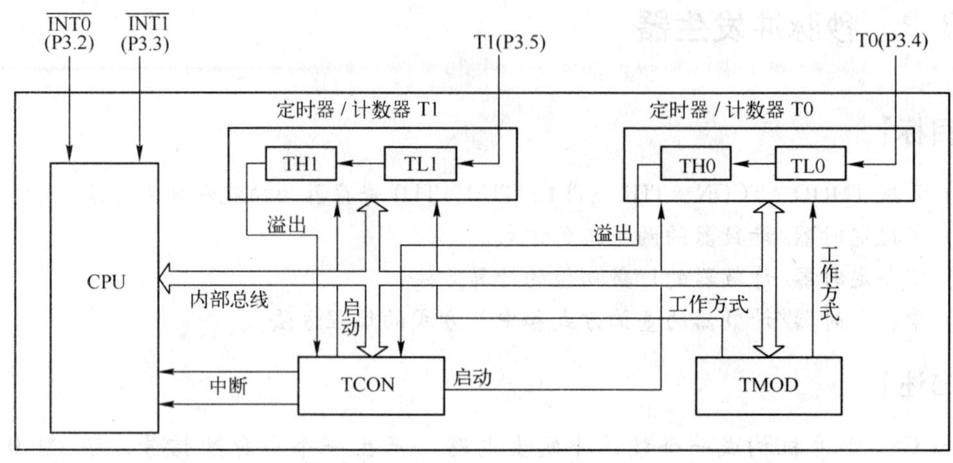

图 3.6　80C51 单片机定时器/计数器的总体结构框图

3.2.3　定时器/计数器的相关寄存器

1. 定时器/计数器方式寄存器 TMOD（Timer Mode Register）

定时器/计数器方式寄存器 TMOD 的地址为 89H，不可位寻址，其格式及各位的功能如下。

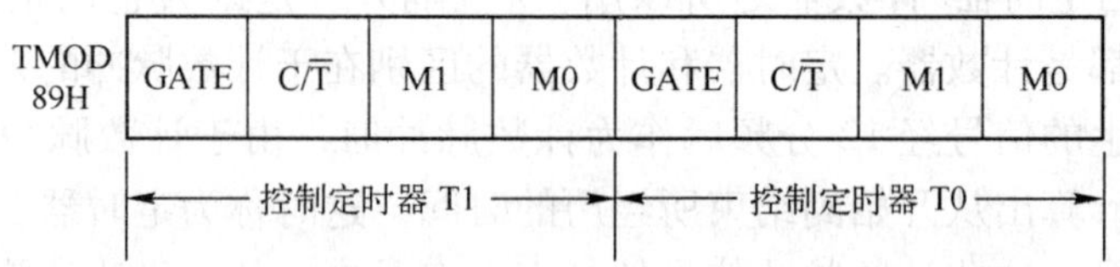

GATE：门控位。用于控制 T0 或 T1 的启动。当 GATE = 0 时，计数器的启动不受外部引脚信号$\overline{\text{INT0}}$或$\overline{\text{INT1}}$控制，只受定时器控制寄存器 TCON 中的启动位 TR0 或 TR1 的控制；当 GATE = 1 时，计数器的启动不仅受 TR0 或 TR1 的控制，还要受外部引脚信号$\overline{\text{INT0}}$或$\overline{\text{INT1}}$的控制。

$C/\overline{T}$：功能选择位。当 $C/\overline{T} = 0$ 时，定时功能，其计数脉冲为时钟振荡信号的 12 分频，即对机器周期计数；当 $C/\overline{T} = 1$ 时，计数功能，其计数脉冲是从 T0（P3.4）或 T1（P3.5）端输入的外部脉冲。

M1 和 M0：工作方式选择位。定时器/计数器有 4 种工作方式，通过 M1、M0 的组合设置为不同的工作方式，见表 3.3。

表 3.3　定时器/计数器工作方式的选择

M1 M0	工 作 方 式	说　明
0 0	方式 0	13 位定时器/计数器
0 1	方式 1	16 位定时器/计数器
1 0	方式 2	自动重装载 8 位定时器/计数器
1 1	方式 3	T0 被拆为两个 8 位的定时器/计数器；T1 停止计数

2. 定时器/计数器控制寄存器 TCON（Timer Control Register）

定时器/计数器控制寄存器 TCON 已经在中断系统部分介绍过，其格式如下。

位地址	8FH	8EH	8DH	8CH	8BH	8AH	89H	88H
TCON (88H)	TF1	TR1	TF0	TR0	IE1	IT1	IE0	IT0

在 TCON 的 8 位中，与定时器/计数器有关系的有 4 位，其功能如下。

TF1 和 TF0：定时器/计数器 T1 或 T0 的溢出标志位。当计数器计满溢出返 0 时，系统自动将该位置 1，并向 CPU 发出中断请求。

TR1 和 TR0：定时器/计数器 T1 或 T0 的运行控制位，用于控制定时器/计数器的启动和停止。当 GATE = 0 时，该位置 1，启动计数工作；该位清 0，停止计数工作。当 GATE = 1 时，该位需与 $\overline{\text{INT0}}$ 或 $\overline{\text{INT1}}$ 信号配合，才能完成计数器的启动或停止。

3.2.4　定时器/计数器的工作方式 0 和工作方式 1

通过对定时器/计数器方式控制寄存器 TMOD 的介绍，已经知道定时器/计数器有 4 种工作方式。下面以 T0 为例，对定时器/计数器的工作方式 0 和工作方式 1 加以详细说明。

1. 工作方式 0

当 TMOD 的 M1、M0 位为 00 时，定时器/计数器就工作在方式 0。定时器/计数器方式 0 的工作原理图如图 3.7 所示。

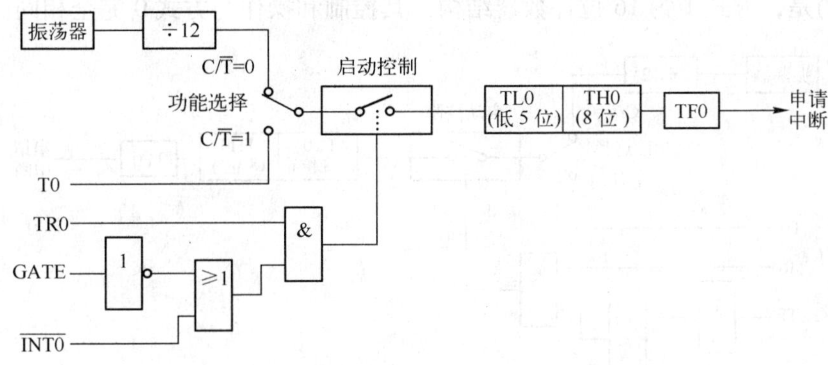

图 3.7　定时器/计数器方式 0 的工作原理图

由图可知，计数器是由 TL0 的低 5 位与 TH0 的 8 位组成的 13 位计数器结构，TL0 的高 3

位未用。当 TL0 的低 5 位进位时，TH0 加 1；TH0 的最高位进位，产生溢出，使 TF0 = 1，向 CPU 申请中断。若 CPU 响应中断，系统自动将 TF0 复位。

定时功能与计数功能由 $C/\overline{T}$ 位确定。当 $C/\overline{T} = 0$ 时，对振荡器产生的振荡信号经 12 分频后进行计数，此时为定时功能；当 $C/\overline{T} = 1$ 时，对来自外部 T0(P3.4)引脚上的脉冲信号进行计数，此时为计数功能。

定时器/计数器 T0 的启/停控制由门控位 GATE、运行控制位 TR0 和引脚 $\overline{\text{INT0}}$ 的逻辑组合确定。从图中的逻辑关系分析可知，当 GATE = 0 时，启/停控制由 TR0 决定，即 TR0 = 1 启动，TR0 = 0 停止；当 GATE = 1 时，启/停控制由 TR0 和引脚 $\overline{\text{INT0}}$ 共同决定，即 TR0 = 1 且 $\overline{\text{INT0}} = 1$ 时启动，TR0 = 0 或 $\overline{\text{INT0}} = 0$ 时停止，即启/停控制由外部事件决定。

无论工作在定时器功能还是计数器功能，它们的实质都是计数器，只不过计数脉冲的来源不同。因为 T0、T1 是加 1 计数器，计数器在工作时不一定是从 0 开始计数，所以必须知道计数器开始计数时的初始数值，把该数值称为计数初值，又称时间常数。

作为定时器时，设定时时间为 t，计数初值为 x，晶体振荡器产生的振荡信号的频率为 f_{osc}，则定时时间的计算公式为：

$$t = (\text{计数最大值} - x) \times 12/f_{osc}$$

方式 0 为 13 位计数器结构，其计数最大值为 $2^{13} = 8192$。设 f_{osc} 为 12MHz，经 12 分频后，每个计数脉冲的周期为 1μs。当计数初值 x 为 0 时，定时时间最长，则方式 0 的最大定时时间为：

$$t_{max} = (2^{13} - 0) \times 12/f_{osc} = 8192 \times 1\mu s = 8.192\text{ms}$$

作为计数器时，设计数次数为 C，计数初值为 x，则计数次数的计算公式为：

$$C = \text{计数最大值} - x$$

当计数初值 x 为 0 时，计数次数最多，则方式 0 的最大计数次数为：

$$C_{max} = 2^{13} - 0 = 8192$$

2. 工作方式 1

当 M1、M0 位为 01 时，定时器/计数器工作在方式 1，其工作原理图如图 3.8 所示。与方式 0 不同的是，方式 1 为 16 位计数器结构，其控制和操作与方式 0 完全相同。

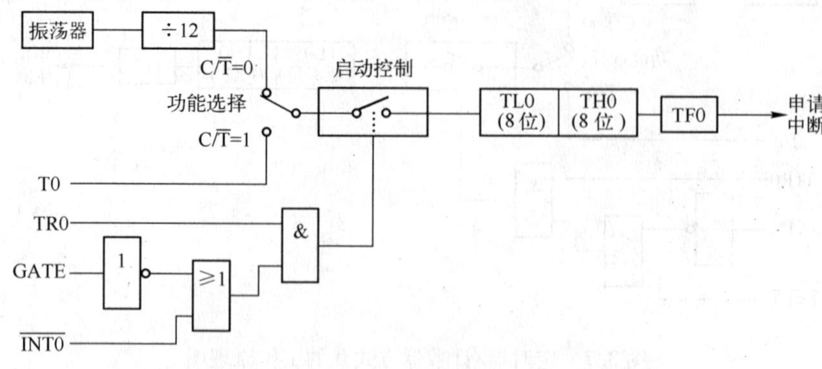

图 3.8　定时器/计数器方式 1 的工作原理图

若晶振频率为$f_{osc}=12\text{MHz}$，方式1的最大定时时间为：

$$t_{max}=(2^{16}-0)\times 12/f_{osc}=65.536\text{ms}$$

方式1的最大计数次数为：

$$C_{max}=2^{16}-0=65536$$

可见，方式1与方式0的差异主要是定时时间长短或计数次数多少不同，可根据需要选择合适的工作方式。

3.2.5 定时器/计数器的应用

根据以上对定时器/计数器的介绍，在掌握TMOD、TCON的功能及定时器/计数器的两种工作方式后，在实际应用中应按下列步骤进行编程。

（1）根据要求确定TMOD的初始值，包括功能、工作方式及运行控制方式的设置。

（2）计算计数器的计数初值并送入相关寄存器（TH0、TL0或TH1、TL1）。

（3）启动定时器/计数器开始工作。

（4）采用查询方式或中断方式检查计数器是否溢出，并进行相应的处理。

【任务分析】

1. 硬件电路设计

根据要求设计的秒脉冲电路原理图如图3.9所示，元件清单见表3.4。只要每隔一定的时间将P0.0口位的状态取反，就能使其控制的发光二极管D1灭或亮。任务要求亮灭的时间间隔为1s，只需利用定时器定时1s即可，而不再采用软件延时的办法。注意，电路中的晶振频率为12MHz。

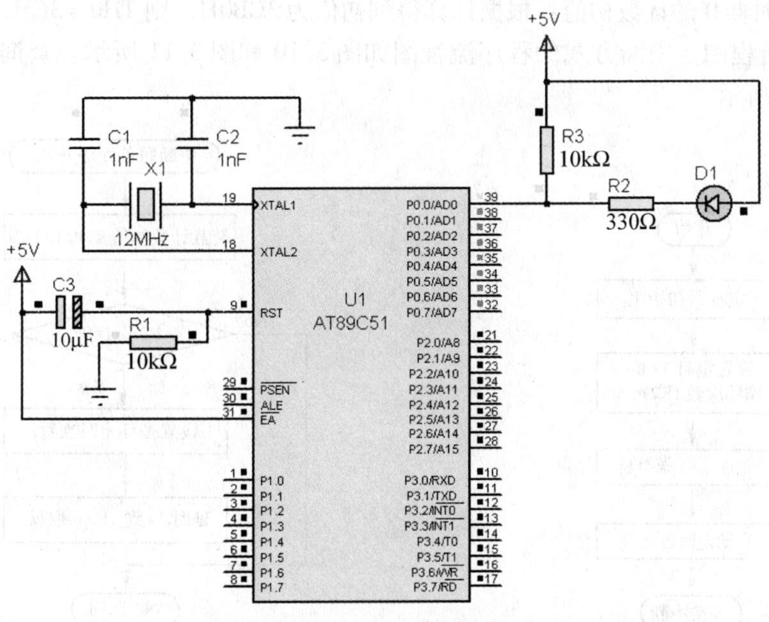

图3.9 秒脉冲发生器电路图

表 3.4 任务 3.2 所需元件清单

元件名称	元件标号	元件标称值	Proteus 中的名称
单片机	U1	AT89C51	AT89C51
晶振	X1	12MHz	CRYSTAL
电容	C1，C2	30pF	CAP
电解电容	C3	10μF	CAP－ELEC
发光二极管	D1		LED－YELLOW
电阻	R1	1kΩ	RES
电阻	R2	330Ω	RES
电阻	R3	10kΩ	RES

2. 程序分析

（1）计算定时器/计数器初值。当 $f_{osc}=12\text{MHz}$，定时器 T0 工作在方式 1 时，最长定时时间为 65.536ms，不能满足任务的要求，因此需要定时器/计数器多次定时。为了方便设定初值，可以设定定时时间为 $t=0.05\text{s}$，连续定时 20 次，就可得到定时 1s。定时器定时 0.05s 的计数初值的计算过程如下。

$$t=(\text{计数最大值}-x)\times 12/f_{osc}$$

$$0.05=(2^{16}-x)\times 12/12\times 10^{6}$$

$$x=15536=3\text{CB0H}$$

则：TL0＝0B0H，TH0＝3CH。

（2）定时器的初始化。

① 设置 TMOD：根据任务要求，使用 T0 的方式 1 定时功能，设置 M1M0＝01；GATE＝0，由 TR0 启动定时，则 TMOD＝00000001B＝01H。

② 设置定时器 0 的计数初值：根据计算得到初值为 3CB0H，则 TH0＝3CH，TL0＝0B0H。

（3）程序流程图。中断方式的程序流程图如图 3.10 和图 3.11 所示。查询方式的程序流程图如图 3.12 所示。

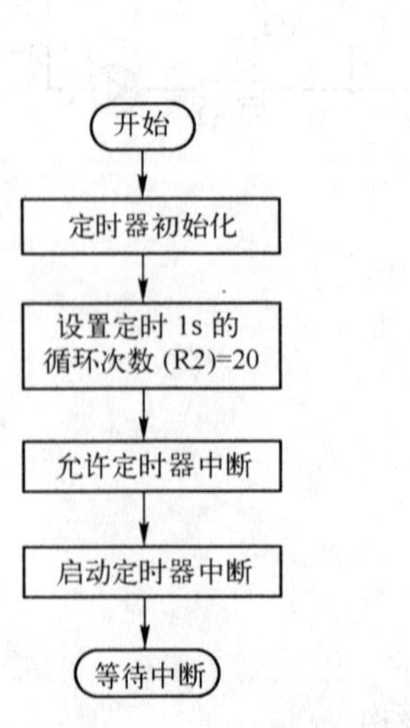

图 3.10 定时器中断方式主程序流程图

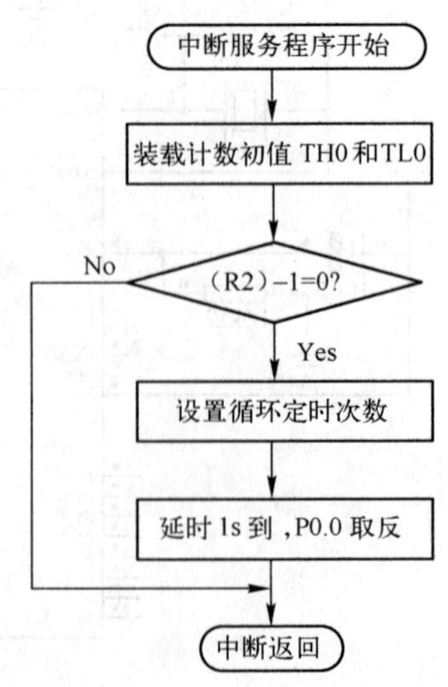

图 3.11 定时器中断服务子程序流程图

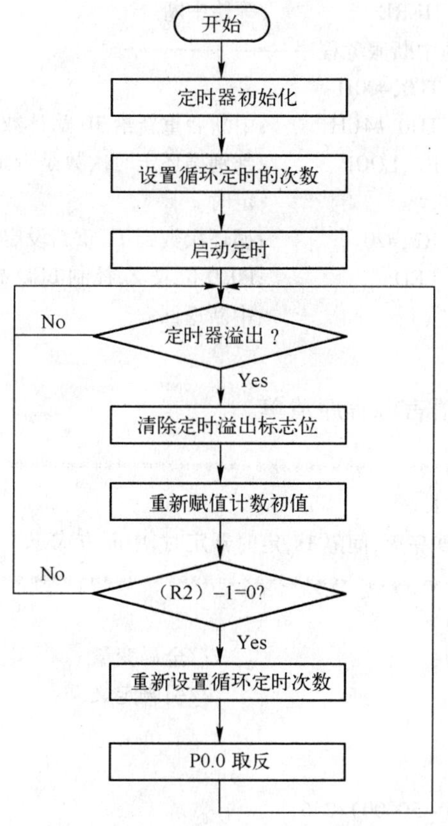

图 3.12　查询方式程序流程图

（4）采用中断方式的汇编语言源程序清单。

```
;*************************************************************************
; 程序名称：rw3－2－1. asm
; 程序功能：单个 LED 亮灭，间隔 1s，定时器定时，中断方式
;*************************************************************************
        LED  BIT    P0.0
             ORG    0000H
             AJMP   MAIN
             ORG    000BH          ;定时器 T0 的中断服务程序入口地址
             AJMP   INTT0          ;跳转到定时器 T0 中断服务程序的实际地址
             ORG    0030H
        ;---------主程序---------
MAIN：       MOV    TMOD,#01H      ;定时器 T0 工作在方式 1 下，定时功能，TR0 控制运行
             MOV    TL0,#00H
             MOV    TH0,#4CH       ;送计数初值
             MOV    R2,#20         ;设置循环定时的次数为 20 次
             SETB   EA             ;开启总中断
             SETB   ET0            ;允许 T0 中断
             SETB   TR0            ;启动 T0 定时
```

```
HERE:   SJMP   HERE        ;等待中断
;----------T0的中断服务程序----------
INTT0:  MOV    TL0,#00H
        MOV    TH0,#4CH    ;中断后重新给T0赋计数初值
        DJNZ   R2,LOOP     ;判别循环定时次数是否到20次,如没到,中断返回继续
                           ;定时
        MOV    R2,#20      ;循环次数到了,重新设定循环次数
        CPL    LED         ;P0.0位取反,控制LED亮或灭
LOOP:   RETI               ;中断返回
        END
```

(5) 采用中断方式的C语言源程序清单。

```
/*************************************************************************
* 程序名称:rw3-2-1.c
* 程序功能:单个LED亮灭,间隔1s,定时器定时,中断方式
*************************************************************************/
#include <reg51.h>
unsigned char count;                    //全局变量
sbit led0 = P0^0;                       //引脚定义
void main()
{
    TH0 = (65536 - 50000)/256;
    TL0 = (65536 - 50000)%256;          //初始化T0计数器,赋值5536
    TMOD = 0x01;                        //定时器T0工作在方式1下
    IE = 0x82;                          //开启中断,允许T0中断
    TR0 = 1;                            //启动定时器0
    while(1);                           //等待中断
}
void INTT0() interrupt 1                //定时器0中断服务程序
{
    TH0 = (65536 - 50000)/256;
    TL0 = (65536 - 50000)%256;          //重新给T0计数器赋值5536
    if(++count == 20)                   //1s定时
    {
        count = 0;                      //计数清零
        led0 = ~led0;                   //led0取反
    }
}
```

(6) 采用查询方式的汇编语言源程序清单。采用查询方式的编程原则是：当定时时间到时，定时器T0的溢出标志位TF0由单片机自动置1，需要通过查看TF0的状态来判定定时器是否溢出，再决定后面干什么。

```
;*************************************************************************
```

```
; 程序名称:rw3 -2 -2. asm
; 程序功能: 单个 LED 亮灭,间隔 1s,定时器定时,查询方式
; ****************************************************************
        LED   BIT    P0.0
              ORG    0000H
              AJMP   MAIN
              ORG    0030H
MAIN:         MOV    TMOD,#01H   ;定时器 T0 的初始化
              MOV    TL0,#00H
              MOV    TH0,#4CH
              MOV    R2,#20      ;设置循环定时次数为 20 次
              SETB   TR0         ;启动 T0 定时
LOOP:         JB     TF0,T1OPR   ;判别 TF0 的状态来决定是否溢出,如果溢出跳转到 TIOPR
              SJMP   LOOP        ;没有溢出,继续判别,直到溢出
T1OPR:        CLR    TF0         ;清除溢出标志位 TF0,非中断方式不能自动清除
              MOV    TL0,#00H
              MOV    TH0,#4CH    ;重新给 T0 赋计数初值
              DJNZ   R2,LOOP     ;判别循环是否到 20 次,如果没到继续定时
              MOV    R2,#20      ;完成一次 1s 定时,为下次定时 1s 设置循环次数
              CPL    LED         ;P0.0 口位取反
              AJMP   LOOP        ;返回 LOOP 处,等待下次溢出
              END
```

(7) 采用查询方式的 C 语言源程序清单。

```
/**********************************************************************
 * 程序名称: rw3 -2 -2. c
 * 程序功能: 单个 LED 亮灭,间隔 1s,定时器定时,查询方式
**********************************************************************/
    #include <reg51.h>
    sbit led0 = P0^0;                          //引脚定义
    void Time0()                               //1s 定时
    {
        unsigned char i;
        for(i = 0;i < 20;i ++)                 //每执行一次 for 语句,耗时 50ms
        {                                      //执行 20 次,共 1s
            TH0 = (65536 - 50000)/256;
            TL0 = (65536 - 50000)%256;         //重新给 T0 计数器赋值 5536
            while(!TF0);                       //等待 T0 计数器溢出
            TF0 = 0;                           //清除溢出标志位
        }
    }
    void main()
    {
```

```
        TH0 = (65536 - 50000)/256;
        TL0 = (65536 - 50000)%256;          //初始化 T0 计数器,赋值 5536
        TMOD = 0x01;                        //定时器 T0 工作在方式 1 下
        TR0 = 1;                            //启动定时器 0
        while(1)
        {
            led0 =~led0;                    //led0 取反
            Time0();                        //1s 定时
        }
    }
```

【任务实施】

1. 在 Proteus 软件中按照图 3.9 连接电路，元件清单见表 3.4。

2. 用 Keil μVision 软件分别编辑源程序 rw3 -2 -1. asm 和 rw3 -2 -2. asm，检查无误后进行汇编，分别得到 rw3 -2 -1. hex 和 rw3 -2 -2. hex 文件。

3. 在 Proteus 软件中，把 rw3 -2 -1. hex、rw3 -2 -2. hex 文件加载到单片机 AT89C51 中，分别对两个程序进行仿真调试。

4. 观察连接到 P0.0 端口的 LED 的点亮情况。分析采用中断方式和查询方式有何区别。

【技能拓展】

在采用中断方式的秒脉冲发生程序中，将 T0 改为 T1，LED 亮灭的时间间隔改为 2s，如何修改程序？

任务 3.3　LED 数码管显示 60s 计时器

【学习目标】

（1）理解定时器/计数器方式 2 自动重装载初值功能。

（2）学会 BCD 加法计时器的程序设计方法。

（3）学会 BCD 码送显程序的设计方法。

【任务描述】

用定时器 T0 方式 2 产生标准秒信号，在 LED 数码管上显示“00，01，…，59，00，…”的计时效果。

【相关知识点】

在任务 3.2 中，学习了定时器/计数器的工作方式 0 和 1，接下来继续学习工作方式 2 和 3。

3.3.1 定时器/计数器的工作方式 2

当 TMOD 中 M1、M0 位设置为 10 时，定时器/计数器工作在方式 2。与前两种工作方式不同，方式 2 为可自动重装载计数初值的 8 位计数器结构，以定时器/计数器 T0 为例，其工作原理图如图 3.13 所示。

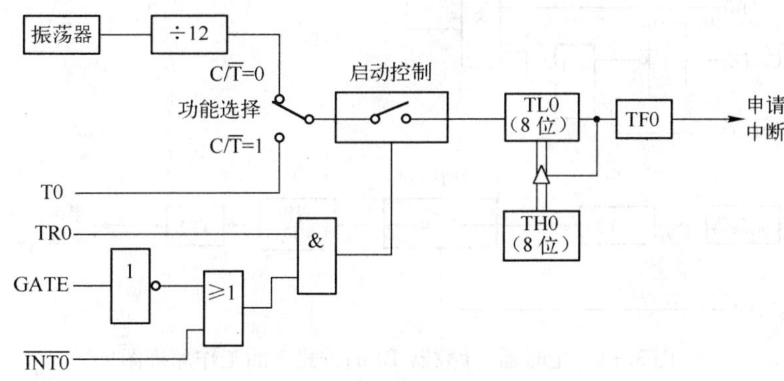

图 3.13 定时器/计数器方式 2 的工作原理图

从图中可以看出，将 TL0 作为计数器，而将 TH0 作为存放计数初值的寄存器，这样当计数器溢出时，TF0 置 1 申请中断，同时由硬件将保存在 TH0 中的计数初值自动装载到 TL0，使其重新工作。其控制和操作与方式 0 完全相同。

若 $f_{osc}=12\text{MHz}$，方式 2 的最大定时时间为：

$$t_{max}=(2^8-0)\times 12/f_{osc}=0.256\text{ms}$$

方式 2 的最大计数次数为： $C_{max}=2^8-0=256$

方式 2 与方式 1、方式 0 在使用和结构上有很大的区别。方式 0 和方式 1 若用于循环重复定时/计数，则每次计满溢出后，计数器为 0，第二次计数时必须通过指令重新装入计数初值。这样，不仅在编程时麻烦，而且重新装入计数初值的指令在执行时所需要的若干个机器周期将影响定时时间的精度。方式 2 具有自动重装载计数初值的功能，避免了上述缺点，非常适合作为更精确的定时使用。

3.3.2 定时器/计数器的工作方式 3

当 TMOD 中 M1、M0 位设置为 11 时，定时器/计数器工作在方式 3。仅 T0 有此工作方式，T1 设置为方式 3 时，将停止工作。T0 方式 3 的工作原理图如图 3.14 所示。

当 T0 工作在方式 3 时，TH0 和 TL0 成为两个独立的 8 位计数器，但不具备自动重装载计数初值的功能。从图中可以看出，T0 使用 TL0 作为 8 位计数器，既可以用做定时功能，也可以用做计数功能，并使用了 T0 本身的控制信号、溢出标志位及中断资源。TH0 作为另一个 8 位计数器，其计数脉冲只能是振荡器的 12 分频脉冲，即只有定时功能，而不能用于计数功能，并且运行控制位 TR1、溢出标志 TF1 都是占用 T1 的。

当 T0 设定为方式 3 时，T1 只可工作在方式 0、1、2，如图 3.15 所示。从图中可以看出，此时 T1 既可以用做定时功能，也可以用做计数功能，但没有任何启/停控制，也无法申请中断。当 T1 设置好工作方式后自动开始运行，将其重新设置为方式 3 时，则停止运行。在串行通信中，一般让 T1 工作在定时功能，作为波特率发生器。

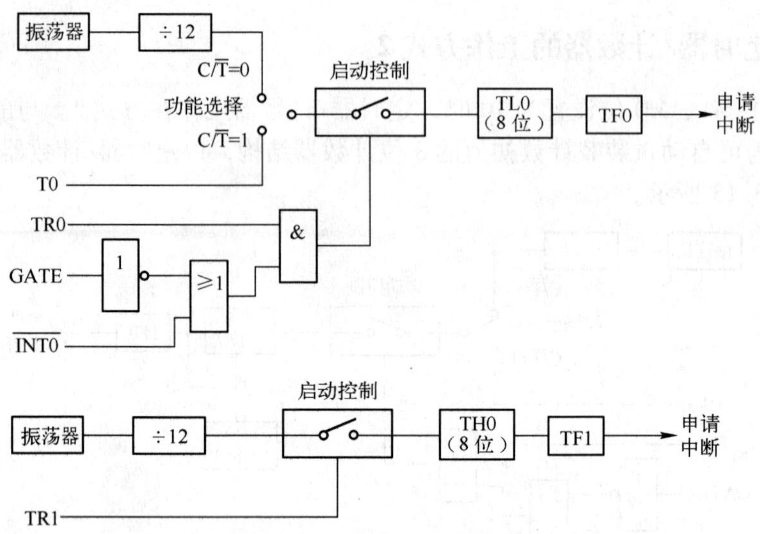

图 3.14　定时器/计数器 T0 的方式 3 的工作原理图

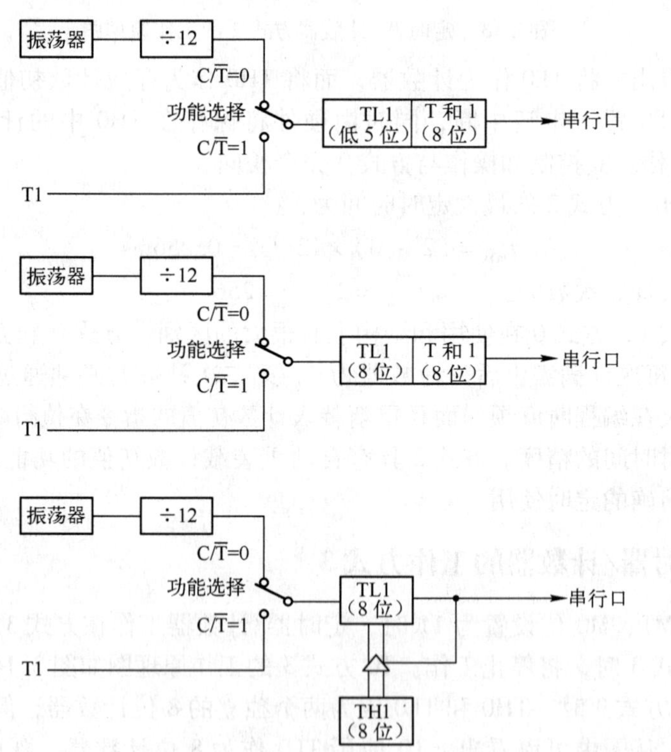

图 3.15　当 T0 工作在方式 3 时，T1 的方式 0、方式 1 和方式 2 的工作原理图

【任务分析】

1. 硬件电路设计

硬件电路原理图如图 3.16 所示，元件清单见表 3.5。图中与 P2 口连接的 LED 数码管显示计时时间，由 P3.4 和 P3.5 分别控制数码管的个位和十位，数码管为共阳极接法。

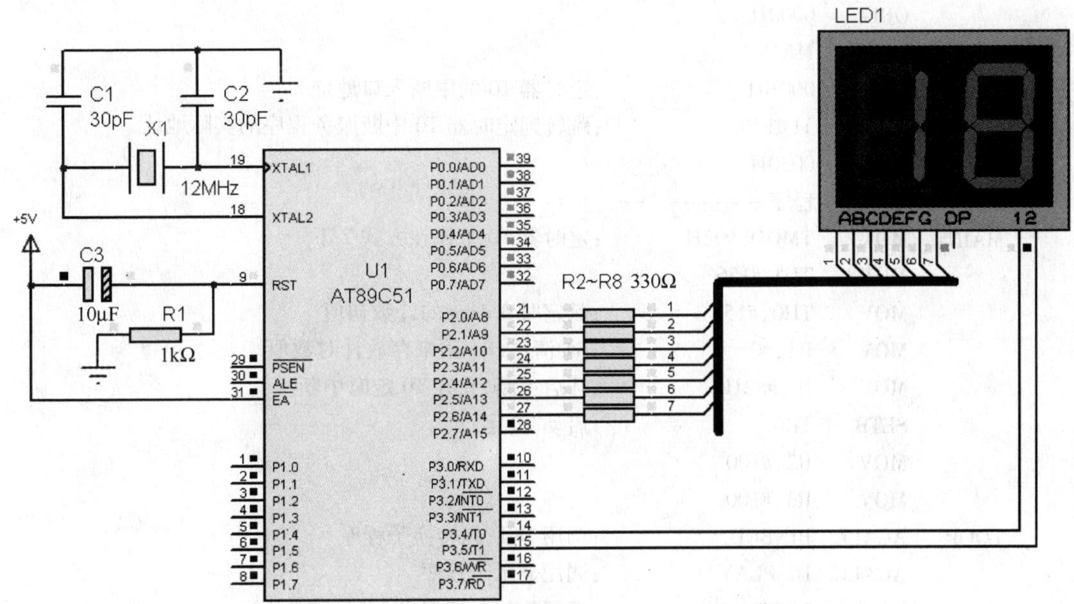

图 3.16　LED 数码管显示 60s 计时器硬件电路原理图

表 3.5　任务 3.3 所需元件清单

元件名称	元件标号	元件标称值	Proteus 中的名称
单片机	U1	AT89C51	AT89C51
晶振	X1	12MHz	CRYSTAL
电容	C1，C2	30pF	CAP
电解电容	C3	10μF	CAP - ELEC
双位 LED 数码管	LED1		7SEG - MPX2 - CA
电阻	R1	1kΩ	RES
电阻	R2～R8	330Ω	RES

2. 程序设计

（1）程序设计思路。

① 秒信号发生器设计。采用 T0 方式 2 定时 0.1ms 时，计数初值为 TL0 = 156，TH0 = 156。

② 二进制数转换为 BCD 码设计。采用除法运算把二进制数转换为十进制数。

③ BCD 码计数结果送显。可以采用查表的方法把转换后的十位数和个位数分别送到 P2 口采用动态方式显示出来，十位和个位的显示分别由段选信号（P3.4、P3.5）控制。

整个程序包括主程序、T0 的中断服务程序、二进制数转换为 BCD 码子程序、显示子程序和软件延时子程序。

（2）采用中断方式的汇编语言源程序清单。

```
;*************************************************************
;程序名称：rw3 - 3. asm
;程序功能：在 LED 数码管显示 60s 计时器，中断方式
;*************************************************************
```

```
        ORG     0000H
        AJMP    MAIN
        ORG     000BH               ;定时器 T0 的中断入口地址
        AJMP    TIMER0              ;跳转到定时器 T0 中断服务程序的实际地址
        ORG     0030H
;----------主程序----------
MAIN:   MOV     TMOD,#02H           ;定时器 T0 工作在方式 2 下
        MOV     TL0,#156
        MOV     TH0,#156            ;赋定时 0.1ms 的计数初值
        MOV     R1,#0               ;R1 清零,R1 用来存放计时数值
        MOV     IE,#82H             ;开启中断,允许 T0 定时中断
        SETB    TR0                 ;启动 T0 运行
        MOV     R2,#100
        MOV     R3,#100
LOOP:   ACALL   BINBCD              ;调用 BCD 码转换子程序
        ACALL   DISPLAY             ;调用显示子程序
        SJMP    LOOP                ;返回 LOOP,循环执行显示
;----------定时器 T0 中断服务程序----------
TIMER0: DJNZ    R3,TIMERR
        DJNZ    R2,S1               ;定时 50ms
        MOV     R2,#100
        INC     R1                  ;计时数值加 1
        CJNE    R1,#60, TIMERR
        MOV     R1,#00H             ;R1 为 60 时清零
S1:     MOV     R3,#100
TIMERR: RETI                        ;中断返回
;----------二进制数转换成 BCD 码子程序----------
BINBCD:
        TEN     DATA 21H
        ONE     DATA 22H            ;指定地址单元,存放十位和个位数
        MOV     A,R1                ;BCD 码送给累加器 A
TOBCD:  MOV     B,#10
        DIV     AB                  ;通过除法运算,将个位和十位分开
        MOV     TEN,A               ;商(十位数)存放在 21H 单元中
        MOV     ONE,B               ;余数(个位数)存放在 22H 单元中
        RET
;----------显示子程序----------
DISPLAY:
        CLR     P3.4                ;P3.4 =0,关闭十位数码管
        SETB    P3.5                ;P3.5 =1,点亮个位数码管
        MOV     A,ONE               ;个位数送入 A 中
        MOV     DPTR,#TABLE         ;将表的首地址送 DPTR
        MOVC    A,@A+DPTR           ;查表,把显示的十位数的字形码送累加器 A
        MOV     P2,A                ;个位数送数码管显示
```

```
        ACALL   DELAY2          ;调用延时子程序
        CLR     P3.5            ; P3.5 =0,关闭个位数码管
        SETB    P3.4            ; P3.4 =1,点亮十位数码管
        MOV     A,TEN           ;十位数送入 A
        MOV     DPTR,#TABLE
        MOVC    A,@ A + DPTR    ;查表,把显示的个位数的字形码送累加器 A
        MOV     P2, A           ;十位数送数码管显示
        ACALL   DELAY2          ;调用延时子程序
        RET
; ----------下面是延时子程序----------
DELAY2:MOV      R7,#20H         ;3ms 延时程序
    EE: MOV     R6,#30H         ;(96 +4)μs ×20H =3.2ms
    BB: DJNZ    R6,BB           ;30H ×2 =96μs
        DJNZ    R7,EE
        RET
TABLE: DB 0C0H,0F9H,0A4H,0B0H,99H,92H,82H,0F8H,80H,90H  ;共阳极数码管0～9 编码表
END
```

(3) 采用中断方式的 C 语言源程序清单。

```
/ ****************************************************************************
 * 程序名称: rw3 -3.c
 * 程序功能: 在 LED 数码管显示 60s 计时器,中断方式
**************************************************************************** /
    #include <reg51.h>
    //位定义
    sbit one = P3^5;                        //数码管个位控制位
    sbit ten = P3^4;                        //数码管十位控制位
    unsigned char code table[ ] = {0xc0,0xf9,0xa4,0xb0,0x99,
                    0x92,0x82,0x0f8,0x80,0x90};
    unsigned char Time_Count0 = 1;
    unsigned char Time_Count1 = 1;
    unsigned char BCD_Count;                //全局变量,初值为0
    //延时函数,延时 t 毫秒
    void delayms(unsigned char t)
    {
        unsigned char a;
          while(t --)
            for(a =125;a >0;a --);      //大约延时 1ms
    }
    //显示函数
    void display( )
    {
        ten =0;                             //关十位数码管
        one =1;                             //开个位数码管
```

```
    P2 = table[ BCD_Count% 10 ];          //BCD 码个位送入 P2 口
    delayms( 10 );                        //延时 10ms
    one = 0;                              //关个位数码管
    ten = 1;                              //开十位数码管
    P2 = table[ BCD_Count/10 ];           //BCD 码十位送入 P2 口
    delayms( 10 );                        //延时 10ms
}
void main( )
{
    TH0 = 0x9c;
    TL0 = 0x9c;                           //初始化 T0 计数器,采用 12MHz 晶振,赋值 156,定
                                            时 0. 1ms
    TMOD = 0x02;                          //定时器 T0 工作在方式 2 下
    IE = 0x82;                            //开启中断,允许 T0 中断
    TR0 = 1;                              //启动定时器 0
    while( 1 )
    {
        display( );                       //数码管显示 BCD 码
    }
}
void TIMER0( ) interrupt 1
{
    if( ++ Time_Count0 = = 100)
    {
        Time_Count0 = 1;
        if( ++ Time_Count1 = = 100)
        {
        Time_Count1 = 1;                  //重新 1s 计数
        if( ++ BCD_Count = = 60)          //BCD 码值加 1
          BCD_Count = 0;                  //范围是 00～59
        }
    }
}
```

【任务实施】

1. 在 Proteus 软件中按照图 3.16 连接电路，元件清单见表 3.5。

2. 用 Keil μVision 软件编辑源程序 rw3 - 3. asm，检查无误后进行汇编，得到 rw3 - 3. hex 文件。

3. 在 Proteus 软件中，把 rw3 - 3. hex 文件加载到单片机 AT89C51 中，启动仿真运行，观察 LED 数码管显示的数据是否符合要求。

【技能拓展】

在任务 3.3 中使用的是定时器 T0 工作在方式 2 下，能否使用定时器 T1 工作在方式 1 下来

实现本任务的功能呢？试一试吧！

任务3.4　计数声光报警系统的设计

【学习目标】

（1）掌握定时器/计数器计数功能的使用。

（2）熟悉脉冲计数程序的设计方法。

【任务描述】

用AT89C51单片机设计计数声光报警电路。按键K接到单片机的T0端产生技术脉冲，计数器对脉冲进行计数。当按键闭合4次时，与P0口连接的8个发光二极管闪烁10次，与此同时蜂鸣器发出声响进行报警。

【相关知识点】

当定时器/计数器的计数脉冲来自于系统的外部时，此时由于计数脉冲时间是不确定的，把这种工作方式称为计数方式。

将TMOD寄存器的$C/\overline{T}$位设置为1，定时器/计数器即工作在计数方式。此时，T0通过引脚T0（P3.4）对外部脉冲信号计数，T1通过引脚T1（P3.5）对外部脉冲信号计数，外部脉冲的下降沿将触发计数。

蜂鸣器是一种一体化结构的电子讯响器，采用直流电压供电，广泛应用于计算机、打印机、复印机、报警器、电子玩具等电子产品中作为发声器件。本次任务中使用的是12V蜂鸣器，只需给器件提供12V电源即可发出声响。

【任务分析】

1. 硬件电路设计

本任务的硬件电路原理图如图3.17所示，元件清单见表3.6。AT89C51单片机的T0（P3.4）引脚外接按键K1作为计数脉冲源。P1.0引脚外接的三极管Q1作为蜂鸣器的驱动器，当三极管导通时蜂鸣器鸣响。P0口外接8个共阳极接法的LED，当按键按下4次时，蜂鸣器和LED产生声光报警。

表3.6　任务3.4所需元件清单

元件名称	元件标号	元件标称值	Proteus中的名称
单片机	U1	AT89C51	AT89C51
晶振	X1	12MHz	CRYSTAL
独石电容	C1，C2	30pF	CAP
电解电容	C3	10μF	CAP-ELEC
发光二极管	D1～D8		LED-YELLOW

续表

元 件 名 称	元 件 标 号	元件标称值	Proteus 中的名称
三极管	Q1	NPN	
蜂鸣器	BUZ1	12V	BUZZER
开关	K1		BUTTON
电阻	R1	1kΩ	RES
电阻	R2～R9	330Ω	RES
电阻	R10	470Ω	RES

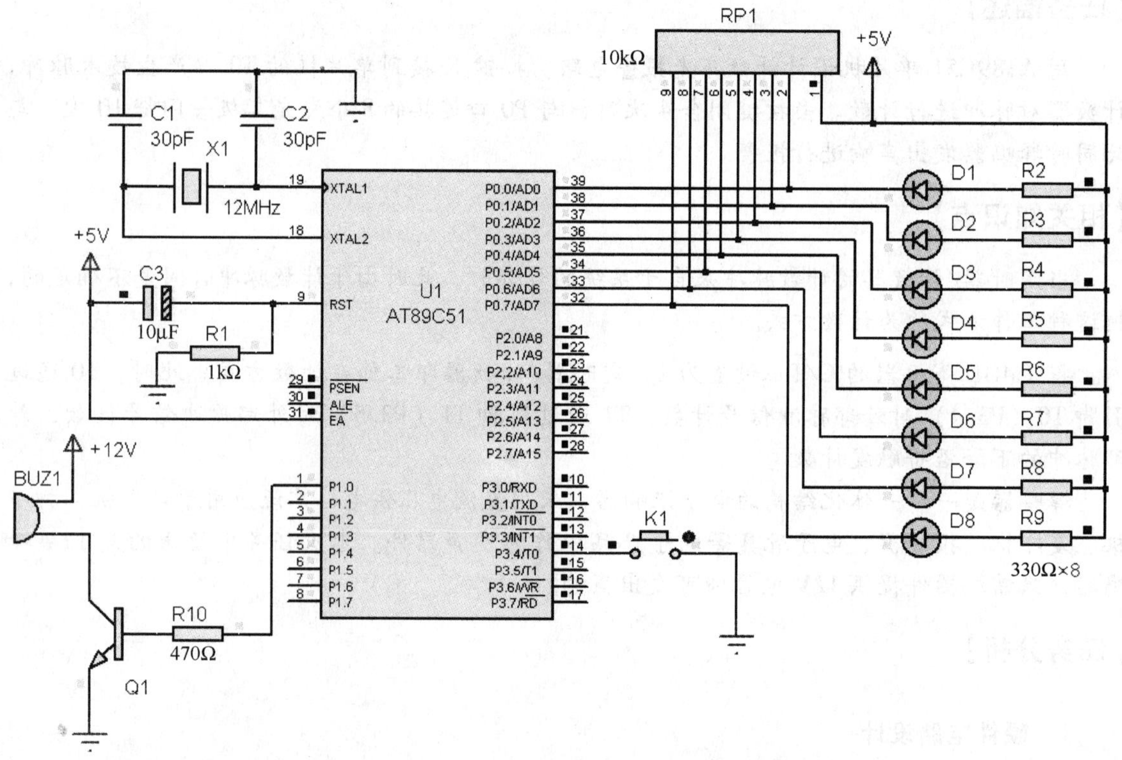

图 3.17 计数报警系统硬件电路原理图

2. 程序设计

定时器/计数器 T0 设置为计数功能，工作方式 2。按键 K1 闭合 4 次将会产生 4 个下降沿脉冲输入到 T0（P3.4）引脚作为计数脉冲。定时器/计数器 T0 计数满 4 次后产生溢出，P1.0 所接蜂鸣器产生声响报警，同时 P0 口所接 8 个 LED 闪烁 10 次。

（1）定时器/计数器初始化。

① 设置 TMOD。采用 T0 方式 2 计数功能，则 TMOD = 00000110B = 06H。

② 设置 T0 的计数初值。计数次数为 4，则计数初值为：x = 256 − 4 = 252。

（2）程序流程图。程序流程图如图 3.18 和图 3.19 所示。

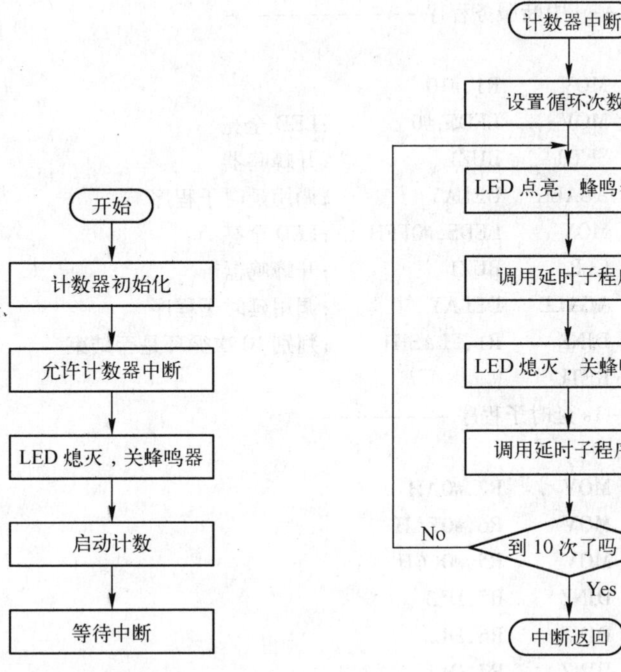

图 3.18　主程序流程图　　　　图 3.19　计数器中断服务程序流程图

(3) 采用中断方式的汇编语言源程序清单。

```
;*****************************************************************
;程序名称：rw3-4.asm
;程序功能:计数满 4 次,声光报警
;*****************************************************************
        K1      BIT     P3.4
        BUZ1    BIT     P1.0
        LEDS    EQU     P0
                ORG     0000H
                AJMP    MAIN
                ORG     000BH           ;定时器 T0 的中断入口地址
                AJMP    COUNTER0        ;跳转到 T0 中断服务程序的实际地址
                ORG     0030H
;---------------主程序---------------
        MAIN:
                MOV     TMOD,#06H       ;T0 的初始化设置
                MOV     TL0,#252
                MOV     TH0,#252
                MOV     IE,#82H         ;允许 T0 中断
                MOV     LEDS,#0FFH      ;LED 灯熄灭
                CLR     BUZ1            ;关蜂鸣器
                SETB    TR0             ;启动 T0 计数
                SJMP    $               ;等待中断
```

```
;------------中断服务程序------------
COUNTER0:
            MOV     R1,#10
FLASH1:     MOV     LEDS,#0        ;LED 全亮
            SETB    BUZ1           ;开蜂鸣器
            ACALL   DELAY          ;调用延时子程序
            MOV     LEDS,#0FFH     ;LED 全亮
            CLR     BUZ1           ;开蜂鸣器
            ACALL   DELAY          ;调用延时子程序
            DJNZ    R1,FLASH1      ;判别 10 次循环是否结束
            RETI
;----------1s 延时子程序----------
DELAY:
            MOV     R7,#0AH
  DL1:      MOV     R6,#0FAH
  DL2:      MOV     R5,#0C6H
  DL3:      DJNZ    R5,DL3
            DJNZ    R6,DL2
            DJNZ    R7,DL1
            RET
            END
```

（4）采用中断方式的 C 语言源程序清单。

```
/***********************************************************************
* 程序名称: rw3-4.c
* 程序功能:计数满 4 次,声光报警
***********************************************************************/
    #include <reg51.h>
    sbit BUZ1 = P1^0;
    //延时函数,延时约 1s
    void delay(void)
    {
        unsigned char a,b,c;
        for(c = 10;c > 0;c--)
            for(b = 250;b > 0;b--)
                for(a = 198;a > 0;a--);
    }
    void main()
    {
    TMOD = 0x06;                    //设置 T0 方式 2,计数功能
    TH0 = 252;
    TL0 = 252;                      //计数 4 次
    IE = 0x82;                      //开启中断,允许 T0 中断
    P0 = 0xff;                      //LED 全灭
```

```
    BUZ1 =0;                         //关蜂鸣器
    TR0 =1;                          //启动 T0
    while(1);                        //等待满 4 次计数,进入中断
}
void COUNTER0( ) interrupt 1
{
    unsigned char i;
for(i =0;i <10;i ++ )                //循环 10 次闪烁
{
    P0 =0x0;                         //LED 全灭
        BUZ1 =1;                     //关蜂鸣器
    delay( );                        //延时 1s
    P0 =0x0;                         //LED 全亮
        BUZ1 =0;                     //关蜂鸣器
    delay( );                        //延时 1s
  }
}
```

【任务实施】

1. 在 Proteus 软件中按照图 3.17 连接电路，元件清单见表 3.6。
2. 用 Keil μVision 软件编辑源程序 rw3 -4. asm，检查无误后进行汇编，得到 rw3 -4. hex 文件。
3. 在 Proteus 软件中，把 rw3 -4. hex 文件加载到单片机 AT89C51，启动仿真运行。
4. 按键 K1 闭合 4 次后，观察 8 个 LED 数码管点亮情况及蜂鸣器是否发出声响。
5. 思考一下，如何改变蜂鸣器的音调?

【技能拓展】

如果使用定时器/计数器 T1 进行计数，则电路和程序应如何修改?

任务 3.5　双机串口通信系统

【学习目标】

(1) 掌握串行通信的有关基本知识。
(2) 掌握 80C51 单片机的串行口的使用方法。
(3) 学习利用串口实现双机通信的硬件和软件设计的方法。

【任务描述】

利用 AT89C51 单片机的串行口实现双机通信。通过甲机 P2 口的开关进行数据设定，将设定的数据，以波特率 9600b/s 的速率发送到乙机。设定数据显示在甲机和乙机的发光二极管上。(设 f_{osc} =11.0592MHz)。

【相关知识点】

3.5.1 串行通信的基本概念

CPU 与外界的信息交换称为通信。通信的基本方式包括并行通信和串行通信两种。并行通信是指一个数据的各位同时并列传送的通信方式，其优点是传送速度快；缺点是有多少位数据就需要多少根传输线，传输成本高，适合近距离的数据传输。80C51 单片机的 P0 ～ P3 口就是用于并行通信的。串行通信是指一个数据的各位逐位顺序传送的通信方式，其突出的优点是理论上只需要一根传输线，传输成本低，特别适合远距离的数据传输；缺点是传送速度比较慢。80C51 单片机有一个可编程全双工的异步串行接口，可以用于数据的串行通信。

3.5.2 同步通信方式与异步通信方式

在串行通信中，必须保证接收方正确地接收发送方所发送的每一位数据，在数据通信中称为同步。根据所采用的同步技术的不同，串行通信又可分为同步通信方式和异步通信方式。

1. 同步通信（Synchronous Communication）方式

同步通信方式是一种连续串行传送数据的通信方式，它将数据分块传送。在传送每一个数据块的开始处要用 1 ～ 2 个同步字符，使发送与接收双方保持同步。串行通信以帧为单位进行传送，同步通信方式的数据帧格式如图 3.20 所示。

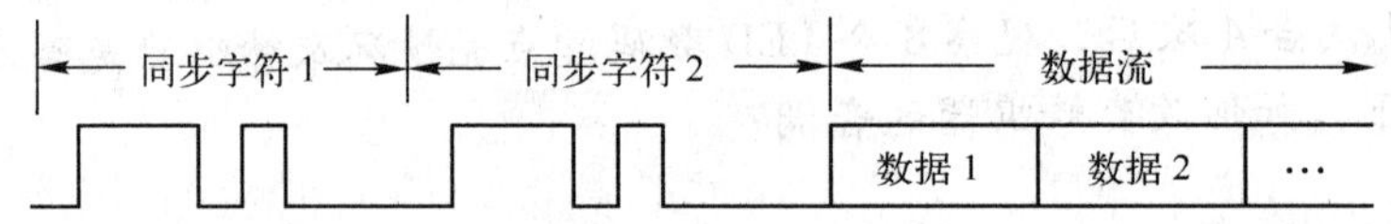

图 3.20 同步通信方式的数据帧格式

同步字符是由用户约定的字符，放在一帧数据的开始和数据之间的间隔，起到提示发送开始和等待的作用。在同步通信方式中，接收端检测到同步字符后，便开始接收串行数据。发送端在发送数据流的过程中，若出现没有准备好数据的情况，便用同步字符来填充，一直等待下一个数据帧准备好为止。数据流由一个个数据组成，称为数据块。每一个数据可由 5 ～ 8 位数据位和一个奇偶校验位组成。此外，整个数据流还可以进行奇偶校验或循环冗余校验（CRC）。

同步通信方式的数据传输速率较高，一般适用于传送大量数据的场合。

2. 异步通信（Asynchronous Communication）方式

在异步通信方式中，传送的数据是不连续的。它是以一个字符为单位组成数据帧传送的。在该方式中，通信双方每传送一个字符就需同步一次。一个数据帧由 4 部分组成：起始位、数据位、奇偶校验位和停止位，由起始位（0）开始，停止位（1）结束。异步通信方式的数据帧格式如图 3.21 所示。

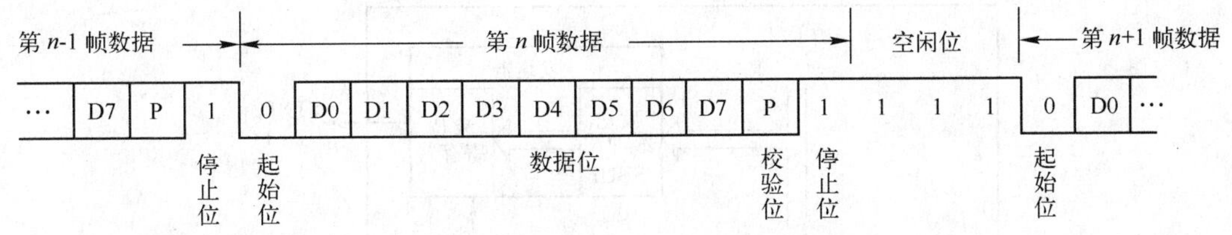

图 3.21　异步通信方式的数据帧格式

起始位位于数据帧的开头，用逻辑“0”表示，只占一位，用来通知接收端有一个新的数据帧开始来到，准备接收。线路在不传送数据时应保持为 1，接收端不断检测线路的状态，若连续为 1 后又检测到一个 0，就知道又发来了一个新的数据帧。

数据位在起始位之后，通常是 5 ～ 8 位。数据发送时低位在前，高位在后。

奇偶校验位在数据位之后，只占一位，用于对数据校验。通信双方应约定采用奇校验还是偶校验。在数据帧中也可以不用奇偶校验位，即可省略。

停止位在数据帧的最后，用来表示数据帧的结束，用逻辑“1”表示。停止位可以是 1 位、1.5 位或是 2 位。接收端收到停止位，就表示这个数据帧结束，同时也为接收下一个数据帧做好准备。

若停止位以后不是连续传送下一个字符，则让线路插入空闲位。空闲位用逻辑“1”表示，表明线路处于等待状态。

由于异步通信方式的每个数据帧都要加上起始位和停止位，所以通信速度相比同步通信方式来说较慢。但它的传送间隔时间可以任意改变，使得它的使用非常灵活，一般常用在传输数据量不太大、传输速度要求不太高的场合。80C51 单片机的串行通信就是采用异步通信方式。

综上所述，无论同步通信方式还是异步通信方式，通信双方都要保持同步，只不过同步通信方式采用同步字符，而异步通信方式采用起始位、停止位罢了。

3.5.3　80C51 串行口的结构

1. 80C51 串行口的总体结构

80C51 串行口是一个可编程、全双工的串行口，它由两个独立的发送器和接收器构成，通过设置 SCON、PCON 这两个寄存器来控制串行口的工作方式和波特率。80C51 串行口的内部结构示意图如图 3.22 所示。

发送器可以自动将 CPU 放入到发送缓冲器中的数据，完成并/串转换，从 TXD（P3.1）引脚串行输出；接收器可以自动将数据从 RXD（P3.0）引脚串行输入，完成串/并转换，送入接收缓冲器，由 CPU 取走。发送缓冲器与接收缓冲器，物理上是独立的，可由 CPU 直接访问。对于发送缓冲器来说，它只能写入而不能读出数据；对于接收缓冲器来说，它只能读出而不能写入数据，因此赋予两个缓冲器同一个名称（SBUF）和地址（99H）。CPU 对 SBUF 执行写操作，就是将数据写入发送缓冲器；对 SBUF 执行读操作，就是读出接收缓冲器的内容。例如：

```
MOV   SBUF,A          ;将累加器 A 中的数据写入发送缓冲器
MOV   A,SBUF          ;读出接收缓冲器中的数据送给累加器 A
```

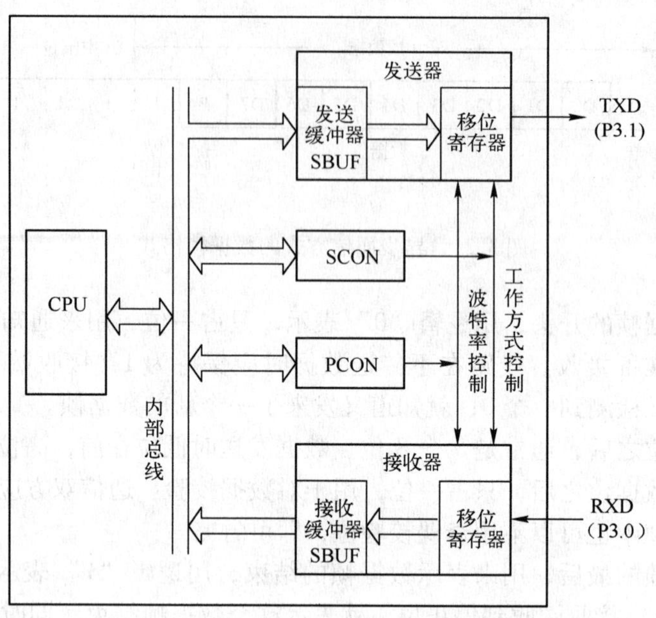

图 3.22　80C51 串行口的内部结构示意图

2. 串行口控制寄存器 SCON（Serial Control Register）

串行口控制寄存器 SCON 用于存放串行口的控制和状态信息，单元地址为 98H，具有位寻址功能。复位后，SCON = 00H。其格式及各位的功能含义如下所述。

位地址	9FH	9EH	9DH	9CH	9BH	9AH	99H	98H
SCON (98H)	SM0	SM1	SM2	REN	TB8	RB8	TI	RI

SM0、SM1：串行口工作方式选择位，可以设置 4 种工作方式，见表 3.7。

表 3.7　串行口的工作方式

SM1 SM0	工 作 方 式	功 能 说 明	波　特　率
0　0	方式 0	移位寄存器方式	$f_{osc}/12$
0　1	方式 1	8 位异步通信方式	T1 溢出率的 16 或 32 分频
1　0	方式 2	9 位异步通信方式	$f_{osc}/32$ 或 $f_{osc}/64$
1　1	方式 3	9 位异步通信方式	T1 溢出率的 16 或 32 分频

注：T1 的溢出率指它在 1s 内定时溢出的次数。

SM2：多机通信控制位，用于工作方式 2 和工作方式 3，其具体含义将在后面具体介绍。

3. 电源控制寄存器 PCON（Power Control Register）

PCON 是为 CHMOS 型单片机的电源控制设置的专用寄存器，单元地址为 87H，不能位寻址。在 HMOS 型单片机中，PCON 除了最高位 SMOD 以外，其他位均无意义。其格式如下。

PCON (87H)	SMOD						PD	IDL

SMOD 为波特率选择位。在方式 1、方式 2 和方式 3 时，串行通信的波特率和 SMOD 有关。当 SMOD = 1 时，通信波特率倍增。

PCON 的其他位为掉电方式控制位，此处不再叙述。PCON 复位后为 00H。

3.5.4　波特率的概念

在串行通信中，常用波特率表征数据传输的速度。波特率用每秒钟传送二进制数码的位数来表示，单位为位/秒（b/s）。

例如：传送的速率为 120 字符/秒，而每个字符又包含 10 位（1 位起始位，7 位数据位，1 位奇偶校验位，1 位停止位），则波特率为：

120 字符/秒 × 10 位/字符 = 1200 位/秒

在串行通信中，发送端与接收端必须按照约定的数据帧格式及比特率进行通信，这样才能成功地传输数据。

3.5.5　串行通信中数据传输的方向

在串行通信中数据是在发送设备与接收设备之间进行传送的。按照数据传送的方向，可以分为单工、半双工和全双工 3 种方式。

1. 单工（Simplex）方式

在单工方式下，通信线一端接发送设备，另一端接接收设备，数据只能从发送方到接收方单方向传送，如图 3.23（a）所示。如广播电视信号就采用单工方式传送。

2. 半双工（Half Duplex）方式

在半双工方式下，双方通信设备都包括发送器和接收器，数据可以在两个通信设备之间双向传送，即每个设备既可以完成发送，又可以完成接收。但在同一时刻，数据仅能向一个方向传送，而不能同时在两个方向上传送，如图 3.23（b）所示。如对讲机就采用半双工方式通信。

3. 全双工（Full Duplex）方式

与半双工方式不同，全双工方式能同时实现数据的双向传送，如图 3.23（c）所示。如电话就采用全双工方式通信。

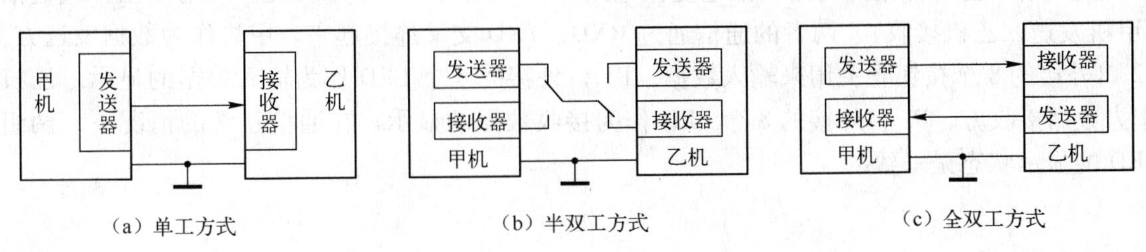

图 3.23　串行通信中数据的传送方向

3.5.6 多机通信控制位 SM2 的意义

多机通信控制位 SM2 的意义见表 3.8。

表 3.8 多机通信控制位 SM2 的意义

串行口工作方式	SM2 位	功能说明
方式 0	SM2 = 0	此位无意义，设为 0
方式 1	SM2 = 1	只有接收到有效的停止位，才将数据送入接收缓冲器保存，并置 RI = 1，否则数据丢失，不置位 RI
	SM2 = 0	无论是否接收到有效的停止位，都将数据保存，并置位 RI
方式 2 方式 3	SM2 = 1	只有接收到第 9 位为 1，才将数据送入接收缓冲器保存，并置 RI = 1，否则数据丢失，不置位 RI
	SM2 = 0	无论接收到的第 9 位是否为 1，都将数据保存，并置位 RI

REN：接收允许位。由软件置位或复位。REN = 0，则禁止串行口接收；若 REN = 1，则允许串行口接收。

TB8：发送数据的第 9 位，用于在方式 2 和方式 3 时存放发送数据的第 9 位。TB8 由软件置位或复位。在方式 0 和方式 1 中，该位未使用。

RB8：接收数据的第 9 位。用于在方式 2 和方式 3 时存放接收数据的第 9 位。在方式 1 下，若 SM2 = 0，则 RB8 用于存放接收到的停止位；对于方式 0，该位未使用。

TI：发送中断请求标志位。用于指示一帧数据是否发送完。在方式 0 下，发送器发送完第 8 位数据时，TI 由内部硬件自动置 1；在其他方式下，TI 在发送器开始发送停止位时置 1。当 TI = 1 时，向 CPU 请求中断，CPU 响应中断后，必须由软件清零。

RI：接收中断请求标志位。用于指示一帧数据是否接收完。在方式 0 下，RI 在接收器接收到第 8 位数据时由内部硬件自动置 1；在其他方式下，RI 在接收器接收到停止位的中间时刻由内部硬件自动置 1。当 RI = 1 时，向 CPU 请求中断，CPU 响应中断后，必须由软件清零。

【任务分析】

1. 硬件电路设计

采用串行口的双机通信电路如图 3.24 所示，元件清单见表 3.9。为了方便实验，两块单片机共用一套时钟振荡电路和上电复位电路。U1 为甲机，U2 为乙机，采用单工方式通信（甲机发送，乙机接收），两者的通信通过 RXD、TXD 交叉连接起来。甲机作为数据发送方，P2 口外接的 8 个按钮开关用来输入数据，P1 口外接的 8 个 LED 作为输入数据的显示。乙机作为数据接收方，P1 口外接的 8 个 LED 作为接收数据的显示。在通信正常的情况下，两组 LED 的显示状态是一致的。

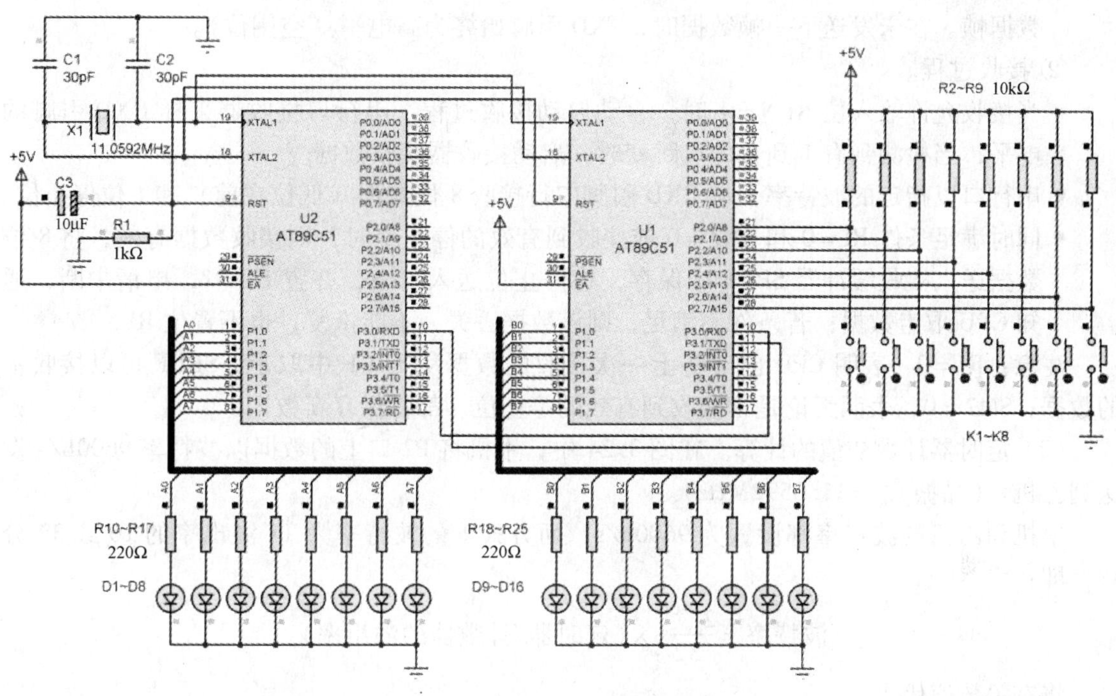

图 3.24　双机串行通信电路

表 3.9　任务 3.5 所需元件清单

元件名称	元件标号	元件标称值	Proteus 中的名称
单片机	U1，U2	AT89C51	AT89C51
晶振	X1	11.0592MHz	CRYSTAL
电容	C1，C2	30pF	CAP
电解电容	C3	10μF	CAP - ELEC
发光二极管	D1～D16		LED - YELLOW
开关	K1～K8		BUTTON
电阻	R1	1kΩ	RES
电阻	R2～R9	10kΩ	RES
电阻	R10～R25	220Ω	RES

2. 程序设计

（1）工作方式的确定。采用串行口的工作方式 1 实现双机通信。方式 1 为 8 位异步通信方式，波特率为 T1 溢出率的 16 或 32 分频。乙机的 RXD（P3.0）引脚作为数据的接收端，甲机的 TXD（P3.1）引脚作为数据的发送端。一帧数据为 10 位，包括 1 位起始位（0），8 位数据位（低位在先）和 1 位停止位（1）。

① 发送过程。

- CPU 执行一条将数据写入 SBUF 的指令后，便启动串行口自动发送。
- 以设定的波特率，从 TXD 引脚串行发送一帧数据。
- 一帧数据发送完毕，发送中断请求标志 TI 置 1，申请中断，以通知 CPU 发送下一个数据帧。在未发送下一帧数据时，TXD 引脚始终为高电平（空闲位）。

② 接收过程。

- 当接收允许输入位 REN = 1 时，自动启动接收过程。串行口接收器采样 RXD 引脚的电平，当检测到有 1 到 0 的负跳变时，启动接收器接收数据。
- 串行口以指定的波特率，从 RXD 引脚串行接收 8 位数据（低位在前）和 1 位停止位。
- 同时满足条件 RI = 0 和 SM2 = 0 或接收到有效的停止位时，则接收数据有效，将 8 位数据送入接收缓冲器 SBUF 中保存，将停止位送入 RB8，并置 RI = 1，申请中断，通知 CPU 取走数据；若条件不满足，则该数据丢失，不能恢复，也不置位 RI。

注意：RI = 0，表明 CPU 已经将上一次接收的数据从 SBUF 中取走，SBUF 可以接收新的数据；SM2 = 0，表明无论是否接收到有效的停止位，都将保存新数据。

（2）定时器计数初值的计算。在图 3. 24 中，甲机将 P2 口上的数据以波特率 9600b/s 发送到乙机。（晶振 $f_{osc} = 11.0592\text{MHz}$）。

甲机和乙机的波特率都设置为 9600b/s，而方式 1 的波特率为 T1 溢出率的 16 或 32 分频，即：

$$\text{波特率} = \frac{2^{\text{SMOD}}}{32} \times (\text{定时器/计数器的溢出率})$$

将有关数值代入：

$$9600\text{b/s} = \frac{2^{\text{SMOD}}}{32} \times \text{T1 溢出率}$$

一般选择定时器/计数器 T1 工作在方式 2，定时功能，作为串行口波特率发生器。原因是方式 2 可以自动重装载时间常数，设置的波特率较精确。在 $f_{osc} = 11.0592\text{MHz}$、SMOD = 0 的情况下，为 16 分频，则

$$9600\text{b/s} = \frac{1}{32} \times \frac{1}{\text{T1 定时时间}}$$

则
$$\text{T1 定时时间} = \frac{1}{9600 \times 32}\ (\text{s})$$

即
$$(2^8 - x) \times \frac{12}{11.0592 \times 10^6} = \frac{1}{9600 \times 32}(\text{s})$$

则
$$x = 256 - \frac{11.0592 \times 10^6}{9600 \times 12 \times 32} = 253 = 0\text{FDH}$$

另外，在主程序中，要对用做波特率发生器的 T1、串行口及中断进行初始化设置。

（3）程序流程图。双机通信（单工）程序流程图如图 3. 25 所示。

（4）程序清单。

① 甲机发送的汇编语言源程序清单。

```
; ******************************************************************
; 程序名称:rw3 - 5 - 1. asm
; 程序功能:甲机发送
; ******************************************************************
        ORG     0000H
        AJMP    MAIN
```

```
          ORG    0030H
MAIN:     MOV    TMOD,#20H       ;设置 T1 方式 2,定时功能,用做波特率发生器
          MOV    TL1,#0FDH       ;设置计数初值,波特率为 9600b/s
          MOV    TH1,#0FDH
          SETB   TR1             ;启动 T1 运行
          MOV    SCON,#40H       ;设置串行口方式 1
          MOV    PCON,#00H       ;设置 SMOD=0,波特率不倍增
TRANSMIT: MOV    P2,#0FFH
          MOV    A,P2            ;读 P2 口上的数据到累加器 A
          MOV    P1,A            ;数据在 P1 口上显示
          MOV    SBUF,A          ;将数据发送给乙机
          JNB    TI, $           ;判别是否发送完毕
          CLR    TI              ;发送完毕后,清除发送中断标志位
          SJMP   TRANSMIT        ;继续发送下一个数据
          END
```

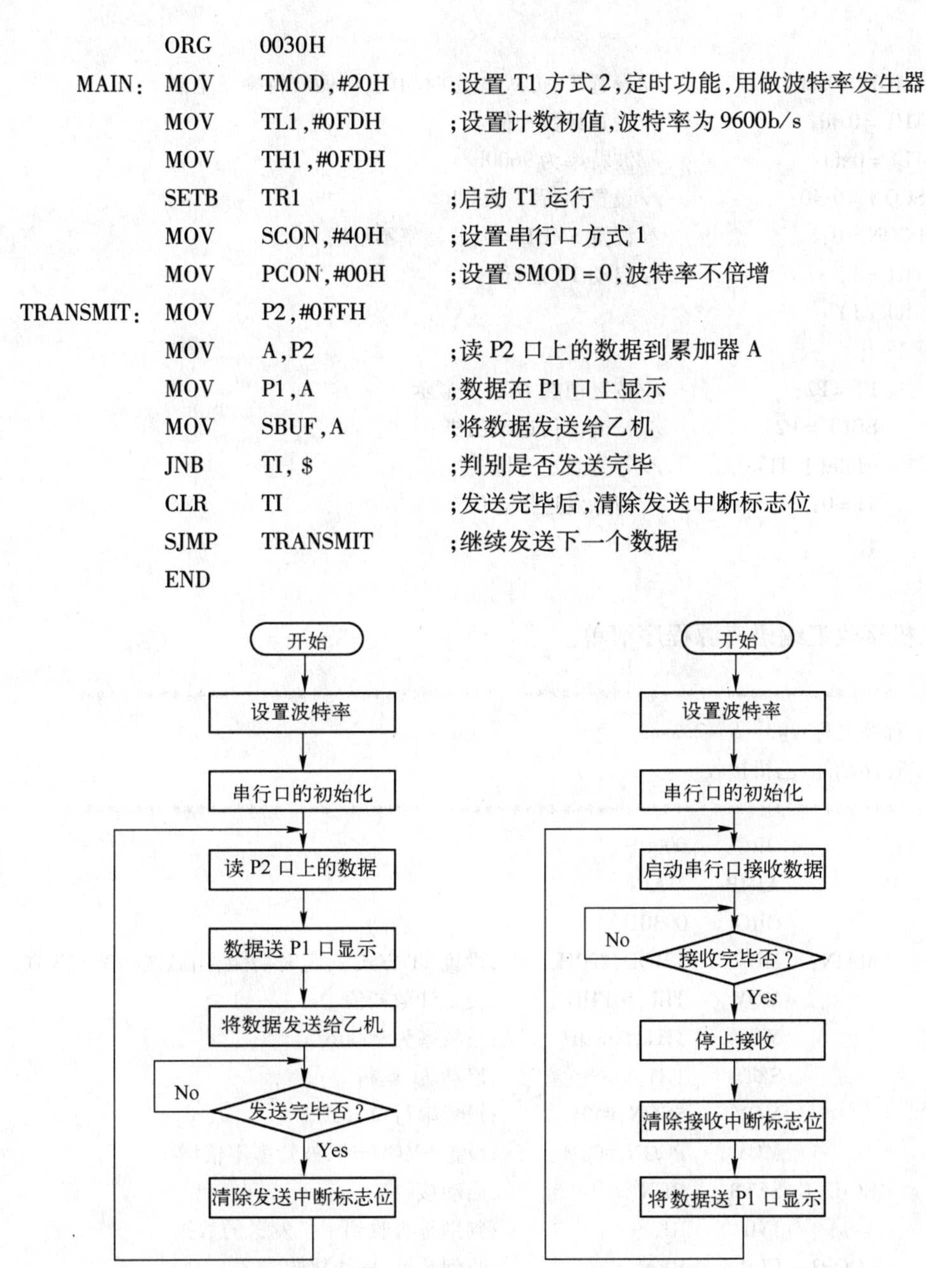

(a) 甲机发送程序流程图　　(b) 乙机接收程序流程图

图 3.25　双机通信（单工）程序流程图

② 甲机发送的 C 语言源程序清单。

```
/*******************************************************************
* 程序名称:rw3-5-1.c
* 程序功能:甲机发送
*******************************************************************/
    #include <reg51.h>
void main()
```

```
{
TMOD = 0x20;                 //设置 T1 方式 2,定时功能,用做波特率发生器
TH1 = 0xfd;                  //设置计数初值
TL1 = 0xfd;                  //波特率为 9600b/s
SCON = 0x40;                 //设置串行口方式 1
PCON = 0;                    //设置 SMOD = 0,波特率不倍增
TR1 = 1;                     //启动 T1 运行
while(1)
    {
    P1 = P2;                 //按键值在 LED 上显示
    SBUF = P2;               //按键值传送给乙机
    while(! TI);             //等待发送完毕
    TI = 0;                  //清除发送标志位
    }
}
```

③ 乙机接收汇编语言源程序清单。

```
; *****************************************************************
; 程序名称:rw3 - 5 - 2. asm
; 程序功能:乙机接收
; *****************************************************************
            ORG     0000H
            AJMP    MAIN
            ORG     0030H
   MAIN:    MOV     TMOD,#20H      ;设置 T1 方式 2,定时功能,用做波特率发生器
            MOV     TL1,#0FDH      ;设置计数初值
            MOV     TH1,#0FDH      ;波特率为 9600b/s
            SETB    TR1            ;启动 T1 运行
            MOV     SCON,#40H      ;设置串行口方式 1
            MOV     PCON,#00H      ;设置 SMOD = 0,波特率不倍增
RECIEVE:    SETB    REN            ;启动接收
            JNB     RI, $          ;判别是否收到甲机发送的数据
  LOOP2:    CLR     REN            ;收到数据,停止接收
            CLR     RI             ;清除发送中断标志位
            MOV     A,SBUF         ;收到数据送累加器 A
            MOV     P1,A           ;收到数据送 P1 口显示
            SJMP    RECEIVE        ;继续接收下一个数据
            END
```

④ 乙机接收 C 语言源程序清单。

```
/ *********************************************************************
 * 程序名称:rw3 - 5 - 2. c
 * 程序功能:乙机接收
```

```
**************************************************************************/
#include <reg51.h>
void main()
{
    TMOD = 0x20;           //设置T1方式2,定时功能,用做波特率发生器
    TH1 = 0xfd;            //设置计数初值
    TL1 = 0xfd;            //波特率为9600b/s
    SCON = 0x50;           //设置串行口方式1,启动接收串行数据
    PCON = 0;              //设置SMOD = 0,波特率不倍增
      TR1 = 1;             //启动T1运行
      while(1)
        {
        while(!RI);        //判断是否接收完毕
        RI = 0;            //软件清除RI标志
        P1 = SBUF;         //接收的数据送入P1口
        }
}
```

注意： 通信双方必须在数据帧格式、波特率和串口工作方式保持一致的情况下，同时晶振也要用相同的频率，才能保证通信顺利、正确地进行。

【任务实施】

1. 在Proteus软件中按图3.24连接电路，元件清单见表3.9。

2. 用Keil μVision软件分别编辑甲机的发送源程序rw3-5-1.asm和乙机的接收源程序rw3-5-2.asm，检查无误后进行汇编，分别得到rw3-5-1.hex和rw3-5-2.hex文件。

3. 在Proteus软件中，将rw3-5-1.hex、rw3-5-2.hex文件分别加载到甲机和乙机的单片机AT89C51中。

4. 启动仿真调试程序。按动按键，改变甲机的数据输入，观察乙机的LED输出显示是否与甲机一致。

【技能拓展】

要求甲、乙两机通过串行口进行双机通信，通信的波特率为2400b/s。

小结

1. 80C51单片机内有5个中断源，每个中断源都有中断标志。中断源发出中断请求后，对应的中断标志就会置1，单片机可以通过查询这个标志位知道是否有中断情况发生。

2. 每个中断源对应的中断服务程序都有一个入口地址，而系统规定的5个中断源的中断服务程序的存储空间太小，所以一般在各中断源的入口地址处放置一条无条件转移指令。

3. 中断初始化设置的主要内容包括设置中断触发方式、中断允许及中断优先级等内容。外部中断INT0和INT1的触发方式一般选择为边沿触发。

4. 在中断服务程序中要注意保护现场。程序的最后一条是 RETI 指令。

5. 80C51 单片机的定时器/计数器实质上是计数器。定时器和计数器的区别是计数脉冲的来源不同。定时器的计数脉冲来源于单片机内部，周期固定为机器周期；而计数器的计数脉冲来源于单片机外部，从 T0 或 T1 引脚输入。

6. 在使用定时器/计数器之前，要对它们进行初始化设置，主要的设置内容包括工作方式、功能、启动方式及赋计数初值等。定时长短或计数多少与计数初值有关。初始化工作完成后方可启动工作。

7. 定时器/计数器的 4 种工作方式的差异在于：第一，定时长短或计数多少不同；第二，再次装载计数初值的方法不同。

8. 定时器/计数器计满溢出后的处理方式有查询和中断两种方式。采用中断方式时，单片机的工作效率比较高。

9. 利用单片机的串行口可实现单片机与外界的全双工串行通信。

10. 发送 SBUF 和接收 SBUF 虽然所用的地址是相同的，但前者只能写，后者只能读，不会造成混淆。

11. 串行口初始化设置的主要内容包括工作方式和通信波特率的设置。

12. 串口的中断标志位 TI、RI 没有自动清零功能，必须通过指令清零。

13. 采用串行通信的单片机，要设置相同的波特率、工作方式和晶振频率，否则会发生错误。

练习题 3

1. 总结在使用外部中断时初始化设置的主要内容和指令。

2. 总结中断服务程序的编写步骤。

3. 使用中断实现下面的设计要求：设计一个电路，用按键 K1 来控制 8 个 LED，当没有按下按键时，8 个 LED 全都不亮，当按下按键 K1 时，8 个 LED 闪烁 5 次，亮灭时间都设为 1s。

4. 总结定时器/计数器在使用中断方式编程时初始化设置的主要内容。

5. 通过定时器/计数器在 P0.0 引脚上输出频率为 1kHz 的方波信号，并在 Proteus 软件中仿真运行。

6. 采用中断方式编程实现控制 P0 口外接的 8 个发光二极管的闪烁，要求亮灭间隔为 0.5s，用 T1 来定时，并在 Proteus 软件中仿真运行。

7. 通过定时器/计数器在 P2.0 引脚上输出锯齿波信号（频率不限），并在 Proteus 软件中仿真运行。

8. 针对如图 3.26 所示的双机串行通信系统电路原理图，采用中断方式编写实现全双工通信的程序，并在 Proteus 软件中仿真运行。

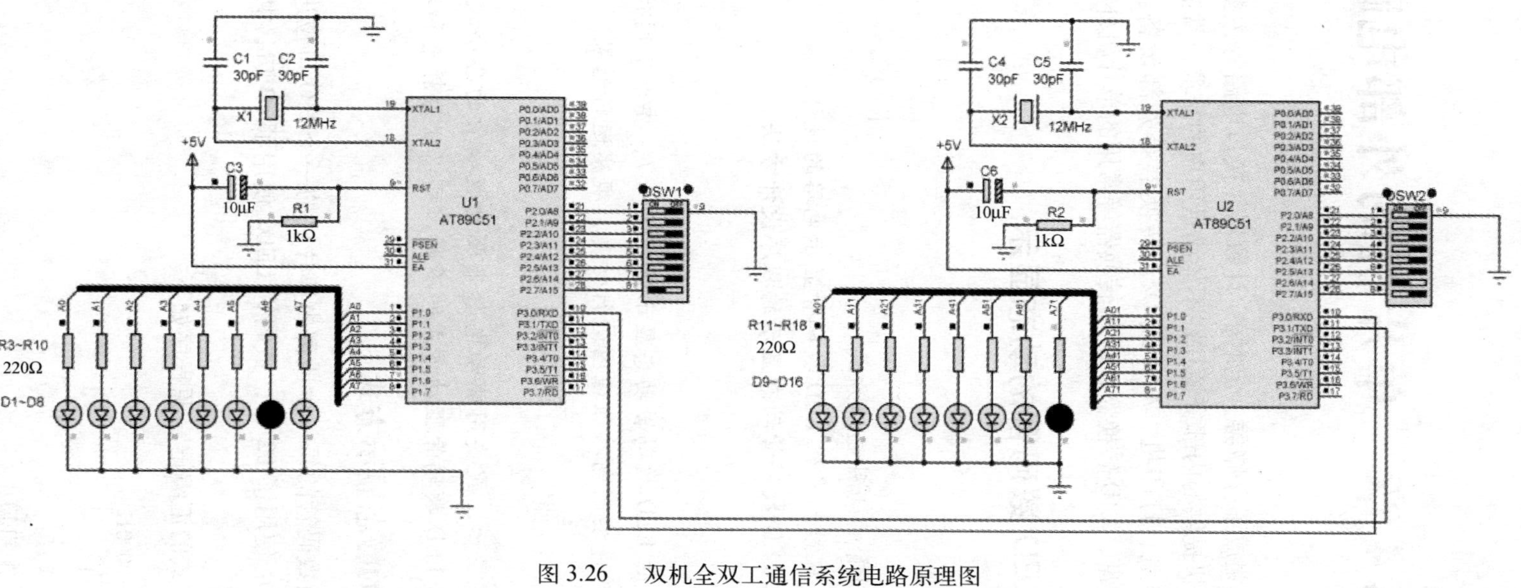

图 3.26　双机全双工通信系统电路原理图

第4章　单片机的外部电路

虽然单片机的内部集成了存储器、定时器/计数器、接口电路等主要部件，但在单片机应用系统的开发中，单片机提供的内部资源往往不能满足用户的需求，常需要在单片机外部再配置存储器、显示器、键盘、打印机、A/D 或 D/A 转换器等外部设备。本章主要学习 LED、LCD 显示器、矩阵式键盘、A/D 转换器、D/A 转换器等常用的单片机外部电路的设计与应用。

任务4.1　8位LED数码管的动态显示

【学习目标】

(1) 理解 LED 数码管的两种显示方式。

(2) 掌握使用单片机控制多位 LED 数码管显示电路的设计方法。

(3) 掌握实现多位 LED 数码管动态显示的程序设计方法。

【任务描述】

编写程序，实现8位 LED 数码管动态显示数字0～7，要求不同位的数码管显示不同的数字，并利用 Proteus 软件绘制电路原理图进行仿真，观察运行结果。

【相关知识点】

LED 数码管要正常显示，就要用驱动电路来驱动数码管的各个段，从而显示出用户要求的数码。因此，根据 LED 数码管驱动方式的不同，可以分为静态和动态两种显示方式。

4.1.1　数码管的静态显示方式

静态显示方式是指数码管的每一个段都由单片机的一个 I/O 口位进行驱动，如图4.1所示。图中，数码管 LED1 使用了 P2 口，数码管 LED2 使用了 P3 口，共阳极数码管的位选线接 +5V 电源。

实现图4.1显示方式的汇编语言源程序如下。

```
        ORG     0000H
LED1    EQU     1
LED2    EQU     2
MAIN:   MOV     A,#LED1
        MOV     DPTR,#TABLE
        MOVC    A,@A+DPTR        ;查表获得“1”的字形码
```

```
        MOV   P2,A              ;送 P2 口显示"1"
        MOV   A,#LED2
        MOVC  A,@A+DPTR         ;查表获得"2"的字形码
        MOV   P3,A              ;送 P3 口显示"2"
        SJMP  $
TABLE:  DB    0C0H,0F9H,0A4H,0B0H,99H,92H,82H,0F8H,80H,90H ;0～9 的字形码表
        END
```

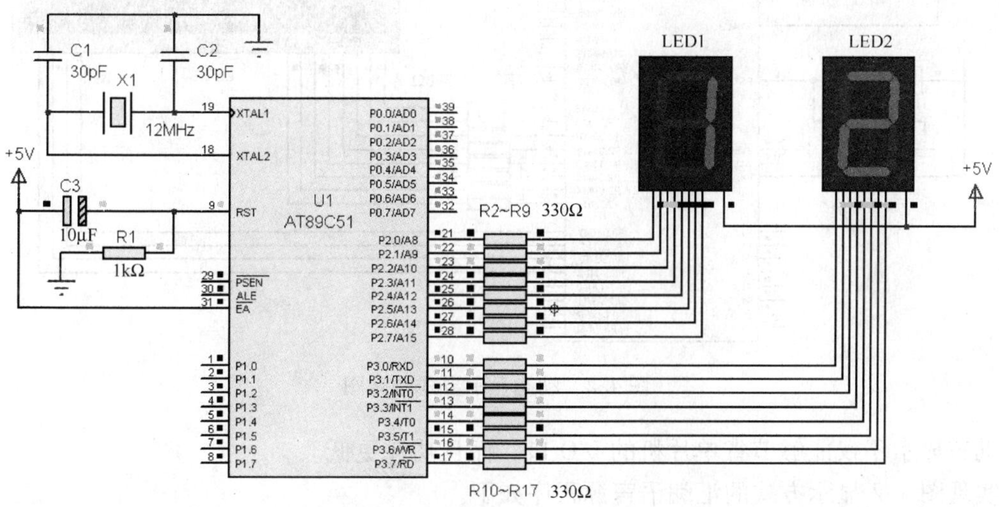

图 4.1　静态显示方式电路图

静态驱动的优点是编程简单，只要给相应的数码管送出显示内容的字形码就可得到稳定的显示；缺点是占用 I/O 口位多，如驱动 4 个数码管静态显示则需要 32 个 I/O 口位来驱动。由于单片机的 I/O 口数量有限，如果不能满足应用的需求则要在片外扩展 I/O 口，这样就增加了硬件电路的复杂性和成本。如果使用多位 LED 数码管可采用动态显示方式。

4.1.2　数码管的动态显示方式

数码管动态显示是最为广泛应用的一种显示方式。它是将所用数码管的 8 个段选线 "a，b，c，d，e，f，g，dp" 按名称分别连在一起，接在一个 8 位 I/O 口上；每个数码管的位选线（COM）由各自独立的 I/O 口线控制，如图 4.2 所示。

图中，采用 4 位共阳极数码管，其内部已经将 "a，b，c，d，e，f，g，dp" 按名称分别连在一起，对外引出 "A，B，C，D，E，F，G，DP"，接在了单片机的 P2 口；每个数码管的位选线对外引出为 "1，2，3，4"，分别接在了单片机的 P3.0 ～ P3.3 口上。4 位数码管与单片机的连接总共使用了 12 根 I/O 口线。

当单片机 P2 口输出字形码时，所有数码管都接收到相同的字形码，究竟哪个数码管会显示出字形，取决于单片机对各个数码管的位选线的控制，只要需要显示的数码管的位选线端有效（高、低电平与数码管类型有关），该位就显示出字形，位选线无效的数码管就不会显示出字形。如 P3.0 为高电平，P3.1、P3.2、P3.3 为低电平，则第 1 位内容显示。

在轮流显示过程中，每位数码管的点亮时间为 1 ～ 2ms，由于人的视觉暂留现象及发光

二极体的余辉效应，尽管实际上各位数码管并非同时点亮，但只要扫描的速度足够快，给人的印象就是稳定的、无闪烁感的显示，在下面的程序中，采用每隔 1ms 显示一位。

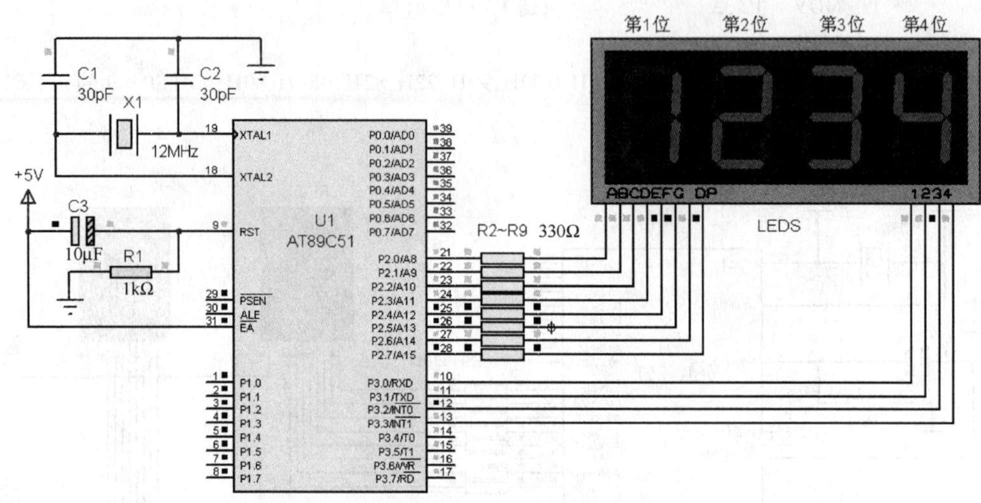

图 4.2　动态显示方式电路图

动态显示不仅能够节省单片机的 I/O 口，而且功耗更低。

实现图 4.2 显示方式的汇编语言源程序如下。

```
        ORG     0000H
LED1    EQU     1
LED2    EQU     2
LED3    EQU     3
LED4    EQU     4
MAIN:   MOV     A,#LED1
        MOV     P3,#01H         ;送第 1 位的字位码,P3.0=1
        MOV     DPTR,#TABLE
        MOVC    A,@A+DPTR       ;查表获得“1”的字形码
        MOV     P2,A            ;送 P2 口显示“1”
        ACALL   DELAY
        MOV     A,#LED2
        MOV     P3,#02H         ;送第 2 位的字位码,P3.1=1
        MOVC    A,@A+DPTR       ;查表获得“2”的字形码
        MOV     P2,A            ;送 P2 口显示“2”
        ACALL   DELAY
        MOV     A,#LED3
        MOV     P3,#04H         ;送第 3 位的字位码,P3.2=1
        MOVC    A,@A+DPTR       ;查表获得“3”的字形码
        MOV     P2,A            ;送 P2 口显示“3”
        ACALL   DELAY
        MOV     A,#LED4
        MOV     P3,#08H         ;送第 4 位的字位码,P3.3=1
```

```
        MOVC    A,@ A + DPTR        ;查表获得“4”的字形码
        MOV     P2,A                ;送 P2 口显示“4”
        ACALL   DELAY
        SJMP    MAIN
DELAY:  MOV     R1,#250             ;延时 1ms 子程序
LOOP1:  NOP
        NOP
        DJNZ    R1,LOOP1
        RET
TABLE:  DB      0C0H,0F9H,0A4H,0B0H,99H,92H,82H,0F8H,80H,90H ;0～9 的字形码表
        END
```

【任务分析】

1. 硬件电路设计

根据任务要求，设计的 8 位 LED 数码管动态显示电路如图 4.3 所示。图中，显示器采用的是 8 合 1 共阳极数码管，它是将 8 个单个 LED 数码管的段选线按名称连接在一起，对外引出线为“A，B，C，D，E，F，G，DP”；将 8 个数码管的位选线单独留出来，引出“1，2，3，4，5，6，7，8”8 根引线，作为数码管的字位选择端。单片机分时选通各个数码管，就可以实现 8 个数码管的动态显示。

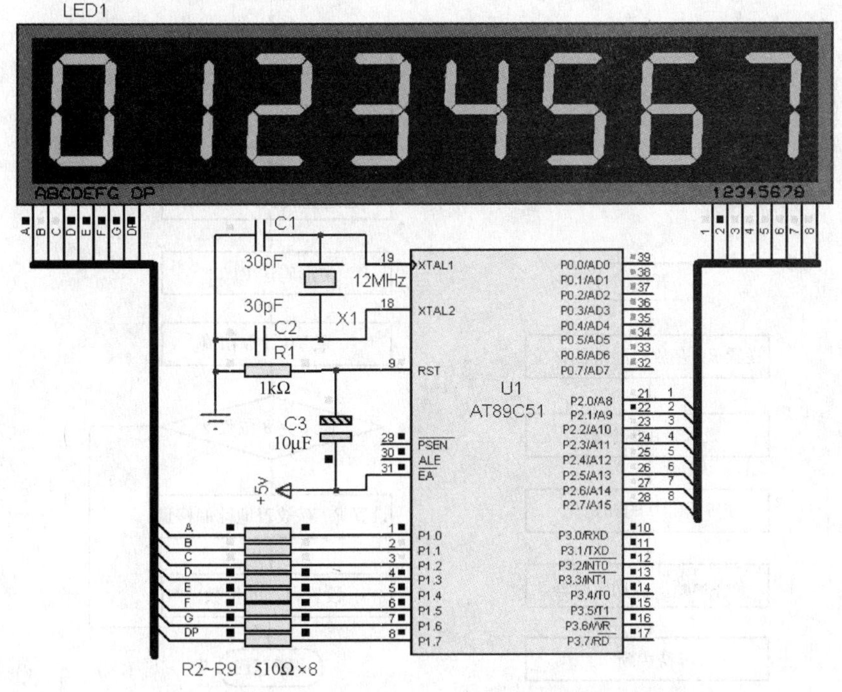

图 4.3 8 位 LED 动态数码管显示电路原理图

8 合 1 数码管与单片机连接时，其段选线“A，B，C，D，E，F，G，DP”与单片机的 P1 口相连，由 P1 口输出要显示字符的字形码；其位选线“1，2，3，4，5，6，7，8”与单

片机的 P2 口相连，由 P2 口输出字位码来选择要显示的位。如，数码管的第 1 位（最左边）要显示数字“0”，则 P1 口输出“0”的字形码 0C0H；同时 P2 口输出字位码 01H，选中位选线编号为 1 的数码管（最左边），就可以显示“0”了。

表 4.1　任务 4.1 所需元件清单

元件名称	元件标号	元件标称值	Proteus 中的名称
单片机	U1	AT89C51	AT89C51
晶振	X1	12MHz	CRYSTAL
电容	C1，C2	30pF	CAP
电解电容	C3	10μF	CAP－ELEC
8 位 LED 数码管	LED1	共阳极	7SEG－MPX8－CA－BLUE
电阻	R1	1kΩ	RES
电阻	R2～R9	510Ω	RES

2. 程序设计

利用定时器/计数器 T0 定时 1ms，并产生中断。在中断服务程序中完成 1 位数字的显示。在中断服务程序中，采用循环结构程序，每循环 1 次完成 1 位数字的显示，8 次循环完成 8 位数字 0 ～ 7 的显示。显示部分采用查表的方法，先从字位码表中查找对应的字位码，从 P2 口输出；再从字形码表中查找要显示数字的字形码，送到 P1 口输出，从而完成 1 位数字的显示。

主程序和中断服务程序流程图如图 4.4 所示。

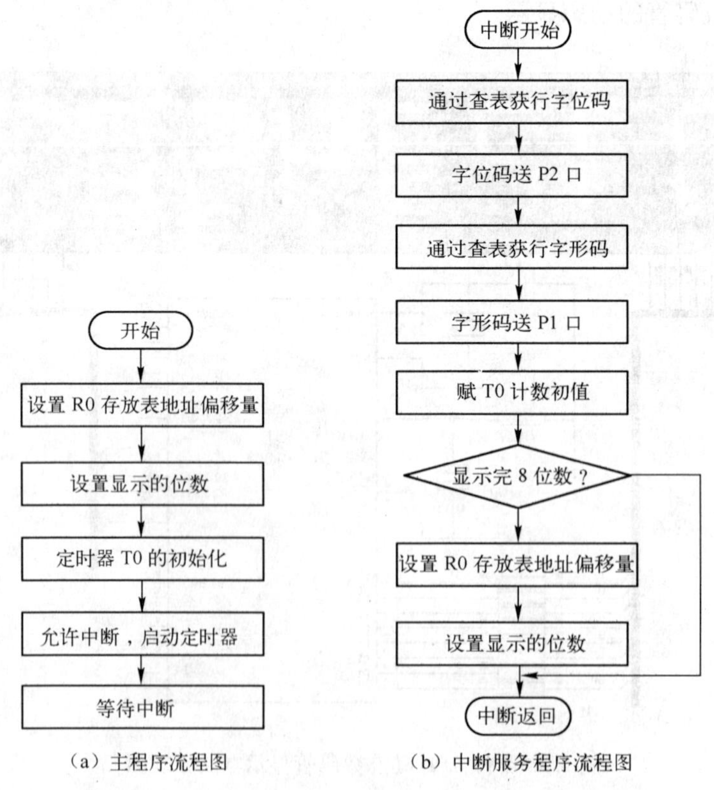

图 4.4　8 位 LED 数码管动态显示程序流程图

（1）汇编语言源程序清单。

```
;*****************************************************************
;程序名称:rw4－1.asm
;程序功能:8 位 LED 数码管的动态显示
;*****************************************************************
        ORG     0000H
        AJMP    START
        ORG     000BH           ;定时器 T0 的中断入口地址
        AJMP    TIME0           ;跳到定时器 T0 的中断服务程序的实际地址
        ORG     0030H
START:  MOV     R0,#00H         ;R0 存放字形码和字位码表的地址偏移量,初始值为 0
        MOV     R1,#08H         ;R1 存放动态显示的位数
        MOV     TMOD,#01H       ;设置 T0 为定时功能,工作方式 1
        MOV     TH0,#0FCH
        MOV     TL0,#18H                ;赋 T0 计数初值,定时 1ms
        SETB    ET0                     ;允许 T0 中断
        SETB    EA                      ;开总中断
        SETB    TR0                     ;启动 T0 工作
        SJMP    $                       ;等待中断
;----------T0 的中断服务程序------------
TIME0:
        MOV     DPTR,#TABLE1            ;字位码表首地址送地址指针寄存器
        MOV     A,R0                    ;表地址偏移量送 A
        MOVC    A,@A+DPTR               ;查表获取显示字符的字位码
        MOV     P2,A                    ;允许该位显示
        MOV     DPTR,#TABLE             ;字形码表首地址送地址指针寄存器
        MOV     A,R0                    ;表地址偏移量送 A
        MOVC    A,@A+DPTR               ;查表获得显示字符的字形码
        MOV     P1,A                    ;送显示
        INC     R0                      ;偏移量加 1
        MOV     TH0,#0FCH
        MOV     TL0,#018H               ;重新给 T0 赋计数初值
        DJNZ    R1,LOOP                 ;判别 8 位字符是否显示完毕,没有则中断返回
        MOV     R0,#00H                 ;8 位字符显示完毕,重新装载表的偏移量
        MOV     R1,#08H                 ;8 位字符显示完毕,重新装载显示的位数
LOOP:   RETI
TABLE:  DB  0C0H,0F9H,0A4H,0B0H,099H,092H,082H,0F8H   ;0～7 的字形码表
TABLE1: DB  01H,02H,04H,08H,10H,20H,40H,80H           ;字位码表
        END
```

（2）C 语言源程序清单。

```
/*****************************************************************
```

```
*程序名称：rw4 -1. c
*程序功能:控制8位数码管动态显示不同的数字
***************************\ ********************************************/
#include" reg51. h"
#define uchar unsigned char
#define uint unsigned int
uchar  num[10] = {0xC0,0xF9,0xA4,0xB0,0x99,0x92,0x82,0xF8}; //字形码
uchar  weikong[8] = {0,1,2,3,4,5,6,7};
uchar  wei[8] = {0x01,0x02,0x04,0x08,0x10,0x20,0x40,0x80};    //字位码
uchar  k =0;
void  main(void)
{
TMOD =0x01;                        // TMOD 初值
TH0 =0xfc;
TL0 =0x18;                         //赋 T0 初值
EA =1;                             //开总中断
ET0 =1;                            //允许 T0 中断
TR0 =1;                            //启动定时器 T0 运行
while(1);
}
void t0(void) interrupt 1
{
  EA =0;                           //关总中断
  TH0 =0xfc;
  TL0 =0x18;                       //赋 T0 初值
  if(k <8)
   {
P2 =wei[k];                        //装入字位码
       P1 =num[weikong[k]];        //装入字形码
       k ++;
   }
   else k =0;
EA =1;                             //开总中断
}
```

【任务实施】

1. 在 Proteus 软件中按照图 4.3 连接电路，元件清单见表 4.1。

2. 使用 Keil μVision 软件编辑源程序 rw4 -1. asm，检查无误后进行汇编，得到 rw4 -1. hex 文件。

3. 在 Proteus 软件中，将 rw4 -1. hex 文件加载到单片机 AT89C51 中，启动仿真并观察运行结果。

4. 在运行过程中，观察单片机的 P1、P2 口及数码管的引脚上电平的变化，理解动态显

示的含义。

【技能拓展】

1. 在任务4.1的基础上，把定时器/计数器T0的定时时间改为10ms，观察显示的效果有何变化，为什么？

2. 如果不采用定时器定时的方法，能否采用软件延时的方法实现动态显示？请编程实现。

任务4.2 4×4矩阵键盘的设计

【学习目标】

(1) 了解键盘的基本知识。
(2) 掌握矩阵式键盘电路的设计方法。
(3) 掌握矩阵式键盘的程序设计方法。

【任务描述】

设计一个4×4矩阵式键盘（K0～K15，共16个键），当某个按键按下时，使用双位数码管显示其十进制键值。如K0的键值为0，K1的键值为1，…，K15的键值为15。

【相关知识点】

4.2.1 键盘的工作原理

1. 按键的分类

按键按照结构原理可分为两类，一类是触点式开关按键，如机械开关、导电橡胶开关等；另一类是无触点式开关按键，如电气式按键、磁感应按键等。因为触点式开关按键价格低，所以单片机应用系统中的键盘大都采用触点式开关按键。

2. 键抖动和消抖方法

机械式按键在按下或释放时，由于机械弹性作用的影响，通常伴随较短时间的触点机械抖动，抖动的时间长短与开关的机械特性有关，一般为5～10ms，一般把这种现象称为键抖动。在理想状态和实际状态下按键产生的电压波形如图4.5所示。

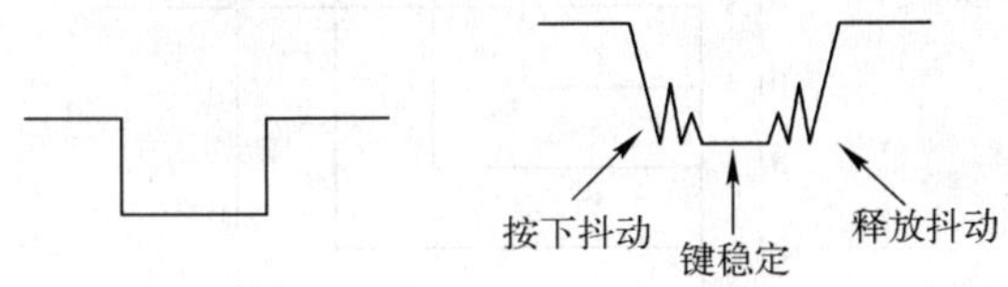

(a) 理想按键电压波形　(b) 实际按键电压波形

图4.5 按键电压波形图

键抖动的存在，使按键的一次操作会被错误地认为是多次操作，造成键识别的错误，所以要采取一些方法来消除抖动。消除键抖动有硬件和软件两种方法。硬件消抖是利用单稳态电路或 RS 触发器，从根本上避免电压抖动的产生；软件消抖是在按键的按下和释放时采用软件延时的方法来消除抖动的影响。单片机应用系统一般采用软件方法，大约延时 10 ～ 20ms。

3. 键的识别

键的识别就是判别是哪一个按键按下闭合。常用的方法有两种，一种是用专用硬件电路来识别，这种键盘称为编码键盘；另一种是用软件方法来识别，这种键盘称为非编码键盘。单片机应用系统常采用非编码键盘。键的识别可以采用随机扫描、定时扫描或中断扫描的方式来完成。

4. 编制键盘程序

一个完整的键盘控制程序应具备以下功能。

（1）检测有无按键按下，并消除按键抖动的影响。

（2）有可靠的逻辑处理办法。每次只处理一个按键，其间任意其他按键的操作对系统不产生影响，且无论一次按下时间有多长，系统仅执行一次按键功能程序。

（3）准确输出按键值，以满足跳转指令的要求。

4.2.2 矩阵式键盘

当键盘所需按键较多时，为了减少键盘电路占用单片机 I/O 口线的数量，可以采用矩阵式键盘形式。

1. 矩阵式键盘的结构

矩阵式键盘由行线和列线组成，按键位于行、列的交叉点上。对于 m 行 n 列结构的键盘，可产生 $m \times n$ 个键位。如图 4.6 所示为 4×4 矩阵式键盘电路。图中由 P1.4 ～ P1.7 构

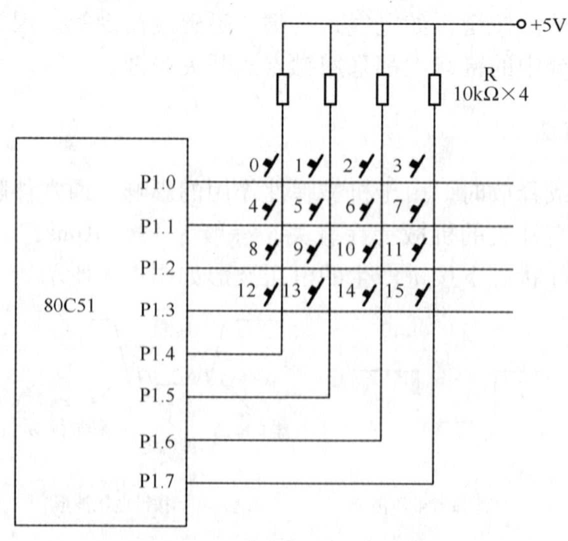

图 4.6　4×4 矩阵式键盘电路

成的列线通过上拉电阻接到+5V电源上；由P1.0～P1.3构成行线，产生的16个交叉点放置16个按键，就构成了4×4矩阵式键盘。

在键盘处理程序中，首先确定是否有键按下，如果有键按下，再识别是哪个键被按下。通常采用扫描法进行识别。下面以图4.6所示4×4矩阵式键盘为例，介绍其扫描过程。

（1）使列线P1.4～P1.7口线输出都为0，来检测行线P1.0～P1.3口线的电平。如果行线电平全部为高，说明没有键被按下，则返回继续扫描。如果行线上的电平不全为高，则表示有键被按下。

（2）如果有键闭合，再进行逐列扫描，找出闭合的按键。先使P1.4=0，P1.5～P1.7为1，检测第1列各行线上的电平，如P1.0=0，表示0号键被按下。同理，通过逐列扫描，最终找到被按下的键。

2. 矩阵式键盘的扫描方式

对键盘的扫描主要有程序扫描、定时扫描和中断扫描3种方式。

（1）程序扫描方式。CPU执行键盘扫描程序，反复扫描键盘，以确定有无按键按下，然后根据按键功能转去执行相应的程序。

（2）定时扫描方式。在初始化程序中对定时器/计数器进行编程，使之产生10ms的定时中断。在CPU响应定时中断时，执行中断服务程序对键盘扫描一遍，以确定有无按键按下。

（3）中断扫描方式。当键盘上任一按键按下时，发出中断请求。CPU响应中断，执行中断服务程序来判断所按下的键，并做出相应的处理。

【任务分析】

1. 硬件电路设计

4×4矩阵式键盘电路如图4.7所示，元件清单见表4.2。图中，矩阵式键盘的行分别接到了单片机的P2.0～P2.3，列分别接到了单片机的P2.4～P2.7，行与列交叉形成了16个点，放置16个按键，按键的名称为K0～K15。显示部分采用两位数码管动态显示，其中，数码管的8根段选线A～G与单片机的P1口相连，数码管的位选线1和2分别与单片机的P3.6和P3.7端口相连，R2～R8作为数码管的限流电阻。

表4.2 任务4.2所需元件清单

元件名称	元件标号	元件标称值	Proteus中的名称
单片机	U1	AT89C51	AT89C51
晶振	X1	12MHz	CRYSTAL
电容	C1，C2	30pF	CAP
电解电容	C3	10μF	CAP－ELEC
双位LED数码管	LED1	共阳极	7SEG－MPX2－CA
电阻	R1	1kΩ	RES

续表

元件名称	元件标号	元件标称值	Proteus 中的名称
电阻	R2～R9	330Ω	RES
按键	K0～K15		BUTTON

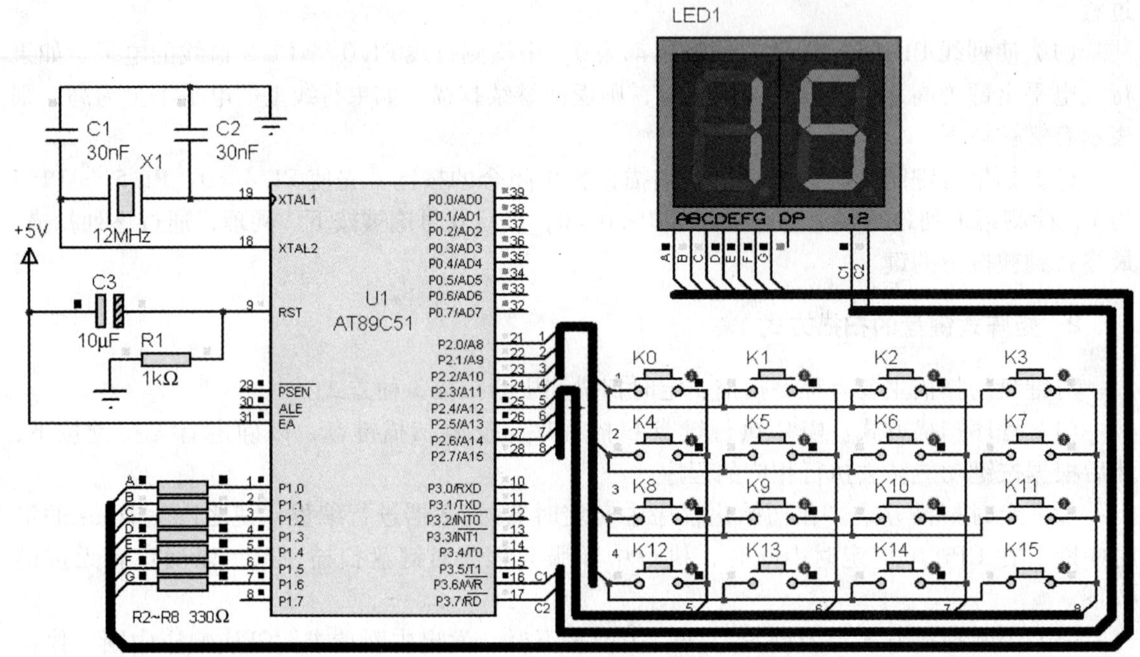

图 4.7　4×4 矩阵式键盘电路

2. 程序设计

主程序主要有 3 部分功能，一是使用 T0 完成 4ms 的定时；二是完成对按键的扫描，如果有按键按下，能够获取该按键的键值，这部分是整个程序设计的重点；三是完成把二进制的键值转换为十进制数。在 T0 的中断服务程序中完成双位数码管上显示按键的十进制键值。

按键的扫描过程分 3 步进行。第 1 步要判别是否有按键按下；如果有按键按下，在第 2 步先延时 10ms 以消除键抖动，然后再重新判别按键的状态；如果按键是按下的，则进入第 3 步判别是哪个键按下。具体方法是分别给各列（P2.4 ～ P2.7）输出低电平，再判别在此列上的各个按键所在行口线的电平，如果为高电平，则按键没有按下，如果为低电平，说明按键按下。例如，当列线 P2.4 =0 时，先检测按键 K0 所在行口线 P2.0 的电平，如果 P2.0 =0，说明该键按下，则获得 K0 的键值 00H；如果 P2.0 =1，说明 K0 没有按下，则继续检测下一按键 K4 所在口线 P2.1 的电平，以此类推，直到完成 4 列 16 个按键状态的扫描工作。

当然，也可以按行来扫描，就是给各行（P2.0 ～ P2.3）输出低电平，再判别在此行上的各个按键所在列口线的电平，如果为高电平，则按键没有按下，如果为低电平，说明按键按下。

按键扫描部分的程序流程图如图 4.8 所示。

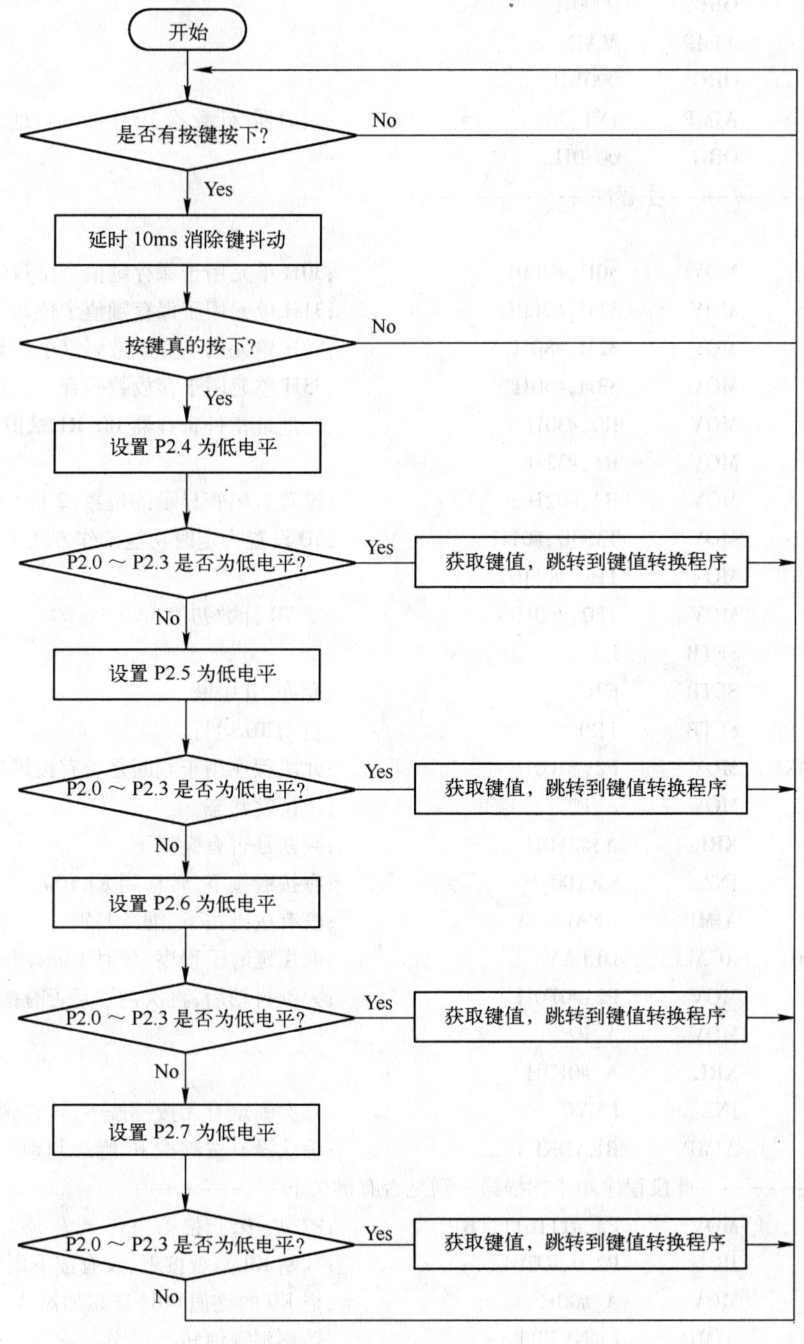

图 4.8　矩阵式键盘显示程序流程图

（1）汇编语言源程序清单。

```
;**********************************************************************
;程序名称：rw4 -2. asm
;程序功能：当某一键被按下时,该键的十进制键值显示在双位数码管上
```

```
;*****************************************************************
        ORG     0000H
        AJMP    MAIN
        ORG     000BH
        AJMP    INT_T0                  ;定时器/计数器 T0 中断入口地址
        ORG     0030H
;-----------主程序---------
MAIN:
        MOV     30H,#0C0H               ;30H 单元用于保存键值个位数的字形码
        MOV     31H,#0C0H               ;31H 单元用于保存键值十位数的字形码
        MOV     32H,#80H                ;32H 单元用于存放数码管个位数的字位码
        MOV     33H,#40H                ;33H 单元用于存放数码管十位数的字位码
        MOV     R0,#30H                 ;给地址指针寄存器 R0、R1 赋值
        MOV     R1,#32H
        MOV     R2,#02H                 ;设置数码管显示的位数(2 位)
        MOV     TMOD,#01H               ;T0 设置为定时功能工作方式 1
        MOV     TH0,#0F0H
        MOV     TL0,#60H                ;赋 T0 计数初值
        SETB    EA
        SETB    ET0                     ;允许 T0 中断
        SETB    TR0                     ;启动 T0 运行
READKEY:MOV     P2,#0F0H                ;此段程序用于判断是否有按键按下
        MOV     A,P2                    ;读按键状态
        XRL     A,#0F0H                 ;判断是否有键按下
        JNZ     KEY00                   ;有按键按下,转移到 KEY00
        AJMP    READKEY                 ;没有按键按下,继续判别
KEY00:  ACALL   DELAY                   ;调用延时子程序,延时 10ms,去键抖动
        MOV     P2,#0F0H                ;去键抖动后,再次判别是否有按键按下
        MOV     A,P2
        XRL     A,#0F0H
        JNZ     KEY0                    ;再次确定有无按键按下,转移到 KEY0
        AJMP    READKEY                 ;确认没有按键按下,继续判别
;---------此段程序用于扫描第一列是否有键按下---------
KEY0:   MOV     P2,#11101111B           ;P2.4=0,扫描第一列
        JB      P2.0,KEY4               ;判断 K0 是否按下,没有按下则转移到 KEY4
        MOV     A,#00H                  ;把 K0 的键值 00H 送累加器 A
        AJMP    CONVERT                 ;转移到键值转换程序
KEY4:   JB      P2.1,KEY8               ;判断 K4 是否按下
        MOV     A,#04H
        AJMP    CONVERT
KEY8:   JB      P2.2,KEY12              ;判断 K8 是否按下
        MOV     A,#08H
        AJMP    CONVERT
```

```
KEY12:  JB      P2.3,KEY1           ;判断 K12 是否按下
        MOV     A,#0CH
        AJMP    CONVERT
;---------此段程序用于扫描第二列是否有键按下---------
KEY1:   MOV     P2,#11011111B       ;P2.5 =0,扫描第二列
        NOP
        JB      P2.0,KEY5           ;判断 K1 是否按下
        MOV     A,#01H              ;把键值送累加器 A
        AJMP    CONVERT
KEY5:   JB      P2.1,KEY9           ;判断 K5 是否按下
        MOV     A,#05H
        AJMP    CONVERT
KEY9:   JB      P2.2,KEY13          ;判断 K9 是否按下
        MOV     A,#09H
        AJMP    CONVERT
KEY13:  JB      P2.3,KEY2           ;判断 K13 是否按下
        MOV     A,#0DH
        AJMP    CONVERT
;---------此段程序用于扫描第三列是否有键按下---------
KEY2:   MOV     P2,#10111111B       ;P2.6 =0,扫描第三列
        JB      P2.0,KEY6           ;判断 K2 是否按下
        MOV     A,#02H
        AJMP    CONVERT
KEY6:   JB      P2.1,KEY10          ;判断 K6 是否按下
        MOV     A,#06H
        AJMP    CONVERT
KEY10:  JB      P2.2,KEY14          ;判断 K10 是否按下
        MOV     A,#0AH
        AJMP    CONVERT
KEY14:  JB      P2.3,KEY3           ;判断 K14 是否按下
        MOV     A,#0EH
        AJMP    CONVERT
;---------此段程序用于扫描第四列是否有键按下---------
KEY3:   MOV     P2,#01111111B       ;P2.7 =0,扫描第四列
        JB      P2.0,KEY7           ;判断 K3 是否按下
        MOV     A,#03H
        AJMP    CONVERT
KEY7:   JB      P2.1,KEY11          ;判断 K7 是否按下
        MOV     A,#07H
        AJMP    CONVERT
KEY11:  JB      P2.2,KEY15          ;判断 K11 是否按下
        MOV     A,#0BH
        AJMP    CONVERT
```

```
KEY15:   JB      P2.3,BACK              ;判断 K15 是否按下
         MOV     A,#0FH
         AJMP    CONVERT
BACK:    AJMP    READKEY                ;扫描完毕,返回 READKEY 继续扫描
;----------此段程序用于把二进制的键值转换成十进制数----------
CONVERT: MOV     B,#10
         DIV     AB                     ;把键值除以 10,得到十位数和个位数
         MOV     R5,A                   ;十位数存放在 R5 中
         MOV     A,B                    ;个位数存放在累加器 A 中
         MOV     DPTR,#TABEL1
         MOVC    A,@A+DPTR              ;查表找到个位数的字形码
         MOV     30H,A                  ;将个位数字形码放入 30H 单元保存
         MOV     A,R5
         MOV     DPTR,#TABEL1
         MOVC    A,@A+DPTR              ;查表找到十位数的字形码
         MOV     31H,A                  ;将十位数字形码放入 31H 单元保存
         MOV     A,#0F0H
KK:      CJNE    A,#0F0H,KK             ;等待按键释放
         AJMP    READKEY
;--------T0 中断服务程序---------
INT_T0:                                 ;中断期间完成十进制键值的动态显示
         MOV     P3,@R1                 ;将数码管的字位码送 P3 口
         MOV     P1,@R0                 ;将待显的字形码送 P1 口
         INC     R1
         INC     R0
         MOV     TH0,#0F0H
         MOV     TL0,#60H               ;重新赋 T0 计数初值
         DJNZ    R2,LOOP2               ;判别两位数是否显示完毕
         MOV     R0,#30H
         MOV     R1,#32H
         MOV     R2,#02H
LOOP2:   RETI
;----------延时子程序----------
DELAY:   MOV     R6,#10                 ;延时 10ms 子程序
DELAY1:  MOV     R7,#250
DELAY2:  NOP
         NOP
         DJNZ    R7, DELAY2
         DJNZ    R6, DELAY1
         RET
TABEL1:  DB 0C0H,0F9H,0A4H,0B0H,99H,92H,82H,0F8H,080H,90H   ;0~9 的字形码
         END
```

（2）C 语言源程序清单。

```
/*****************************************************************
* 程序名称：rw4 - 2. asm
* 程序功能：当某一键被按下时，该键的十进制键值显示在双位数码管上
*****************************************************************/
    #include < reg51. h >
    #define uint unsigned int
    #define uchar unsigned char
    #define duank P2                        //键盘到单片机的端口
    sbit P36 = P3^6;                        //定义引脚
    sbit P37 = P3^7;
    uchar code table[ ] = {                 //键盘编码"1～F～0"
            0xC0,/ * 0 * /
            0xF9,/ * 1 * /
            0xA4,/ * 2 * /
            0xB0,/ * 3 * /
            0x99,/ * 4 * /
            0x92,/ * 5 * /
            0x82,/ * 6 * /
            0xF8,/ * 7 * /
            0x80,/ * 8 * /
            0x90,/ * 9 * /  };
    uchar num,temp,num1,aa;
    void delay(uint p);                     //延时函数声明
    uchar keyscan( );                       //键盘函数声明
    void display( );                        //显示函数声明
    //-----------------------------------------------------------
    // 主函数
    //-----------------------------------------------------------
    void main( )
    {
      TMOD = 0x00;                          //定时计数器方式选择
      TH0 = 0x5F;                           //定时计数器赋初值
      TL0 = 0x10;
      EA = 1;                               //开中断
      ET0 = 1;
      TR0 = 1;                              //启动定时计数器
      while(1)
      {
       // 调用扫描子程序--------------------------
     aa = keyscan( );
      }
```

```
}
//------------------------------------------------------------------------
void delay(uint z)                              //延时子程序 zms
{
   uint x,y;
   for(x = z;x > 0;x --)
      for(y = 110;y > 0;y --);
}
//------------------------------------------------------------------------
uchar keyscan()                                 //键盘扫描程序,取回一个键盘号
{
    duank = 0xfe;
    temp = duank;
    temp = temp&0xf0;
    while(temp! = 0xf0)                         //判断有无按键按下
     {
        delay(5);                               //延时
        temp = duank;
        temp = temp&0xf0;
        while(temp! = 0xf0)                     //有按键按下
        {
           temp = duank;
           switch(temp)                         //判断是否为按键0～3
             {
                case 0xee:num = 0;              //按键为第一行第一列
                break;
                case 0xde:num = 1;              //按键为第一行第二列
                break;
                case 0xbe:num = 2;              //按键为第一行第三列
                break;
                case 0x7e:num = 3;              //按键为第一行第四列
                break;
             }
        while(temp! = 0xf0)                     //有按键按下
          {
             temp = duank;
             temp = temp&0xf0;
          }
       }
    }
  //---------------------------------------
   duank = 0xfd;
   temp = duank;
```

```
  temp = temp&0xf0;
  while(temp! =0xf0)                   //判断有无按键按下
  {
      delay(5);                        //延时
      temp = duank;
      temp = temp&0xf0;
      while(temp! =0xf0)
      {
       temp = duank;
       switch(temp)                    //判断是否为按键4～7
       {
           case 0xed:num =4;           //按键为第二行第一列
           break;
           case 0xdd:num =5;           //按键为第二行第二列
           break;
           case 0xbd:num =6;           //按键为第二行第三列
           break;
           case 0x7d:num =7;           //按键为第二行第四列
           break;
       }
      while(temp! =0xf0)
      {
      temp = duank;
      temp = temp&0xf0;
      }
  }
}
//---------------------------------
  duank =0xfb;
  temp = duank;
  temp = temp&0xf0;
  while(temp! =0xf0)
  {
      delay(5);                        //延时
      temp = duank;
      temp = temp&0xf0;
      while(temp! =0xf0)
      {
       temp = duank;
       switch(temp)                    //判断是否为按键8～11
       {
           case 0xeb:num =8;           //按键为第三行第一列
           break;
```

```
            case 0xdb:num = 9;          //按键为第三行第二列
            break;
            case 0xbb:num = 10;         //按键为第三行第三列
            break;
            case 0x7b:num = 11;         //按键为第三行第四列
            break;
        }
      while(temp! = 0xf0)
      {
          temp = duank;
          temp = temp&0xf0;
      }
    }.
}
//----------------------------------------
  duank = 0xf7;
  temp = duank;
  temp = temp&0xf0;
  while(temp! = 0xf0)
  {
     delay(5);                          //延时
     temp = duank;
     temp = temp&0xf0;
     while(temp! = 0xf0)
     {
       temp = duank;
       switch(temp)                     //判断是否为按键 12～15
       {
          case 0xe7:num = 12;           //按键为第四行第一列
          break;
          case 0xd7:num = 13;           //按键为第四行第二列
          break;
          case 0xb7:num = 14;           //按键为第四行第三列
          break;
          case 0x77:num = 15;           //按键为第四行第四列
          break;
       }
      while(temp! = 0xf0)
      {
         temp = duank;
         temp = temp&0xf0;
      }
  }
```

```
}
    return num;                                  //中断返回
}
//------------------------------------------------------------
//中断子函数
//------------------------------------------------------------
void Timeer0(void)interrupt 1
{
    display();                                   //显示键值
   }
//------------------------------------------------------------
//显示子程序
//------------------------------------------------------------
void display(void)
{TH0 =0x5F;                                      //定时计数器赋初值
TL0 =0x10;
if(aa < =9)
   {
    P1 =0xC0;
    P36 =1;
    delay(1);
      P36 =0;}
      else
      {
          P1 =0xF9;
          P36 =1;
          delay(1);
          P36 =0;
     }
     P1 =table[aa%10];
     P37 =1;
       delay(1);
     P37 =0;
}
```

【任务实施】

1. 在 Proteus 软件中按照图 4.7 连接电路，元件清单见表 4.2。

2. 使用 Keil μVision 软件编辑源程序 rw4 -2. asm，检查无误后进行汇编，得到 rw4 -2. hex 文件。

3. 在 Proteus 软件中，把 rw4 -2. hex 文件加载到单片机 AT89C51 中。运行仿真，通过单击（注意按下后要松开）不同的按键观察数码管显示的键值。

【技能拓展】

1. 在任务4.2的仿真过程中，你会发现，K0～K9的键值显示十位数是“0”，这不符合日常显示习惯，请修改程序去掉十位数的“0”。

2. 请利用循环结构程序和移位指令重新编写任务4.2中的源程序，以使程序变得更加简洁高效。

3. 请对rw4－2.c进行编译，仿真运行观察按键的效果与程序rw4－2.asm有何差异，思考一下原因。

任务4.3 字符型液晶显示模块LCD1602的使用

【学习目标】

(1) 掌握液晶显示器LCD的相关知识。

(2) 掌握字符型液晶显示模块LCD1602的使用方法。

(3) 掌握LCD1602的字符显示程序的设计方法。

【任务描述】

设计一个基于单片机AT89C51的字符型液晶显示模块LCD1602的应用电路，在显示屏上分两行显示“www.phei.com.cn”和“TEL：010－88258888”。使用Proteus软件绘制电路原理图，使用Keil软件编写程序，进行仿真调试。

【相关知识点】

4.3.1 液晶显示技术概述

液晶显示器（LCD，Liquid Crystal Display）是一种具有低电压、微功耗、平板型结构、显示信息量大、没有电磁辐射、寿命长等特点的显示器件，已经在智能化仪器仪表、家用电子产品上得到了广泛应用。LCD是在两片平行的玻璃当中放置液态的晶体，两片玻璃中间有许多垂直和水平的细小电线，通过通电与否来控制杆状水晶分子改变方向，将光线折射出来产生画面。

目前市面上的液晶显示器主要有笔段型、点阵字符型和点阵图形型3种形式。笔段型通常有7段、8段、9段、14段、16段等，主要用来显示数字、西文字母或某些字符，这与LED数码管相似。点阵字符型主要由5×7、5×10等点阵块组成，用来显示字符、数字、符号等。点阵图形型是在平面上排成多行多列的晶格阵列形式，可以显示图形和汉字等复杂的信息。

由于LCD的控制需要专用的驱动电路，一般不能单独使用，所以将液晶显示器件、连接件、集成电路、PCB线路板、背光源、结构件装配在一起，组成液晶显示模块（LCM，LCD Module）。液晶显示模块LCD1602如图4.9所示。

（a）正面

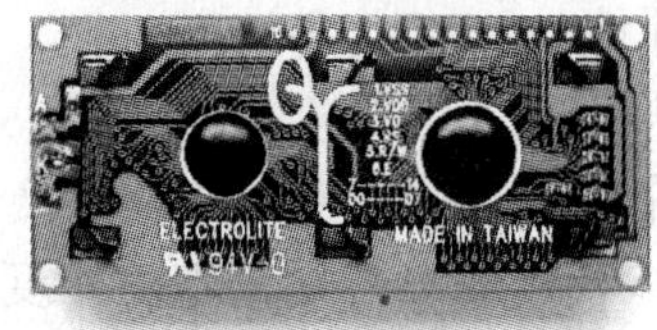

（b）背面

图 4.9 LCD1602 液晶显示模块

4.3.2 点阵字符型液晶显示模块 LCD1602 的介绍

本次任务中用到的 LCD1602 属于点阵字符型液晶显示模块，可以显示 2 行，每行 16 个字符。该液晶显示模块采用并行 8 位数据传输方式，提供 5×7 点阵和光标、5×10 点阵和光标两种显示模式，并能够提供显示数据缓冲区 DDRAM（Data Display RAM，存放要 LCD 显示的数据）、字符发生器 CGROM（Character Generator ROM，存储了 160 个点阵字符图形）和字符发生器 CGRAM（Character Generator RAM，用户自编程的字符或图形）的显示模式，CGRAM 可以存储自定义的最多 8 个 5×8 点阵的图形字符的字模数据。

另外，该显示器还提供了丰富的指令设置，包括清屏、光标回原点、显示开/关、光标开/关、显示字符闪烁、光标移位及显示移位等。

1. LCD1602 的主要技术参数

① 显示容量：16×2 个字符。

② 芯片工作电压：4.5 ～ 5.5V。

③ 工作电流：2.0mA（5.0V）。

④ 模块最佳工作电压：5.0V。

⑤ 字符尺寸：2.95×4.35（W×H）mm。

2. LCD1602 的引脚功能

LCD1602 采用标准的 14 引脚（无背光）或 16 引脚（带背光）接口，各引脚的说明见表 4.3。

表 4.3 LCD1602 的引脚说明

编号	符号	引脚说明	编号	符号	引脚说明
1	Vss	电源地	9	D2	数据
2	Vdd	电源正极（+5V）	10	D3	数据
3	Vee	液晶显示对比度调整	11	D4	数据
4	RS	寄存器选择输入	12	D5	数据
5	RW	读/写选择	13	D6	数据
6	E	命令使能信号	14	D7	数据
7	D0	数据	15	BLA	背光电源正极
8	D1	数据	16	BLK	背光电源负极

（1）Vss：电源地。

（2）Vdd：电源正（+5V）。

（3）Vee：液晶显示器对比度调整端。接正电源时对比度最弱，接地时对比度最强，使用时可以通过一个 10kΩ 的电位器调整对比度。

（4）RS：寄存器选择输入端。RS=1 时选择数据寄存器，可以读写数据；RS=0 时选择指令寄存器，可以写指令、读忙标识或地址计数器。

（5）RW：读写信号输入端。高电平时进行读操作，低电平时进行写操作。当 RS 和 RW 共同为低电平时可以写入指令或者显示地址；当 RS 为低电平、RW 为高电平时可以读忙信号；当 RS 为高电平、RW 为低电平时可以写入数据。

（6）E：命令使能输入端。当 E 端由高电平跳变成低电平时，液晶模块执行命令。

（7）D0 ～ D7：8 位双向数据线。

（8）BLA 为背光电源的正极；BLK 为背光电源的负极。

3. LCD1602 的指令说明

1602 液晶模块内部的控制器共有 11 条控制指令，见表 4.4。

表 4.4　控制命令表

序　号	指　令	RS	R/W	D7	D6	D5	D4	D3	D2	D1	D0
1	清屏	0	0	0	0	0	0	0	0	0	1
2	光标返回原点	0	0	0	0	0	0	0	0	1	×
3	进入模式设定	0	0	0	0	0	0	0	1	I/D	S
4	显示开/关控制	0	0	0	0	0	0	1	D	C	B
5	光标或字符移位	0	0	0	0	0	1	S/C	R/L	×	×
6	功能设置	0	0	0	0	1	DL	N	F	×	×
7	置字符发生存储器地址	0	0	0	1	字符发生存储器（CGRAM）地址					
8	置数据存储器地址	0	0	1	7 位显示数据存储器（DDRAM）地址						
9	读忙标志或地址计数器	0	1	BF	7 位当前显示地址						
10	写数到 CGRAM 或 DDRAM	1	0	8 位数据							
11	从 CGRAM 或 DDRAM 读数	1	1	8 位数据							

1602 液晶模块的读/写操作、屏幕和光标的操作都是通过指令编程来实现的（说明：1 为高电平；0 为低电平；×为任意电平）。

（1）指令 1：清屏幕显示。指令码 01H，光标复位到地址 00H 位置（显示器左上方）。

（2）指令 2：光标复位。光标返回到地址 00H 位置（显示器左上方）。

（3）指令 3：光标和显示的模式设置，用于设定每写入一个字节数据后，光标的移动方向及字符是否移动。

I/D：光标移动方向，高电平右移，低电平左移。

S：屏幕上所有文字是否移动。

如 I/D=0，S=0，则光标左移一格；如 I/D=1，S=0，则光标右移一格；如 I/D=0，S=1，则显示器字符全部右移一格，光标不动；如 I/D=1，S=1，则显示器字符全部左移一格，光标不动。

（4）指令4：显示器开/关控制。

D：控制整体显示器的开与关，高电平表示开显示，低电平表示关显示。

C：控制光标的开与关，高电平表示有光标，低电平表示无光标。

B：控制光标是否闪烁，高电平闪烁，低电平不闪烁。

（5）指令5：光标或字符移位。

S/C：字符或光标移位选择，高电平时选择字符移位，低电平时选择光标移位。

R/L：移位方向选择，高电平时选择向右移，低电平时选择向左移。

（6）指令6：功能设置命令。

DL：传输数据的有效位长度选择，高电平时为8位，低电平时为4位。

N：显示器行数选择位，高电平时双行显示，低电平时单行显示。

F：字符显示块的点阵选择，高电平时显示5×10的点阵字符，低电平时显示5×7的点阵字符。

（7）指令7：设置字符发生器RAM（CGRAM）地址。

（8）指令8：设置显示数据RAM（DDRAM）地址。

（9）指令9：读忙信号和光标地址。

BF：忙标识位，高电平表示忙，此时模块不能接收命令或数据，低电平表示不忙。

（10）指令10：写数据到字符发生器RAM（CGRAM）或显示数据RAM（DDRAM）。

（11）指令11：从字符发生器RAM（CGRAM）或显示数据RAM（DDRAM）中读数据。

4. LCD1602的RAM地址映射及标准字库表

液晶显示模块是一个慢显示器件，所以在执行每条指令之前一定要确认模块的忙标识为低电平（表示不忙），否则此指令失效。显示字符时要先输入显示字符在屏幕上的地址，也就是告诉模块在哪里显示字符，LCD1602的内部显示地址见表4.5。

表4.5　DDRAM地址与字符的显示位置对照表

显示位置	1	2	3	4	5	6	7	8	9	10	11	12	13	14	15	16
第1行	00	01	02	03	04	05	06	07	08	09	0A	0B	0C	OD	0E	0F
第2行	40	41	42	43	44	45	46	47	48	49	4A	4B	4C	4D	4E	4F

当单片机需要把字符显示在屏幕的某一位置时，首先将对应位置的DDRAM地址写到地址计数器（指令寄存器）中，然后再将该字符的ASCII码写入DDRAM，这样就完成了一个字符的显示。

例如，第二行第一个字符的地址是40H，那么是否直接写入40H就可以将光标定位在第二行第一个字符的位置呢？这样不行，因为写入显示地址时要求最高位D7恒定为高电平1，所以实际写入的数据应该是01000000B(40H)＋10000000B(80H)＝11000000B(C0H)。

在对液晶模块初始化时要先设置其显示模式，在液晶模块显示字符时光标是自动右移的，无须人工干预。每次输入指令前都要判断液晶模块是否处于忙的状态。

LCD1602液晶模块内部的字符发生存储器（CGROM）已经存储了160个点阵字符图形，这些字符有阿拉伯数字、英文字母的大小写、常用的符号和日文假名等，每一个字符都有一个固定的代码，比如大写的英文字母“A”的代码是01000001B（41H），显示时模块把地址41H中的点阵字符图形显示出来，就能看到字母“A”了。

5. LCD1602与单片机的连接

AT89C51单片机可直接驱动LCD1602，省去了接口电路，使得设计更加简单，应用更加方便。

【任务分析】

1. 硬件电路设计

LCD1602液晶显示硬件电路如图4.10所示，元件清单见表4.6。AT89C51单片机的P3口作为数据口与LCD1602的D0～D7口相连接，进行数据双向传输。LCD1602的RS、R/W、E端口分别和单片机的P2.0、P2.1及P2.2口位相连接，液晶显示模块的读/写控制分别由单片机的这3个引脚进行控制。

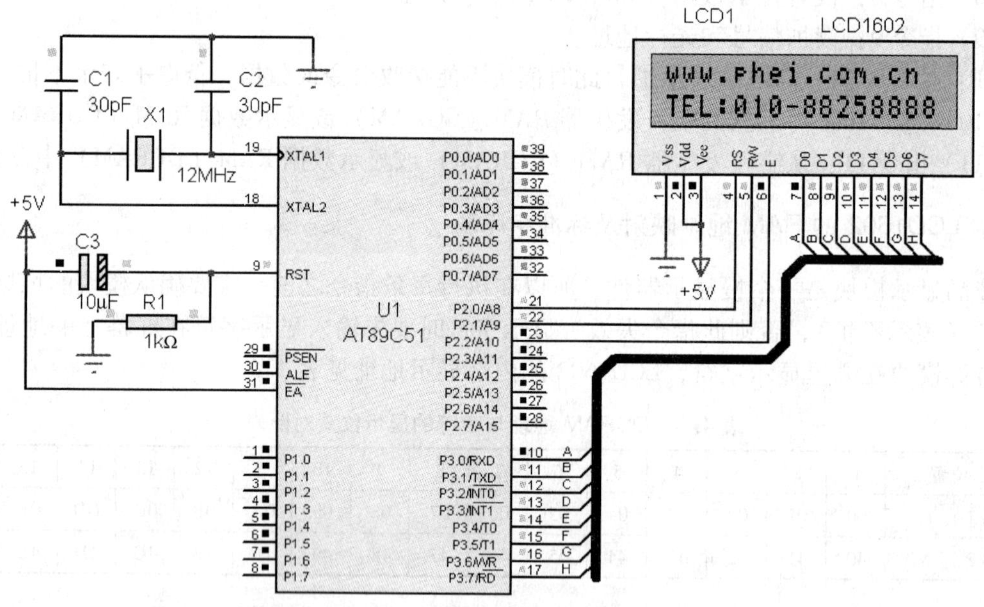

图4.10　LCD1602液晶显示硬件电路

表4.6　任务4.3所需元件清单

元件名称	元件标号	元件标称值	Proteus中的名称
单片机	U1	AT89C51	AT89C51
晶振	X1	12MHz	CRYSTAL
电容	C1，C2	30pF	CAP
电解电容	C3	10μF	CAP - ELEC
电阻	R1	1kΩ	RES
液晶显示屏	LCD1	LCD1602	LM016L

2. 程序设计

该任务比较简单，只涉及到把字符串送到液晶显示器显示，所显示的字符串的字形编码已经存放在 CGROM 中，使用时直接从字库中调用即可。如果显示汉字等 CGROM 字库中没有的字符，用户需自行设计字符的字形编码存放在 CGRAM 中，最多能创建 8 个 5×8 点阵的图形字符，具体方法请自行研究。

在程序中，要先对 LCD1602 进行初始化设置，内容包括清屏、设置输入模式、显示器/光标的开/关控制、传输数据的有效位长度选择、显示器行数选择、字符显示块的点阵选择等。设置时需认真研究表 4.4 所示的控制命令的格式。

完成液晶显示器的初始化设置后，开始在显示器上显示信息。首先确定屏幕上各行显示位置的起始地址（见表 4.5），然后再从预先定义的字符串表（Table1、Table2）中利用查表的方法取出字符，逐个送到显示器显示。

为了使程序结构更加清晰，把 LCD1602 液晶模块控制指令的执行部分编成了子程序 ENABLE；把从字符串表中取字符功能编成了子程序 WRITE；把字符送液晶显示器显示功能编成了子程序 WRITE1；延时功能编成了子程序 DELAY，以方便主程序调用。

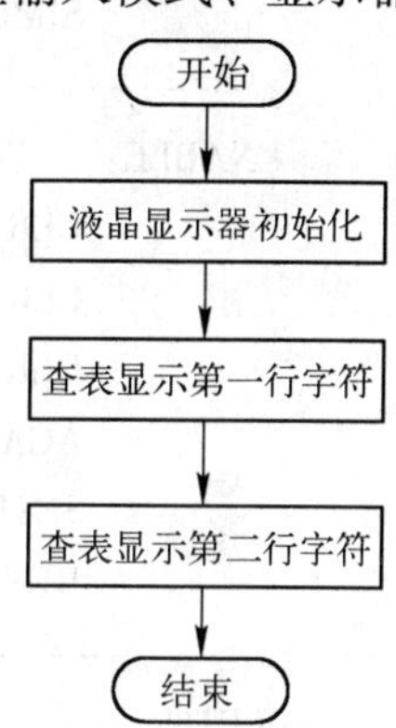

图 4.11 LCD1602 液晶显示字符的主程序流程图

主程序的流程图如图 4.11 所示，各子程序的流程图请自行绘制。

（1）汇编语言源程序清单。

```
;*****************************************************************
;程序名称:rw4-3.asm
;程序功能:在 LCD1602 液晶显示器上显示字符串
;*****************************************************************
    RS   EQU    P2.0
    RW   EQU    P2.1
    E    EQU    P2.2
    LCD  EQU    P3
         ORG    0000H
         AJMP   MAIN
         ORG    0030H
;----------主程序---------
MAIN:
         MOV    LCD,#01H        ;清屏命令(指令 1)
         ACALL  ENABLE
         MOV    LCD,#0EH        ;显示器开显示,有光标,光标不闪烁(指令 4)
         ACALL  ENABLE
         MOV    LCD,#38H        ;传输 8 位数据,双行显示,5×7 的点阵(指令 6)
         ACALL  ENABLE
         MOV    LCD,#80H        ;第一行显示位置地址 00H(指令 8)
```

```
        ACALL   ENABLE
        MOV     DPTR,#TABLE1        ;把第一行字符串首地址送 DPTR
        ACALL   WRITE               ;显示第一行字符串
        MOV     LCD,#0C0H           ;第二行显示位置地址 40H(指令 8)
        ACALL   ENABLE
        MOV     DPTR,#TABLE2        ;把第二行字符串首地址送 DPTR
        ACALL   WRITE               ;显示第二行字符串
        SJMP    $
;----------执行指令子程序----------
ENABLE:
        CLR     RS
        CLR     RW                  ;RS=0 且 RW=0,写入指令
        CLR     E                   ;产生负跳变,执行写入指令命令
        ACALL   DELAY
        SETB    E                   ;命令无效
        RET
;----------取字符子程序----------
WRITE:
        MOV     R1,#00H
A1:     MOV     A,R1
        MOVC    A,@A+DPTR           ;取出显示的字符送累加器 A
        ACALL   WRITE1
        INC     R1                  ;地址加 1
        CJNE    A,#00H,A1           ;以 00H 做字符串结束标志
        RET
;----------送字符显示子程序----------
WRITE1:
        MOV     LCD,A               ;把显示的字符送 P3 口输出
        SETB    RS
        CLR     RW                  ;RS=1 且 RW=0,写入数据
        CLR     E                   ;产生负跳变,执行数据输出命令
        ACALL   DELAY
        SETB    E                   ;命令无效
        RET
;----------延时子程序----------
DELAY:
        MOV     R7,#100             ;延时 100ms
DELAY1: MOV     R6,#250
DELAY2: NOP
        NOP
        DJNZ    R6,DELAY2
        DJNZ    R7,DELAY1
        RET
```

```
TABLE1: DB      'www. phei. com. cn',00H
TABLE2: DB      'TEL:010 - 88258888',00H
        END
```

(2) C 语言源程序清单。

```
/********************************************************************
* 程序名称:rw4 - 3. c
* 程序功能:在 LCD1602 液晶显示器上显示字符串
********************************************************************/
    #include "REG51. H"
    //--------------- 变量类型标识的宏定义 ----------------------------
    #define uchar unsigned char
    #define uint unsigned int
    //-----------------定义 LCD 与单片机的接口,LCD 数据线接 P1 -----------
    #define LCD_DATA P3
    sbit LCD_EN = P2^2;
    sbit LCD_RS = P2^0;
    sbit LCD_RW = P2^1;
    //------------------------------------------------------------
    void LCD_init(void);              //初始化
    void LCD_cmd(uchar cmd);          //写入控制命令
    void LCD_string(char *s);         //写入要显示的字符串
    void LCD_char(char str);          //写入要显示的字符
    void setxy(char x,char y);        //设定显示位置,行 x = 1/2,列 y = 1~16 的任意整数
    void wait_until_ready(void);      //检测忙标志,忙则等待
    void Delay(uchar n);              //延时
    //------------------------------------------------------------
    sbit bflag = ACC^7;
    //------------------------------------------------------------
    void Delay(uchar n)
    {
        uint i;
        while(n--)
        for(i=0;i<80;i++);
    }
    //------------------------------------------------------------
    void En_Toggle(void)
    {
    LCD_EN = 1;
    Delay(50);
    LCD_EN = 0;
    Delay(50);
    }
```

```
/***********初始化***************/
void LCD_init(void)
{
   LCD_cmd(0x38) ;              //8 位数据,2 行显示
   LCD_cmd(0x08) ;              //显示关闭
   LCD_cmd(0x01) ;              //清屏
   LCD_cmd(0x06) ;              //写入数据后光标右移
   LCD_cmd(0x0E) ;              //显示开,不显示光标
}
void LCD_cmd(uchar cmd)         //写入控制命令
{
   LCD_RS =0;
   LCD_RW =0;
   LCD_DATA = cmd;
   En_Toggle();
   wait_until_ready();
}
void LCD_char(char str)         //写入要显示的字符
{
   LCD_RS =1;
   LCD_RW =0;
   LCD_DATA = str;
   En_Toggle();
   wait_until_ready();
}
void setxy(char x,char y)       //设定显示位置,行 x =1/2,列 y =1~16 的任意整数
{
    char temp;
    if(x ==1)
   {
    temp =0x80 + y -1;
    LCD_cmd(temp);
   }
else
   {
    temp =0xC0 + y -1;
    LCD_cmd(temp);
   }
}
void LCD_string(char *s)
{
 for(;*s!='\0';s++)LCD_char(*s);
}
```

```
void wait_until_ready(void)          //检测忙标志,忙则等待
{
    LCD_RS = 0;
    LCD_RW = 1;
    LCD_DATA = 0x0ff;
    LCD_EN = 1;
    Delay(100);
    do{
    ACC = LCD_DATA;
}
while(bflag == 1);
    LCD_EN = 0;
}
//---------------------------------------------------------------
//主函数
//---------------------------------------------------------------
void main(void)
{
LCD_init();
setxy(1,1);
LCD_string("www. phei. com. cn ");
setxy(2,1);
LCD_string("TEL:010 - 88258888");
while(1);
}
```

【任务实施】

1. 在 Proteus 软件中按照图 4.10 连接电路，元件清单见表 4.6。

2. 使用 Keil μVision 软件编辑源程序 rw4 - 3. asm，检查无误后进行汇编，得到 rw4 - 3. hex 文件。

3. 在 Proteus 软件中，把 rw4 - 3. hex 文件加载到单片机 AT89C51 中，启动仿真运行，观察液晶显示器屏幕上显示的内容。

【技能拓展】

在任务 4.3 的基础上，尝试通过修改程序，改变 LCD 的显示内容、字符移动的方向、移动速度、字符显示的行数及点阵大小等参数。

任务 4.4　A/D 转换芯片 ADC0809 的使用

【学习目标】

(1) 了解 A/D 转换的相关知识。

(2) 掌握 A/D 转换芯片 ADC0809 的内部结构及工作原理。

(3) 掌握 ADC0809 与单片机的连接方法。

(4) 掌握 A/D 转换程序的编写。

【任务描述】

在 ADC0809 的某个模拟量输入端（如 IN0）输入一个 0 ～ 5V 的模拟信号，并将此信号转换为数字量，以十进制数码形式在 LED 数码管上显示出来。

【相关知识点】

4.4.1 A/D 转换的相关知识

在单片机控制系统中，被检测的对象往往是连续变化的物理量，如温度、压力、流量等，这些物理量一般是模拟量（Analog），单片机是不能直接处理模拟量的，所以要在单片机与控制对象之间增加转换装置，以实现模拟量与数字量（Digital）之间的转换。A/D 转换器在单片机控制系统中主要用于数据采集，提供被控对象的各种参数，以便单片机对被控对象进行监视。将模拟量转换为数字量的装置称为模/数（A/D）转换器，简称 ADC（Analog to Digital Converter）。A/D 转换器是架设在单片机和被控对象实体之间的桥梁，在单片机控制系统中占有极其重要的地位。在本次任务中将重点学习 A/D 转换芯片 ADC0809 的结构、工作原理及其与 80C51 的连接方法。

1. A/D 转换器的分类

(1) 按照转换为数字量的位数，可分为 8 位、10 位、12 位和 16 位等。

(2) 按照转换方式可分为以下 4 种。

① 计数式 A/D 转换器。结构简单，转换速度慢。

② 逐次逼近式 A/D 转换器。在精度、速度和价格上都适中，被广泛采用。ADC0809 就属于此类型。

③ 双积分式 A/D 转换器。精度高，抗干扰性能好，价格便宜，但转换速度慢。

④ 并行 A/D 转换器。转换速度最快，适用于速度要求较高的场合。

2. A/D 转换器的主要性能指标

(1) 分辨率。它是指输出数字量变化一个最低位所对应的输入模拟量需要变化的量，通常用 A/D 转换器输出数字量的位数来表示，位数越多，分辨率越高。

(2) 转换精度。它是指数字输出量所对应的模拟输入量的实际值与理论值之间的差值。差值越小，精度越高。

(3) 转换时间。它是指 A/D 转换器转换一次所用的时间。目前，常用的 A/D 转换器的转换时间约为几微秒到 200 微秒。

(4) 转换范围。它是指可输入模拟电压的范围。

4.4.2 典型 A/D 转换器 ADC0809

ADC0809 是美国国家半导体公司采用 CMOS 工艺制造的 8 位逐次逼近式 A/D 转换器，

可对 0 ～ 5V 的 8 路输入模拟电压信号分时进行采样、转换，输出具有三态锁存功能，可直接与单片机的数据总线相连接。

1. ADC0809 的内部结构

ADC0809 的内部结构如图 4.12 所示，它由 3 部分组成。

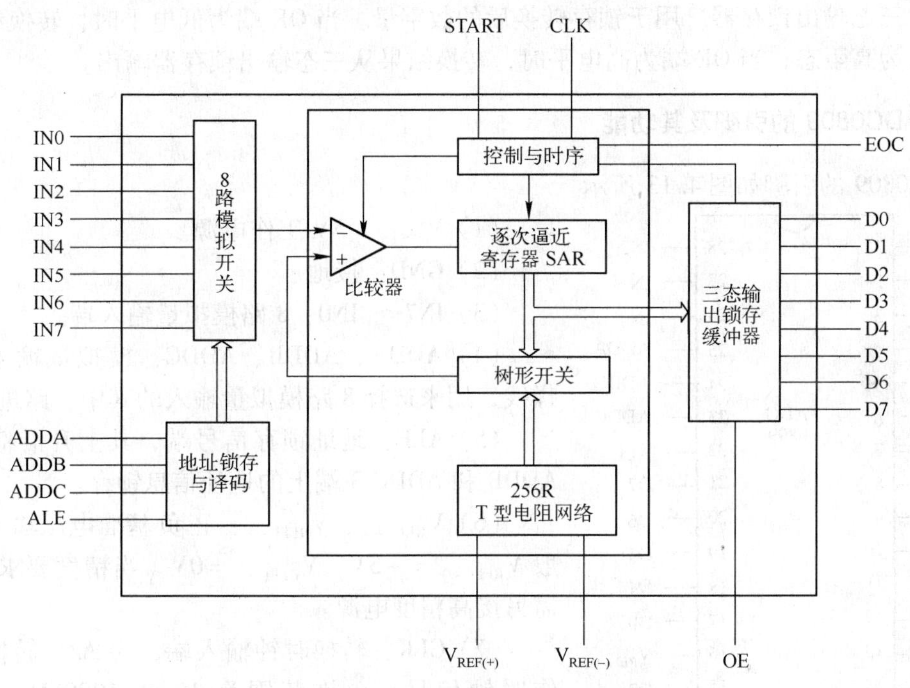

图 4.12　ADC0809 的内部结构框图

(1) 8 路模拟量输入通道。该部分由 8 路模拟开关、地址锁存与译码器构成。3 个地址输入端 ADDA、ADDB、ADDC 的编码组合用来选择 8 路输入模拟量中的某一路进行转换。当 ALE 端为高电平时，把 3 位地址信息锁存起来。地址与模拟量输入通道的关系见表 4.7。

表 4.7　地址与模拟量输入通道的关系

地址			选择的输入通道
ADDC	ADDB	ADDA	
0	0	0	IN0
0	0	1	IN1
0	1	0	IN2
0	1	1	IN3
1	0	0	IN4
1	0	1	IN5
1	1	0	IN6
1	1	1	IN7

（2）转换部分。由 256R T 型电阻网络、树形开关、电压比较器、逐次逼近寄存器 SAR 及控制和时序电路组成。其转换原理与天平称物相似，最终找出最逼近输入模拟量的数字量。$V_{REF(+)}$和 $V_{REF(-)}$是电阻网络的基准电压输入端。CLK 端外接时钟信号。A/D 转换由 START 信号启动。转换结束后将转换结果送入三态输出锁存器锁存，并产生 EOC 信号，表示转换结束。

（3）三态输出锁存器。用于锁存转换后的数字量。当 OE 端为低电平时，转换结果被锁存，输出为高阻态；当 OE 端为高电平时，转换结果从三态输出锁存器输出。

2. ADC0809 的引脚及其功能

ADC0809 的引脚如图 4.13 所示。

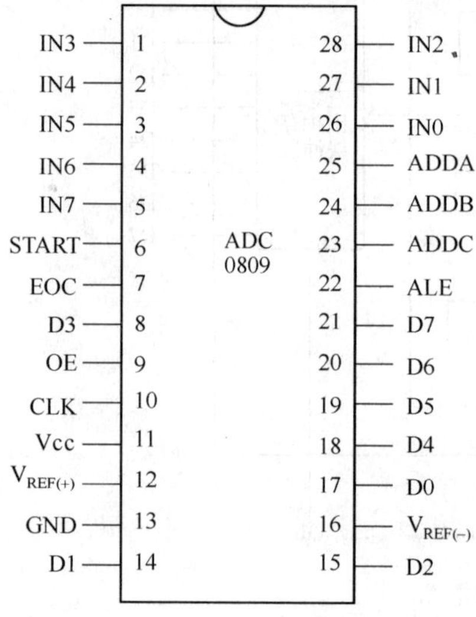

图 4.13　ADC0809 的引脚图

（1）Vcc：+5V 工作电源。

（2）GND：接地。

（3）IN7 ～ IN0：8 路模拟量输入端。

（4）ADDA、ADDB、ADDC：模拟量输入通道选择线，用来选择 8 路模拟量输入的其中一路进行转换。

（5）ALE：地址锁存信号端，其上升沿将 ADDA、ADDB 和 ADDC 3 端上的地址信息锁存。

（6）$V_{REF(+)}$、$V_{REF(-)}$：正负基准电压输入端。一般 $V_{REF(+)}$ = +5V，$V_{REF(-)}$ = 0V。当精度要求较高时，需另接高精度电源。

（7）CLK：转换时钟输入端，为 A/D 转换提供工作时钟信号，允许范围为 10 ～ 1280kHz，典型值为 640kHz。

（8）START：转换启动信号，输入信号。其上升沿将逐次逼近寄存器清零，下降沿启动 A/D 转换。在转换期间，START 信号保持为低电平。

（9）EOC：转换结束信号，输出信号，高电平有效。当转换结束，转换结果锁存到输出锁存器后，EOC 端输出高电平信号。该信号可作为 ADC0809 的状态信息供主机查询，也可作为中断请求信号向主机申请中断。

（10）D7 ～ D0：数据输出端。ADC0809 的分辨率为 8 位。

（11）OE：输出允许端，输入信号，高电平有效。该端为高电平时，将转换结果送到 D7 ～ D0 上输出。

3. ADC0809 的工作过程

地址译码器对从 ADDC ～ ADDA 输入的地址信息进行译码后，选中 8 路输入通道中的某一路，相应的模拟量送入 A/D 转换器。开始转换时，在 START 端输入启动脉冲。在其上升沿，将逐次逼近寄存器清零；下降沿时，在时钟信号 CLK 的控制下，对输入的模拟信号进行转换。转换结束后，将转换后的数字量送入到三态输出锁存器锁存，同时 EOC 端变为高电平，表示转换结束。当 OE 端输入一个高电平信号时，打开三态输出锁存器，转换结果通过 D7 ～ D0 端向外输出。

【任务分析】

1. 硬件电路设计

由于 Proteus 软件中没有 ADC0809 的仿真模型，故不能使用该元件，可用 ADC0808 替代。ADC0808 与 ADC0809 在结构和功能上完全兼容，ADC0808 的 OUT1 对应 ADC0809 的 D7，以此类推，OUT8 对应 D0，在连接的时候不要接错。ADC0808 与 AT89C51 单片机的连接电路如图 4.14 所示，元件清单见表 4.8。

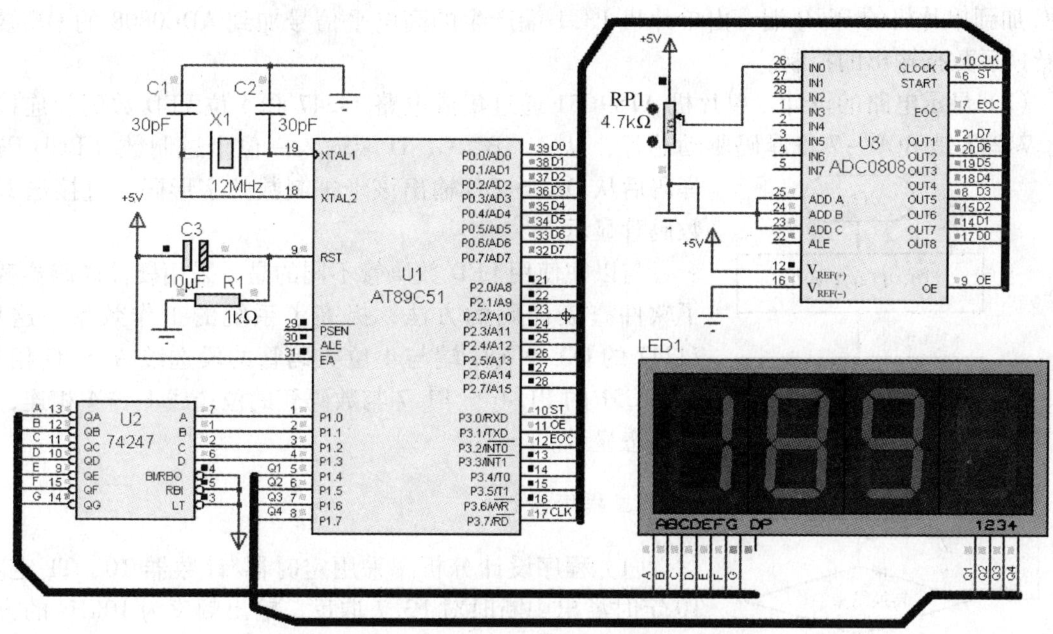

图 4.14 ADC0808 与 AT89C51 的连接电路

表 4.8 任务 4.4 所需元件清单

元件名称	元件标号	元件标称值	Proteus 中的名称
单片机	U1	AT89C51	AT89C51
晶振	X1	12MHz	CRYSTAL
电容	C1，C2	30pF	CAP
电解电容	C3	10μF	CAP - ELEC
电阻	R1	1kΩ	RES
BCD - 7 段显示译码器	U2	74247	74247
A/D 转换芯片	U3	ADC0808	ADC0808
电位器	RV1	4.7kΩ	POT - HG
4 位 LED 数码管	LED1	共阳极	7SEG - MPX4 - CA

图中，单片机 AT89C51、ADC0808、译码/驱动器 74247 和 4 位 LED 数码管之间采用总线方式连接，分析电路的时候注意区分它们之间的连接关系。

（1）单片机 AT89C51 与 ADC0808 的连接。ADC0808 的数据输出线 OUT1 ～ OUT7 与 AT89C51 的数据总线（P0 口）P0.7 ～ P0.0 直接相连，把 A/D 转换结果通过 P0 口送到单片机，又经程序转换，把输入的二进制数转换成十进制数，百位、十位和个位分别存储在内部 RAM 单元中。

ADC0808 的 ADDA、ADDB 和 ADDC 连接起来接地，说明外部输入待转换的模拟信号从 IN0 端输入。使用电位器 RV1 产生 0 ～ 5V 的模拟电压信号加到 ADC0808 的 IN0 端。基准电源 $V_{REF(+)}$ 接 +5V，$V_{REF(-)}$ 端接地。

利用单片机定时器产生的转换时钟信号由 P3.7 输出接到 ADC0808 的 Clcok 端。由单片机的 P3.0 端产生的转换启动信号加到 ADC0808 的 START 端。ADC0808 的转换结束信号 EOC 加到单片机的 P3.0 端。由单片机 P3.1 端产生的高电平信号加到 ADC0808 的 OE 端作为转换后数据输出的控制。

（2）显示电路的设计。单片机 AT89C51 通过集成电路 74247 和 4 位 LED 数码管连接起来。74247 是 BCD－7 段译码驱动芯片，从 A、B、C、D 端输入一位十进制数（BCD 码），译码后从 QA ～ QG 输出该十进制数的字形码，直接送 LED 数码管显示。

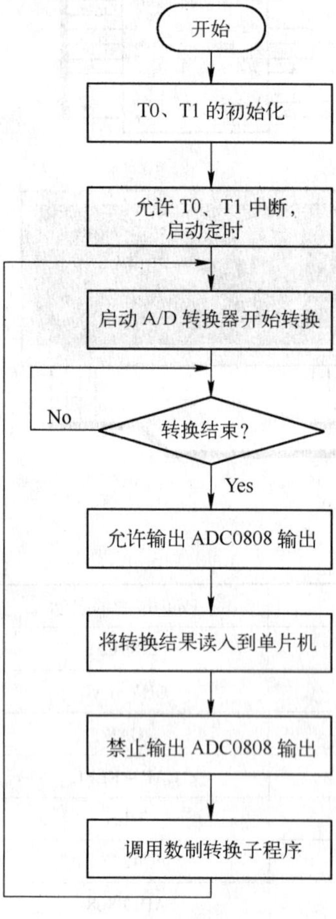

与以往使用 LED 数码管不同的是，采用硬件译码器替代了软件查表译码的方法，提高了系统的工作效率。这里，74247 的 QA ～ QG 端与 4 位数码管的段选线 A ～ G 相连，AT89C51 的 P1.4 ～ P1.7 与数码管的位选线 1 ～ 4 相连，实现动态显示。

开始
T0、T1 的初始化
允许 T0、T1 中断，启动定时
启动 A/D 转换器开始转换
转换结束?
No
Yes
允许输出 ADC0808 输出
将转换结果读入到单片机
禁止输出 ADC0808 输出
调用数制转换子程序

图 4.15　主程序流程图

2. 程序设计

（1）程序设计分析。采用定时器/计数器 T0、T1 定时，T0 定时溢出中断时对 P3.7 取反，输出频率为 10kHz 的方波信号作为 ADC0808 的转换时钟信号；T1 定时 10ms，定时溢出中断后，在中断服务程序中完成在数码管显示 A/D 转换结果的任务。

采用主程序、子程序结构。主程序中完成定时器的初始化设置，产生 A/D 转换的启动信号，在转换过程中判别转换是否结束。当转换结束时，使输出允许 OE 有效，将转换结果通过 P0 口读到单片机内部 RAM 单元存储。将二进制数转换为十进制数的程序设计成子程序，在主程序中调用。将 LED 数码管的动态显示设计成子程序，在 T1 的中断服务程序中调用。

为增强程序的可读性，方便修改，在程序开头使用 EQU、BIT 伪指令对有关数据或位进行了定义，如果要改变计数初值等数据，仅在此处修改即可。

主程序流程图如图 4.15 所示，中断服务程序及各子程序的程序流程图请自行绘制。

（2）汇编语言源程序清单。

```
;*******************************************************************
;程序名称： rw4－4.asm
```

```
; 程序功能: 控制 A/D 转换器实现模/数转换
; ************************************************************************
DATA_OUT  EQU   30H           ;ADC0808 转换结果存放在内部 RAM 30 单元中
TIME0H    EQU   0CEH
TIME0L    EQU   0CEH          ;T0 的计数初值
TIME1H    EQU   0F0H
TIME1L    EQU   60H           ;T1 的计数初值
  ST      BIT   P3.0          ;转换开始信号
  OE      BIT   P3.1          ;转换结果允许输出信号
  EOC     BIT   P3.2          ;转换结束信号
  CLK     BIT   P3.7          ;转换时钟信号
          ORG   0000H
          AJMP  MAIN
          ORG   000BH
          AJMP  INT_T0        ;转移到 T0 的中断服务程序
          ORG   001BH
          AJMP  INT_T1        ;转移到 T1 的中断服务程序
          ORG   0030H
; -----------主程序 -----------
MAIN:     MOV   TMOD,#12H     ;T0 工作在方式 2,T1 工作在方式 1,定时功能
          MOV   TH0,#TIME0H   ;赋定时 0.05ms 的计数初值,ADC0808 的时钟信号频率为 10kHz
          MOV   TL0,#TIME0L
          MOV   TH1,#TIME1H   ;赋定时 4ms 的计数初值
          MOV   TL1,#TIME1L
          SETB  ET0
          SETB  ET1
          SETB  EA
          SETB  TR0
          SETB  TR1
LOOP:     CLR   ST            ;产生启动转换的正脉冲信号
          SETB  ST
          CLR   ST
          JNB   EOC, $        ;等待转换结束
          SETB  OE            ;允许输出
          MOV   DATA_OUT,P0   ;暂存转换结果
          CLR   OE            ;关闭输出
          LCALL CONVERT       ;调用二进制数转换成 BCD 码子程序
          AJMP  LOOP
; ---------T0 中断服务程序 ---------
INT_T0:   CPL   CLK           ;P3.7 取反,产生转换时钟信号
          RETI
; ---------T1 中断服务程序 ---------
INT_T1:   MOV   TH1,#TIME1H   ;重新装载定时 10ms 的计数初值
```

```
        MOV     TL1,#TIME1L
        LCALL   DISPLAY          ;调用显示子程序
        RETI
;---------二进制数转换成 BCD 码子程序---------
CONVERT: MOV    A,DATA_OUT
        MOV     B,#100
        DIV     AB
        MOV     33H,A            ;百位上的数存放在内部 RAM 33H 单元中
        MOV     A,B              ;除以 100 后的余数
        MOV     B,#10
        DIV     AB
        MOV     34H,A            ;十位上的数存放在内部 RAM 34H 单元中
        MOV     35H,B            ;个位上的数存放在内部 RAM 35H 单元中
        RET
;-----------显示子程序------------
DISPLAY: MOV    A,33H            ;百位上的数
        ORL     A,#10H           ;左边第一个 LED 工作
        MOV     P1,A             ;显示百位上的数
        LCALL   DELAY            ;调用延时子程序
        MOV     A,34H            ;十位上的数
        ORL     A,#20H           ;左边第二个 LED 工作
        MOV     P1,A             ;显示十位上的数
        LCALL   DELAY
        MOV     A,35H            ;个位上的数
        ORL     A,#40H           ;左边第三个 LED 工作
        MOV     P1,A             ;显示位上的数
        LCALL   DELAY
        MOV     P1,#00H          ;左边第四个无输出
        LCALL   DELAY
;------------延时子程序-----------
DELAY:  MOV     R7,#250          ;延时 500μs
        DJNZ    R7,$
        RET
        END
```

(3) C 语言源程序清单。

```
/*************************************************************************
* 程序名称：rw4-4.c
* 程序功能：控制 A/D 转换器实现模/数转换
*************************************************************************/
#include <reg51.H>
unsigned char code dispcode[4] = {0x10,0x20,0x40,0x00};  //LED 显示的控制代码
unsigned char temp;                        //存储 ADC0808 转换后处理过程中的临时数值
```

```
unsigned char dispbuf[4];                       //存储十进制值
sbit ST = P3^0;
sbit OE = P3^1;
sbit EOC = P3^2;
sbit CLK = P3^7;
unsigned char count = 0;                        //LED 显示位控制
unsigned char getdata;                          //ADC0808 转换后的数值
void delay(unsigned char m)                     //延时
  { while(m --)
     {;}
  }
void main(void)
{
ET0 = 1;
ET1 = 1;
EA = 1;
TMOD = 0x12;                                    //T0 工作在模式 2,T1 工作在模式 1
TH0 = 216;
TL0 = 216;
TH1 = (65536 - 4000)/256;
TL1 = (65536 - 4000)%256;
TR1 = 1;
TR0 = 1;
while(1)
{ST = 0;
ST = 1;                                         //产生启动转换的正脉冲信号
ST = 0;
while(EOC == 0)                                 //等待转换结束
 {;}
 OE = 1;
 getdata = P0;
 OE = 0;
 temp = getdata;                                //暂存转换结果
 /* 将转换结果转换为十进制数 */
 dispbuf[0] = getdata/100;
 temp = temp - dispbuf[0] * 100;
 dispbuf[1] = temp/10;
 temp = temp - dispbuf[1] * 10;
 dispbuf[2] = temp;
 }
 }
 void T0X(void)interrupt 1 using 0
 {
```

```
    CLK =～CLK;
    }
void T1X(void) interrupt 3 using 0
{
TH1 = (65536 - 10000)/256;
   TL1 = (65536 - 10000)%256;
      for(count = 0;count < = 3;count ++ )
         {P1 = dispbuf[count]|dispcode[count];      //输出显示控制代码
            delay(255);
         }
}
```

【任务实施】

1. 在 Proteus 软件中按照图 4.14 连接电路，元件清单见表 4.8。

2. 用 Keil μVision 软件编辑源程序 rw4 -4. asm，检查无误后进行汇编，得到 rw4 -4. hex 文件。

3. 在 Proteus 软件中，将 rw4 -4. hex 文件加载到单片机 AT89C51 中，并启动仿真。

4. 调节电位器 RP1，改变 ADC0808 的模拟量输入信号的电压，观察转换后数值的变化范围。

【技能拓展】

任务 4.4 是一个单路 A/D 转换显示系统，在此基础上，设计一个双路 A/D 转换显示系统，两个转换结果分时在 LED 数码管显示出来。

任务 4.5　D/A 转换芯片 DAC0832 的使用

【学习目标】

(1) 了解 D/A 转换芯片的分类及 D/A 转换器的主要性能指标。

(2) 掌握 DAC0832 的内部结构及引脚功能。

(3) 掌握 D/A 转换芯片与单片机的连接方法。

(4) 掌握 D/A 转换程序的设计方法。

【任务描述】

在熟悉 DAC0832 的结构和功能的基础上，利用 AT89C51 单片机、DAC0832 和运算放大器设计一个产生锯齿波的电路。

【相关知识点】

4.5.1　D/A 转换的相关知识

在单片机控制系统中，有的被控对象采用模拟量进行控制，如电流、温度等，D/A 转换器用于模拟控制，通过机械或电气手段对被控对象进行调节和控制。将数字量转换为模拟量的装置称为数/模（D/A）转换器，简称 DAC（Digit to Analog Converter）。下面将学习 D/A 芯片 DAC0832 的工作原理及其与 AT89C51 单片机的连接方法。

1. D/A 转换器的分类

（1）按照输入数字量的位数来分，有 8 位、10 位、12 位和 16 位等。

（2）按照输入数字量的形式来分，有二进制和 BCD 码。

（3）按照数字量的传输方式来分，有并行 DAC 和串行 DAC。

（4）按照输出模拟量的形式来分，有电压和电流两种形式。对于电流输出型，需要用运算放大器组成的电流/电压转换器将电流输出转换成电压输出。

2. D/A 转换器的主要性能指标

（1）分辨率。它是转换器能分辨的最小输出模拟增量，是对输入变化敏感程度的描述，取决于输入数字量的二进制位数。输入数字量的位数越多，分辨率就越高。

（2）转换精度。指转换后所得的实际值和理论值的接近程度。

（3）建立时间。是描述 D/A 转换速度快慢的一个参数，一般为几十纳秒到几微秒。

4.5.2 典型 D/A 转换器 DAC0832

1. DAC0832 的内部结构

DAC0832 是一个 8 位 D/A 转换器，电源电压 Vcc 的范围为(+5 ～ +15)V，参考电压 V_{REF}的工作范围是(-10 ～ +10)V，采用 CMOS 工艺，可与 TTL 逻辑电平兼容，功耗 20mW。DAC0832 的内部结构框图如图 4.16 所示。

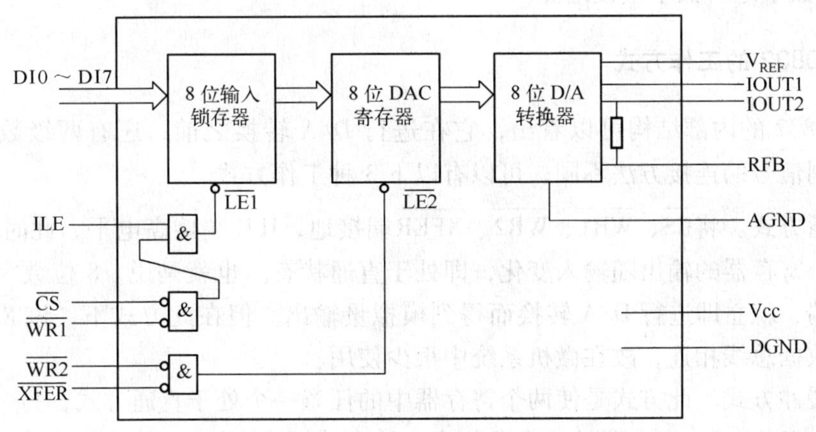

图 4.16　DAC0832 的内部结构框图

DAC0832 主要由一个 8 位输入锁存器、一个 8 位 DAC 寄存器、一个 8 位 D/A 转换器和相应的选通控制逻辑电路构成。

2. DAC0832 的引脚功能

DAC0832 共有 20 个引脚，如图 4.17 所示，各引脚所定义的功能如下。

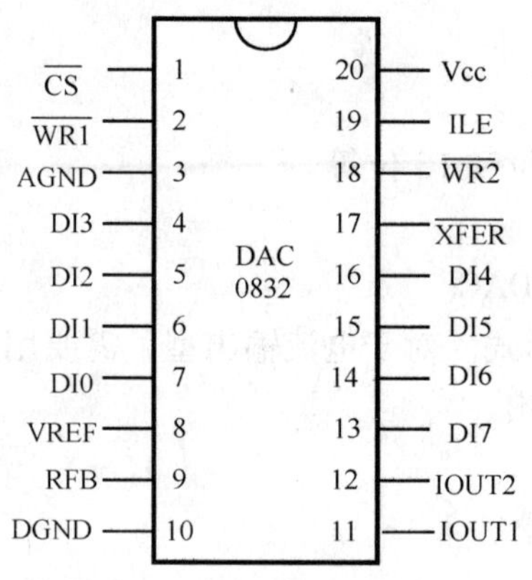

图 4.17　DAC0832 引脚图

DI7 ～ DI0：8 位数字量输入端。

ILE：输入锁存允许信号，输入信号，高电平有效。

$\overline{\text{WR1}}$：写选通信号 1，输入信号，低电平有效。

$\overline{\text{CS}}$：片选信号，输入信号，低电平有效。

注意：由 ILE、$\overline{\text{WR1}}$和$\overline{\text{CS}}$的逻辑组合产生了输入锁存器的锁存信号$\overline{\text{LE1}}$。

$\overline{\text{WR2}}$：写选通信号 2，输入信号，低电平有效。

$\overline{\text{XFER}}$：数据传送控制信号，输入信号，低电平有效。

注意：由$\overline{\text{WR2}}$和$\overline{\text{XFER}}$的逻辑组合产生 DAC 寄存器的锁存信号$\overline{\text{LE2}}$。

IOUT1：模拟电流输出 1，当输入数字量全 1 时，其值最大；全 0 时，其值最小。

IOUT2：模拟电流输出 2，IOUT1 与 IOUT2 之和为常数。采用单极性输出时，IOUT2 接地；采用双极性输出时，接运算放大器。

RFB：反馈信号输入端。反馈电阻被固化在芯片内，作为外接运放的反馈电阻，为 DAC 提供电压输出。

VREF：参考电压输入端。VREF 可在(-10 ～ +10)V 之间选择。

Vcc：电源端，范围为(+5 ～ +15)V。

AGND：模拟地。模拟量接地点。

DGND：数字地。数字量接地点。

3. DAC0832 的工作方式

从 DAC0832 的内部结构可以看出，它在进行 D/A 转换之前，还有两级数据缓冲寄存器，根据控制信号的连接方法不同，可以有以下 3 种工作方式。

（1）直通方式。将$\overline{\text{CS}}$、$\overline{\text{WR1}}$、$\overline{\text{WR2}}$、$\overline{\text{XFER}}$端接地，ILE 端接高电平，此时$\overline{\text{LE1}}$、$\overline{\text{LE2}}$为高电平，两个寄存器的输出随输入变化，即处于直通状态。也就是说，8 位数字量一旦到达 DI7 ～ DI0 端，就立即进行 D/A 转换而得到模拟量输出。但在此方式下，该芯片不能直接与单片机的数据总线相连，故在微机系统中很少使用。

（2）单缓冲方式。此方式是使两个寄存器中的任意一个处于直通方式，另一个处于受控锁存状态，一般使 DAC 寄存器处于直通状态。该方式适合只有一路模拟量输出或几路模拟量不需要同步输出的系统。

（3）双缓冲方式。此方式是使两个寄存器都处于受控锁存状态。该方式下，在控制信号的控制下，首先将输入数据写入输入锁存器，再将数据写入 DAC 寄存器，同时启动 D/A 转换。这样，在启动 D/A 转换的同时，可将下一个待转换数据读入输入寄存器，从而提高了转换速度。该方式还可以实现多个模拟通道的同步输出。

【任务分析】

1. 硬件电路设计

采用AT89C51单片机与DAC0832构建的锯齿波发生器电路如图4.18所示，元件清单见表4.9。图中，DAC0832工作于单缓冲方式，它的数据输入端DI0～DI7直接与AT89C51的P0口连接；片选端$\overline{CS}$接AT89C51的P2.7端，当P2.7端输出低电平时，DAC0832片选端$\overline{CS}$有效，芯片可以正常工作，所以输入锁存器的地址可以设置为7FFFH（P2.7=0）；把DAC0832的$\overline{WR2}$和$\overline{XFER}$端接地，使DAC寄存器处于直通状态；把$\overline{WR1}$与AT89C51的$\overline{WR}$端连接，ILE接高电平，使输入锁存器处于受控状态，即当单片机的$\overline{WR}$端（P3.6）为低电平时，处于数据输入方式，为高电平时，处于数据锁存方式。参考电压端VREF端接-5V电压，DAC0832的输出端接入一个运算放大器LM324，将电流输出转换成电压反向输出。

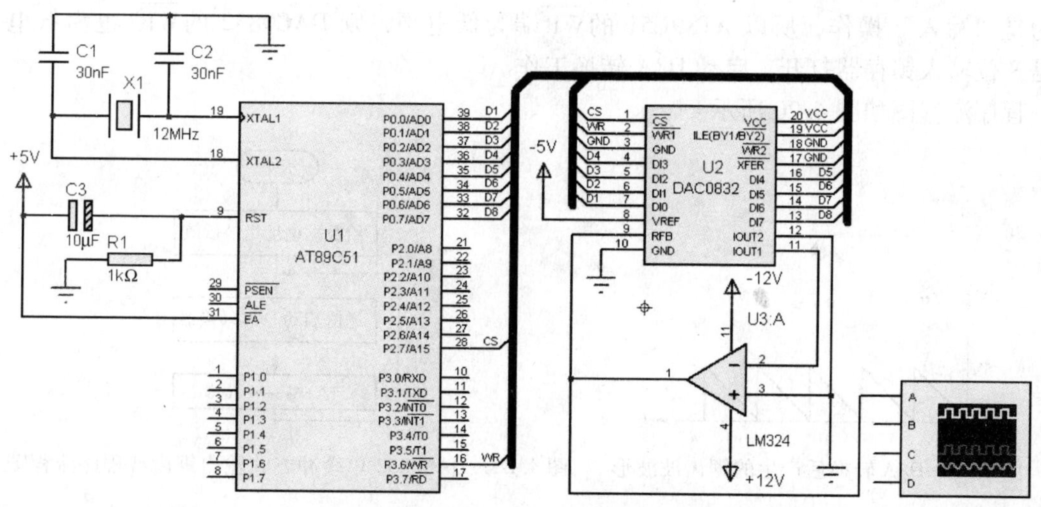

图4.18　锯齿波发生器电路

表4.9　任务4.5所需元件清单

元件/仪器名称	元 件 标 号	元件标称值	Proteus中的名称
单片机芯片	U1	AT89C51	AT89C51
晶振	X1	12MHz	CRYSTAL
电容	C1，C2	30pF	CAP
电解电容	C3	10μF	CAP-ELEC
电阻	R1	1kΩ	RES
D/A转换器	U2	DAC0832	DAC0832
运算放大器	U3	LM324	LM324
示波器			OSCILLOSCOPE

锯齿波产生电路的输出波形如图 4.19 所示。

2. 程序设计

（1）程序设计思路。DAC0832 的输出电压波形，取决于给 D/A 转换器输入什么样的数据。对于锯齿波，最低电压为 0V，对应的输入数字量为 00H；最高电压为基准电压，对应的输入数字量为 0FFH；斜齿部分对应的输入数字量由 00H 加 4 逐渐递变到 0FFH 即可。采用循环结构程序，就可输出连续的锯齿波。

程序设计的关键是如何启动 DAC0832 进行工作，在电路设计时 DAC0832 工作于单缓冲方式，执行如下指令就可以启动 DAC0832。

```
MOV   DPTR,#7FFF
MOV    A,#00H
MOVX   @DPTR,A
```

MOVX　@DPTR，A 是向外部 RAM 单元写数据的指令，当执行该指令时，地址信息从 P0、P2 口输出，因为外部 RAM 单元的地址是 7FFFH，则 P2.7 = 0，DAC0832 的 $\overline{CS}$ 有效；又因为是“写入”操作，所以 AT89C51 的 $\overline{WR}$ 端为低电平，则 DAC0832 的 $\overline{WR1}$ 也为低电平，于是 8 位输入锁存器打开，启动 D/A 转换工作。

程序流程图如图 4.20 所示。

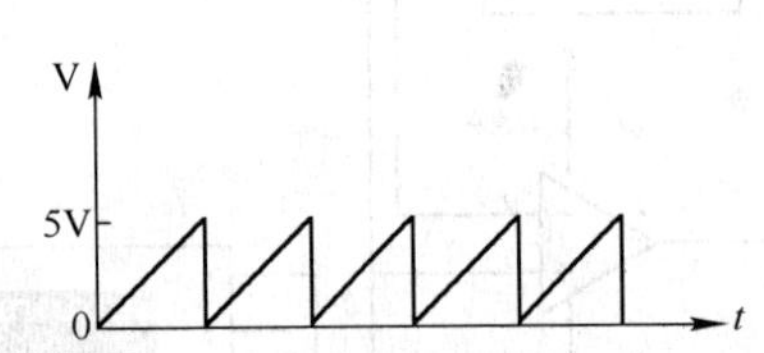

图 4.19　D/A 转换后产生的锯齿波波形

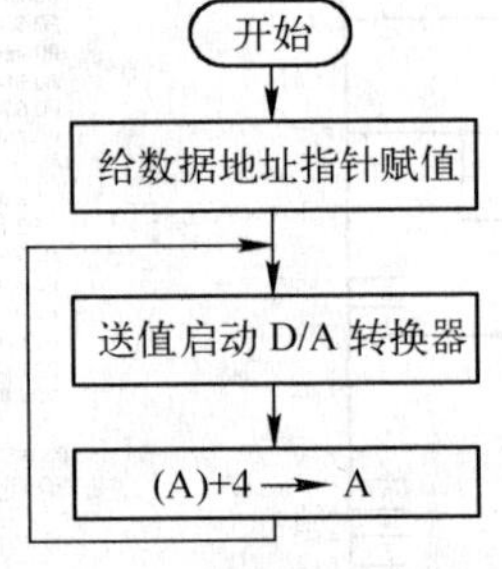

图 4.20　DAC0832 单缓冲方式输出锯齿波程序流程图

（2）汇编语言源程序清单。

```
;******************************************************************
;程序名称：rw4－5.asm
;程序功能：锯齿波发生器
;******************************************************************
    DAC0832    EQU     7FFFH              ;地址为 7FFFH
    STEP       EQU     4                  ;步长为 4
               ORG     0000H
               AJMP    MAIN
               ORG     0030H
    MAIN:      MOV     DPTR,#DAC0832      ;给数据地址指针赋值
               MOV     A,#00H
    LOOP:      MOVX    @DPTR,A            ;启动 D/A 转换
```

```
        ADD     A,#STEP                 ;增加一个步长
        LCALL   DELAY                   ;调用延时子程序,延时 1ms
        SJMP    LOOP
;----------延时子程序----------
DELAY:  MOV     R6,#250                 ;延时 1ms
DELAY1: NOP
        NOP
        DJNZ    R6,DELAY1
        RET
        END
```

（3）C 语言源程序清单。

```
/**************************************************************************
 * 程序名称: rw4 -5. c
 * 程序功能: 锯齿波发生器
 *************************************************************************/
#include <reg51. h>
#include <absacc. h>
#define step  4
#define DAC0832 XBYTE[0X7FFF]
void delay(unsigned char m)
{   unsigned char i;
    while(m --) {for(i =0;i <120;i ++);}
}
//*********************************************
//主函数
//*********************************************
void main(void)
  { unsigned char k;
    while(1)
      {
        for(k =0;k <255;)                   //锯齿波
          {   DAC0832 =k;
              k + =step;
              delay(1);
          }

      }
  }
```

【任务实施】

1. 在 Proteus 软件中按照图 4.18 连接好电路，元件清单见表 4.9。

2. 用 Keil μVision 软件编辑源程序 rw4－5. asm，检查无误后进行汇编，得到 rw4－5. hex 文件。

3. 在 Proteus 软件中，将 rw4－5. hex 文件加载到单片机 AT89C51 中，启动仿真运行。

4. 调整示波器的时基和幅度，观察示波器的波形是不是锯齿波。如果是，进一步观察锯齿波的振幅和频率。

5. 考虑一下，如何改变锯齿波的频率？

【技能拓展】

在任务 4.5 的基础上修改程序，产生三角波波形。

小结

1. 单片机应用系统中的显示器主要有 LED 数码管显示器、LED 点阵显示器和液晶显示器。使用最多的是 LED 数码管显示器。LED 数码管显示器的显示方式有静态显示和动态显示两种，当显示的位数较少时常采用静态方式，当显示的位数较多时常采用动态方式。

2. 键盘主要有独立式和矩阵式两种形式。独立式键盘常在按键较少时使用，编程方法较为简单。如果系统中的按键较多，为了有效节约硬件资源，多采用行列扫描矩阵式键盘。

3. 需要在模拟量、数字量之间相互转换的场合，使用 A/D 或 D/A 转换器。这两种转换器的芯片型号很多，在使用时注意位数和转换速度。

练习题 4

1. 设计一个 4 位 LED 数码管动态显示器，显示的最小时间单位为 0.01s，最多显示时间为 99s。

2. 设计一个 2×2 矩阵式键盘，并编写键盘扫描程序。

3. 根据任务 4.3 中的硬件电路编写一个仅显示自己学号的程序。

4. 采用 8 位 ADC0809 对一路模拟信号进行转换，采集 10 个数据，将转换结果存放到单片机内部 RAM 以 40H 为首地址的连续区域中。

5. 使用 DAC0832 产生周期性的正弦波，在 Proteus 软件中进行仿真，并用示波器观察波形。

6. 使用 DAC0832 编写程序，输出连续的矩形波，要求波形的占空比为 1∶4，高电平为 2.5V，低电平为 1.25V，在 Proteus 软件中进行仿真，并用示波器观察波形。

第5章　单片机应用系统设计实例

通过前4章的学习，大家基本掌握了80C51单片机的内部结构、指令系统及内部资源的配置，具备了一定的单片机应用系统的设计开发能力。为了进一步加深对单片机的理解，提高单片机应用系统的硬件、软件的开发能力，尤其是程序设计能力，本章准备了6个单片机应用设计实例，本着由易到难、由浅入深的原则，逐渐提高单片机的设计能力。与前面的内容不同，对于实例中出现的陌生器件没有给出相关资料，需要自行查找、分析资料，培养独立工作的能力。由于在实际工作中，单片机的开发基本上不再采用汇编语言，C语言已经成为主流语言，所以6个实例提供的都是基于C语言的源程序，希望大家尽快掌握单片机的C语言编程方法。

设计实例5.1　简易密码锁的设计

1. 设计要求

在一些智能楼宇的门控管理系统中，需要输入正确的密码才可以开锁。如图5.1所示的电路是一个基于单片机控制的简易密码锁电路，它包括控制器、按键、数码显示和电控开锁驱动电路等部分。4个按键，分别代表数字0、1、2、3。当按下按键时，数码管显示其所代表的数字；密码事先在程序中设定，为0～3之间的某个数字。数码管显示“—”时，表示等待密码输入；密码输入正确时数码管显示字符“P”约3s，并由P3.0口位产生开锁信号，这里用一个发光二极管D1表示锁。D1亮表示密码正确开锁；如果密码输入错误，则数码管显示字符“E”约3s，D1不亮，系统继续保持锁定状态。

2. 简易密码锁控制系统的参考程序

```
/************************************************************************
 * Archive：sl5 - 1. c
 * Revision：1. 0
 * Date：Jul. 2010
 * Descrption：根据密码的不同,控制数码管显示不同的字符,正确:P,并通过 P3. 0 端口
 * 将锁打开;错误:E,继续保持锁定状态。
 * (C) Copyright by houjingzhong
 * All rights reserved
************************************************************************/
    #include <reg51. h>
    sbit P3_0 = P3^0;                    //初始化
    void delay(unsigned char i);         //延时子程序声明
    void main()                          //主函数
```

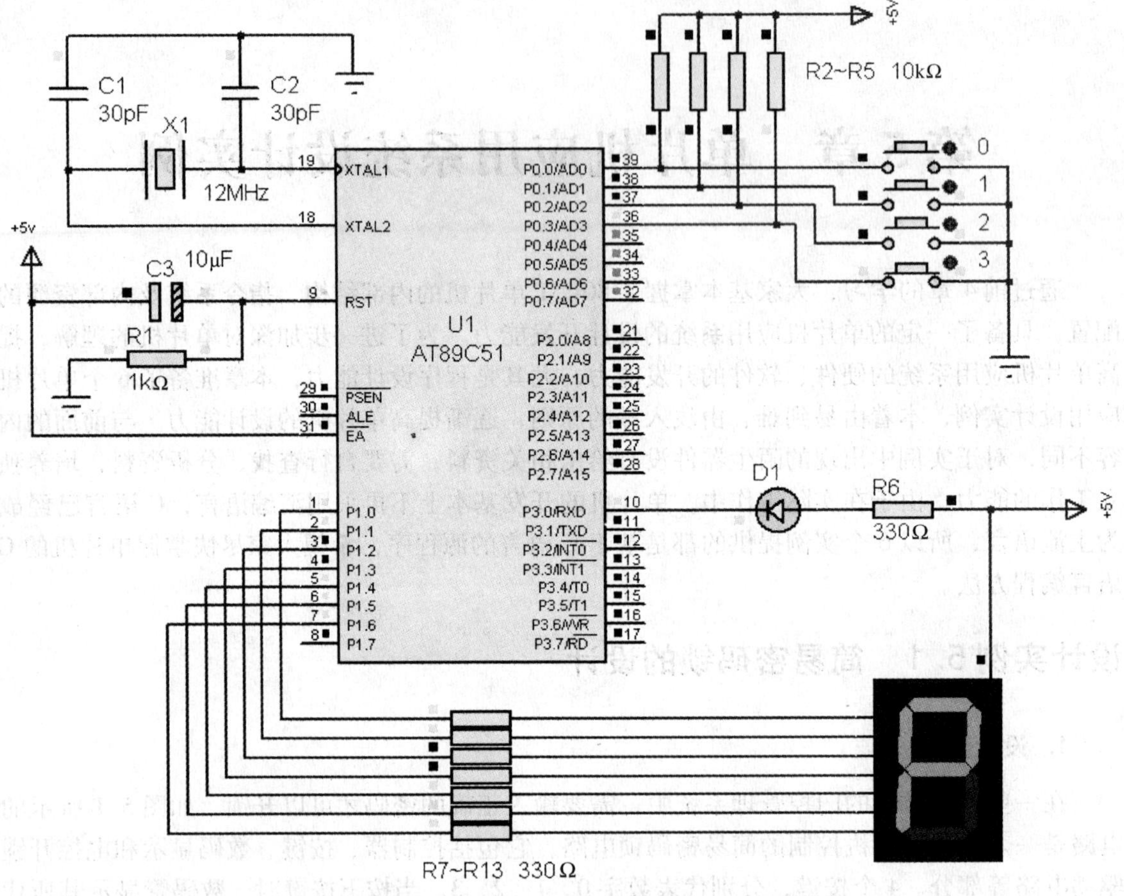

图 5.1　基于单片机控制的简易密码锁电路原理图

```
{
    unsigned char button;
    unsigned char code tab[7] = {0xc0,0xf9,0xa4,0xb0,0xbf,0x86,0x8c};
                                            //对应字形码 0,1,2,3,-,E,P
    P0 = 0xff;
    while(1)
    {
        P1 = tab[4];
        P3_0 = 1;
        button = P0;
        button = button&0x0f;
        switch(button)                  //判别是哪个按键按下,并与初始密码对比做出相应操作
        {
            case 0x0e:P1 = tab[0];delay(250);P1 = tab[5];break;
            case 0x0d:P1 = tab[1];delay(250);P1 = tab[5];break;
            case 0x0b:P1 = tab[2];delay(250);P1 = tab[5];break;
            case 0x07:P1 = tab[3];delay(250);P1 = tab[6];P3_0 = 0;break;
        }
```

```
        delay(250);
        delay(250);
        }
    }
void delay(unsigned char i)          //延时子程序定义
{
unsigned char j,k;
for (j=0;j<i;j++)
   for(k=0;k<j;k++);
}
```

设计实例 5.2　LED 点阵显示控制电路的设计

1. 点阵的基础知识

点阵 LED 显示器是把多个 LED 按矩阵方式排列组合而成的显示器。按阵列点数可分为 5×7、5×8、6×8、8×8 共 4 种类型；按发光颜色可分为单色、双色和三色 3 种类型；按极性排列方式可分为共阳极和共阴极两种类型。如图 5.2 所示是一个 8×8 点阵 LED 显示器，共由 64 个 LED 组成，每个 LED 都放置在行线与列线的交叉点上。点阵的每个发光二极管为一个像素。阳极公共端接高电平，阴极公共端接低电平时，LED 点亮。

在使用中需要利用人眼的视觉暂留效应，从左到右顺序逐行扫描点阵 LED 显示器，而从列线送出的数据（高低电平）使相应的 LED 发光以显示内容。若要改变显示内容，只要改变列线所输出的数据即可。因为点阵 LED 显示器价格低、亮度高且能以点阵格式显示文字和图案，所以在火车站、长途汽车站及公路上常用单色点阵 LED 构成大屏幕，显示信息。

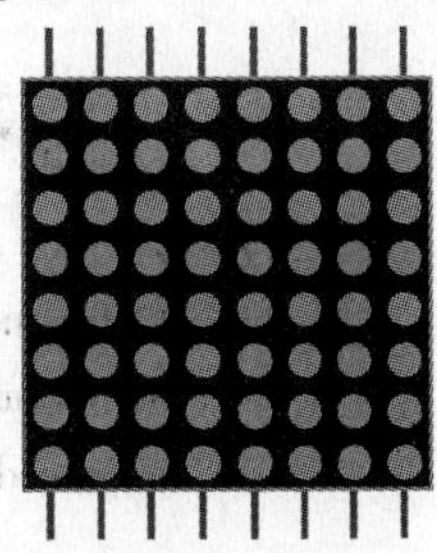

图 5.2　LED 点阵显示器

2. LED 点阵显示控制电路的设计要求

根据如图 5.3 所示的原理图，设计控制程序，使 LED 点阵循环显示数字 0～9，时间间隔为 1s，时间的刷新要求用定时器来完成。图中所用 8×8 点阵 LED 显示器在 Proteus 软件中的名称是 MATRIX－8X8－GREEN。

3. LED 点阵显示控制的参考程序

```
/*********************************************************************
*  Archive: sl5-2.c
* Revision: 1.0
*  Date:Jul. 2010
* Descrption: 8×8 LED 点阵循环显示数字 0～9,刷新过程由定时器中断完成
* (C) Copyright by houjingzhong
*  All rights reserved
```

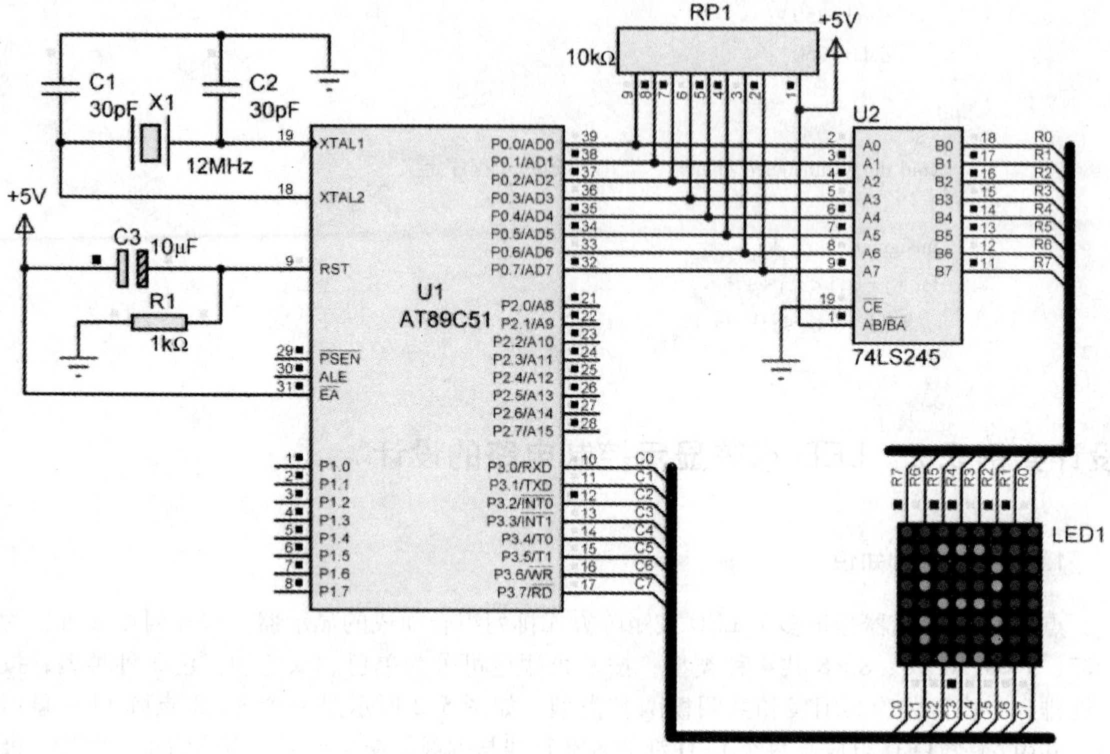

图 5.3　LED 点阵显示控制电路原理图

```
*********************************************************************/
#include <reg51.h>
#include <intrins.h>
#define uchar unsigned char
#define uint unsigned int
uchar code Table_OF_Digits[] =
{
  0x00,0x3E,0x41,0x41,0x41,0x3E,0x00,0x00,        //0
  0x00,0x00,0x00,0x21,0x7F,0x01,0x00,0x00,        //1
  0x00,0x27,0x45,0x45,0x45,0x39,0x00,0x00,        //2
  0x00,0x22,0x49,0x49,0x49,0x36,0x00,0x00,        //3
  0x00,0x0C,0x14,0x24,0x7F,0x04,0x00,0x00,        //4
  0x00,0x72,0x51,0x51,0x51,0x4E,0x00,0x00,        //5
  0x00,0x3E,0x49,0x49,0x49,0x26,0x00,0x00,        //6
  0x00,0x40,0x40,0x40,0x4F,0x70,0x00,0x00,        //7
  0x00,0x36,0x49,0x49,0x49,0x36,0x00,0x00,        //8
  0x00,0x32,0x49,0x49,0x49,0x3E,0x00,0x00         //9
};
uchar i=0,t=0,Num_Index=0;
//---------------------------------------------------------
//  主程序
```

```
//--------------------------------------------------------------------
void main()
{
   P3 =0x80;
   Num_Index =0;
   TMOD =0x01;                                //定时计数器工作方式设定
   TH0 =(65536 -5536)/256;
   TL0 =(65536 -5536)%256;                    //计算定时计数器初值
   TR0 =1;                                    //启动定时计数器
   IE =0x82;                                  //开中断
   while(1);                                  //等待
}
//--------------------------------------------------------------------
// T0 中断
//--------------------------------------------------------------------
void LED_Screen_Display() interrupt 1
{
   TH0 =(65536 -5536)/256;
   TL0 =(65536 -5536)%256;                    //重新装初值
   P3 =_crol_(P3,1);
   P0 =~Table_OF_Digits[Num_Index * 8 +i]; //送显
   if( ++i ==8) i =0;                         //判别是否 8 列显示完毕
   if( ++t ==250)
   {
      t =0x00;
      if( ++Num_Index ==10) Num_Index =0; //判断显示数字是否到 10,到则从 0 重新显示
   }
}
```

资料查询:

1. 了解点阵 LED 显示器的内部结构，知道共阳极和共阴极接法的区别。
2. 学会单片机与点阵 LED 显示器的连接方法。
3. 了解如何让点阵 LED 显示器显示数字、字母或汉字。

设计实例 5.3　十字路口交通灯控制系统的设计

1. 设计要求

在十字路口需要交通灯来维持车辆、行人的正常秩序。下面就用单片机来设计一个十字路口交通灯控制系统，电路原理图如图 5.4 所示。

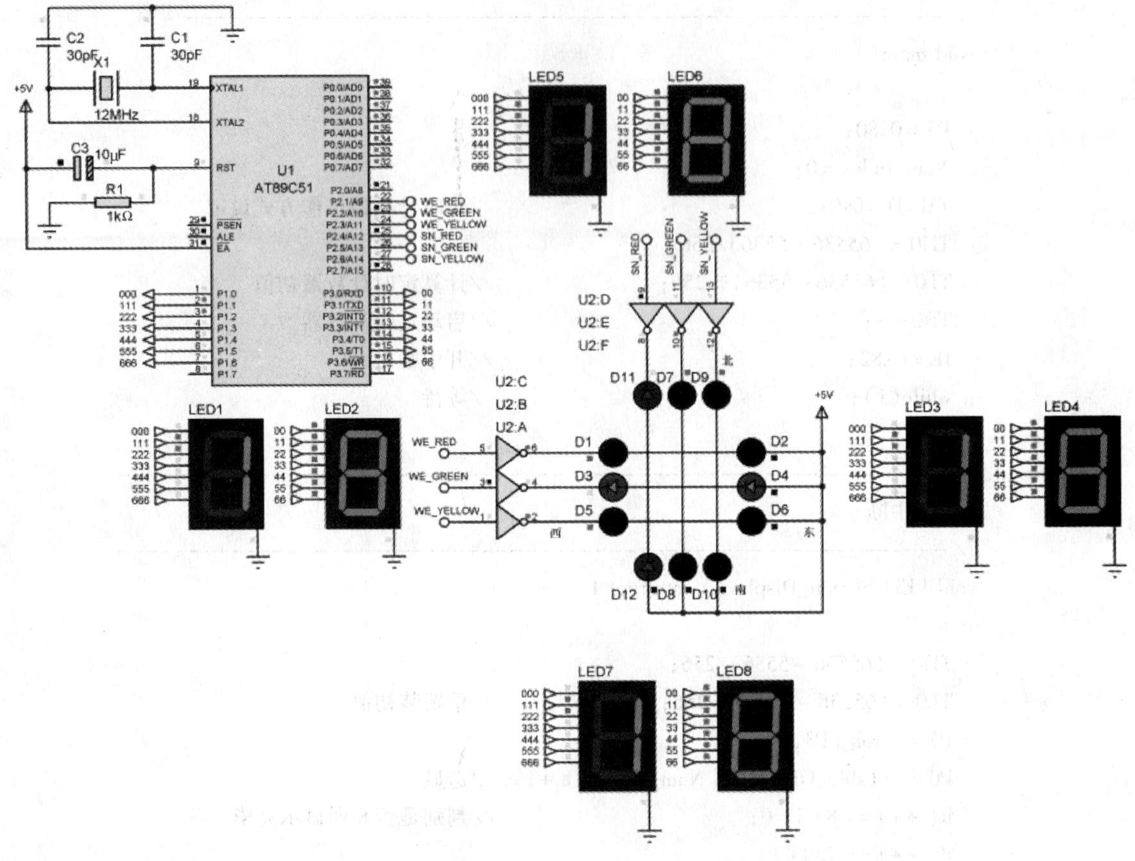

图 5.4　十字路口交通灯控制系统电路原理图

这个交通灯控制系统的基本功能是：在这个系统中共有 12 个 LED 和 8 个数码管，分成东西向和南北向两组。当南北方向是绿灯的时候，东西方向为红灯，红灯和绿灯所持续的时间都是 20s，并由数码管显示剩余时间。当南北方向从绿灯变为红灯的时候，显示绿灯闪烁 3s，同时数码管显示 03、02、01；3s 到了之后，南北方向的黄灯闪烁 3s，同时数码管也要显示剩余时间；3s 之后，南北方向变为红色，东西方向变为绿色，这样反复循环。

2. 十字路口交通灯控制系统的参考程序

```
/*****************************************************************************
*  Archive:sl5 - 3. c
*  Revision: 1.5
*  Date:Jul. 2010
* Descrption: 控制东西方向和南北方向的小灯交替点亮,模拟交通灯的效果,并在数码管
* 上显示剩余时间
* (C) Copyright by houjingzhong
*  All rights reserved
*****************************************************************************/
   #include <reg51. h>
```

```
#define uchar unsigned char
uchar count,second,i,flag;
sbit h_red = P2^1;                                  //定义端口
sbit h_green = P2^2;
sbit h_yellow = P2^3;
sbit l_red = P2^4;
sbit l_green = P2^5;
sbit l_yellow = P2^6;
uchar code table[ ] = {0x3F,0x06,0x5B,0x4F,0x66,0x6D,0x7D,0x07,0x7F,0x6F};
/ ****************************************
 * 主程序
 ****************************************/
void main( )
{
  P1 =0x00;              //关闭显示
  P3 =0x00;
  flag =1;               //置标志位
  second =20;            //状态 1、4,红绿灯亮 20s
  TMOD =0x01;            //设置定时器 0,为方式 1
  TH0 =0x3c;             //置定时器的初始值,定时 50ms
  TL0 =0xb0;
  TR0 =1;                //启动定时器
  IE =0x82;              //允许中断
  while(1);
}
/ ******************************************
 *状态 1,东西方向绿灯亮,南北方向红灯亮
 ******************************************/
void state1(void)
{
  h_red =1;              //东西方向绿灯亮
  h_green =0;
  h_yellow =0;
  l_red =0;
  l_green =1;
  l_yellow =0;           //南北方向红灯亮
}
/ ******************************************
 *状态 2,东西方向绿灯闪,南北方向红灯亮
 ******************************************/
void state2(void)
{
  h_red =1;
```

```
    h_green = 0;
    h_yellow = 0;
    l_red = 0;
    l_green = 0;
    l_yellow = 0;
}
/*****************************************
 *状态 3,东西方向黄灯闪,南北方向红灯亮
*****************************************/
void state3(void)
{
    h_red = 1;
    h_green = 0;
    h_yellow = 0;
    l_red = 0;
    l_green = 0;
    l_yellow = 1;
}
/*****************************************
 *状态 4,东西方向红灯亮,南北方向绿灯亮
*****************************************/
void state4(void)
{
    h_red = 0;
    h_green = 1;
    h_yellow = 0;
    l_red = 1;
    l_green = 0;
    l_yellow = 0;
}
/*****************************************
 * 状态 5,东西方向红灯亮,南北方向绿灯闪
*****************************************/
void state5(void)
{
    h_red = 0;
    h_green = 0;
    h_yellow = 0;
    l_red = 1;
    l_green = 0;
    l_yellow = 0;
```

```
}
/*************************************
* 状态6,东西方向红灯亮,南北方向黄灯闪
*************************************/
void state6(void)
{
  h_red = 0;
  h_green = 0;
  h_yellow = 1;
  l_red = 1;
  l_green = 0;
  l_yellow = 0;
}
/*************************************
* 中断程序
*************************************/
void int_0() interrupt 1 using 0
{
  count ++ ;
  TH0 = 0x3c;
  TL0 = 0xb0;
  switch(flag)
  {
    case 1:                               //标志位为1,则显示第一种状态
    {
      state1();                           //调用状态1
      if(count == 20)                     //是否到1s,未到则退出中断程序
      {
        count = 0;
        if(second > 0)                    //20s是否显示结束,未结束则显示秒值
        {
          P1 = table[second/10];          //显示十位
          P3 = table[second% 10];         //显示个位
          second -- ;                     //秒值减1
        }
        else                              //20s是否显示结束,显示结束则全显示0
        {
          P1 = 0x3f;
          P3 = 0x3f;
          second = 3;                     //状态1显示结束,秒值再赋初值3s
          flag = 2;                       //标志位置2,下次中断将显示第二种状态
        }
      }
```

```
    } break;
// ****************************************
    case 2:                             //标志位为2,则显示第二种状态
    {
      state2( );                        //调用状态2
      if( count >= 10)                  //是否到500ms,未到则退出中断程序
      {
        count = 0;
        l_green = ~l_green;             //到500ms,则取反南北方向的绿灯,绿灯闪
        i ++ ;
        if( i == 2)                     //是否到1s,未到则退出中断程序
        {
          i = 0;
          if( second > 0)               //3s是否显示结束,未结束则显示秒值
          {
            P3 = table[ second% 10 ];   //显示十位
            P1 = table[ second/10 ];    //显示个位
            second -- ;                 //秒值减1
          }
        else
          {
            P1 = 0x3f;
            P3 = 0x3f;
            second = 2;                 //状态2显示结束,秒值再赋初值2s
            flag = 3;                   //标志位置3,下次中断将显示第三种状态
            i = 0;
          }
        }
      }
    } break;
// ****************************************
    case 3:                             //标志位为3,则显示第三种状态
    {
      state3( );                        //调用状态3
      if( count >= 10)                  //是否到500ms,未到则退出中断程序
      {
        count = 0;
        l_yellow = ~l_yellow;           //到500ms,则取反南北方向的黄灯,黄灯闪
        i ++ ;
        if( i == 2)                     //是否到1s,未到则退出中断程序
        {
          i = 0;
          if( second > 0)               //2s是否显示结束,未结束则显示秒值
```

```
        {
          P3 = table[ second% 10 ];              //显示十位
          P1 = table[ second/10 ];               //显示个位
          second -- ;                            //秒值减 1
        }
      else
        {
          P1 = 0x3f;
          P3 = 0x3f;
          second = 20;                           //状态 3 显示结束,秒值再赋初值 20s
          flag = 4;                              //标志位置 4,下次中断将显示第四种状态
          i = 0;
        }
      }
    }
  } break;
// ************************************
  case 4:                                        //标志位为 4,则显示第四种状态
  {
    state4( );
    if( count == 20)
    {
      count = 0;
      if( second > 0)
      {
        P1 = table[ second/10 ];
        P3 = table[ second% 10 ];
        second -- ;
      }
    else
      {
        P1 = 0x3f;
        P3 = 0x3f;
        second = 3;                              //状态 4 显示结束,秒值再赋初值 3s
        flag = 5;                                //标志位置 5,下次中断将显示第五种状态
      }
    }
  } break;
// ************************************
  case 5:                                        //标志位为 5,则显示第五种状态
  {
    state5( );
    if( count >= 10)
```

```
        {
          count = 0;
          i ++ ;
          h_green =  ~ h_green;                //到 500ms,则取反东西方向的绿灯,绿灯闪
          if( i == 2)
          {
            i = 0;
            P1 = table[ second/10] ;
            P3 = table[ second% 10] ;
            second -- ;
          }
          if( second == 0)
          {
            P1 = 0x3f;
            P3 = 0x3f;
            second = 2;                         //状态 5 显示结束,秒值再赋初值 2s
            flag = 6;                           //标志位置 6,下次中断将显示第六种状态
            i = 0;
          }
        }
      } break;
// ****************************************
      case 6:                                   //标志位为 6,则显示第六种状态
      {
        state6( ) ;
        if( count >= 10)
        {
          count = 0;
          i ++ ;
          h_yellow =  ~ h_yellow;
          if( i == 2)                           //到 500ms,则取反东西方向的黄灯,黄灯闪
          {
            i = 0;
            if( second > 0)
            {
              P3 = table[ second% 10] ;
              P1 = table[ second/10] ;
              second -- ;
            }
            else
            {
              P1 = 0x3f;
              P3 = 0x3f;
```

```
                second = 20;                    //状态 6 显示结束,秒值再赋初值 20s
                flag = 1;                       //标志位置 1,下次中断将显示第一种状态
                i = 0;
              }
            }
          }
        } break;
      default:break;
      }
  }
```

设计实例 5.4 步进电机控制系统的设计

1. 设计要求

在自动控制系统中，步进电机的应用非常广泛。如图 5.5 所示为步进电机控制电路图，在这个实例中，用 3 个按键控制步进电机的状态，一个按键控制步进电机的启动和停止，一个按键控制步进电机的正/反转，最后一个按键控制步进电机的转速（这里一共有 3 个挡位，每按一次挡位加一挡，当挡位在高位的时候，就回到一挡）；由一块液晶屏来显示电机的状态，包括步进电机的状态、正/反转和挡位。

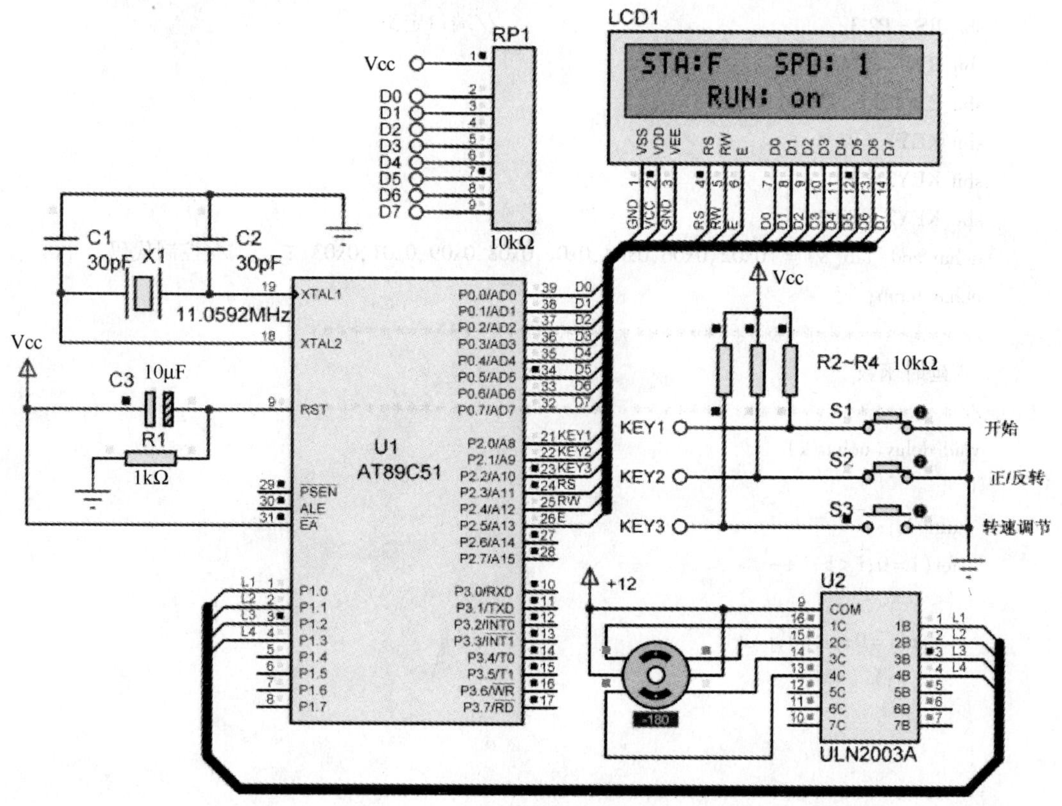

图 5.5 步进电机控制电路图

当按下启动按键后，步进电机开始工作，同时液晶屏上显示步进电机当前的状态，另外两个按键分别控制步进电机的正/反转和转速，并在液晶屏上显示。

这里使用的步进电机在 Proteus 软件中的名称是 MOTOR - STEPPER，集成电路 ULN2003A 用于驱动步进电机工作。

2. 步进电机控制的参考程序

```
/*************************************************************************
* Archive: sl5 -4.c
* Revision: 1.0
* Date: Jul. 2010
* Descrption: 利用单片机控制步进电机的正/反转和转速,并在液晶屏上显示步进电机的状态
* (C) Copyright by houjingzhong
* All rights reserved
*************************************************************************/
#include"reg51.h"
#include"intrins.h"
#include"absacc.h"                              //加载头文件
#define busy 0x80
#define uchar unsigned char
#define uint unsigned int
sbit RS = P2^3;                                 //端口定义
sbit RW = P2^4;
sbit E = P2^5;
sbit KEY1 = P2^0;
sbit KEY2 = P2^1;
sbit KEY3 = P2^2;
uchar code tab[8] = {0x02,0x06,0x04,0x0c,0x08,0x09,0x01,0x03};      //控制代码
uchar temp;
//*********************************************
// 延时函数
//*********************************************
void delay(uchar k)
{
  uint i,j;
  for(i=0;i<k;i++)
  {
    for(j=0;j<60;j++)
      {;}
  }
}
//*********************************************
// 测忙函数
```

```
//**********************************************
void test_1602busy()
{
    P0 = 0xff;
    E = 1;
    RS = 0;
    RW = 1;
    _nop_();
    _nop_();
  while(P0&busy)                              //检测 LCD DB7 是否为 1
   { E = 0;
     _nop_();
     E = 1;
     _nop_();
    }
   E = 0;
 }
//**********************************************
// 液晶写命令函数
//**********************************************
void write_1602Command(uchar co)
{
   test_1602busy();                            //检测 LCD 是否忙
   RS = 0;
   RW = 0;
   E = 0;
   _nop_();
   P0 = co;
   _nop_();
   E = 1;                                      //LCD 的使能端,高电平有效
   _nop_();
   E = 0;
}
//**********************************************
// 液晶写数据函数
//**********************************************
void write_1602Data(uchar Data)
{
   test_1602busy();                            //检测 LCD 是否忙
   P0 = Data;
   RS = 1;
```

```
    RW =0;
    E =1;
    _nop_( );
    E =0;
}
// ************************************************
// 初始化函数
// ************************************************
void init_1602( void)
{
    write_1602Command(0x38);              //LCD 功能设定,DL =1(8 位),N =1(2 行显示)
    delay(5);
    write_1602Command(0x01);              //清除 LCD 的屏幕
    delay(5);
    write_1602Command(0x06);              //LCD 模式设定,I/D =1(计数地址加 1)
    delay(5);
    write_1602Command(0x0F);              //显示屏幕
    delay(5);
    write_1602Command(0x0c);              //消除光标
}
void DisplayOneChar( uchar X,uchar Y,uchar DData)     //液晶显示位置函数
{
    Y& =1;
    X& =15;
    if(Y)X| =0x40;                        //若 y 为 1(显示第二行),地址码 +0X40
    X| =0x80;                             //指令码为地址码 +0X80
    write_1602Command( X);
    write_1602Data( DData);
}
// ************************************************
// 液晶显示函数
// ************************************************
void display_1602( uchar  * DData,X,Y)
{
    uchar ListLength =0;
    Y& =0x01;
    X& =0x0f;
    while(X <16)
    {
        DisplayOneChar( X,Y,DData[ ListLength] );
        ListLength ++ ;
        X ++ ;
    }
```

```
}
// ****************************************************
// 主函数
// ****************************************************
void main()
{
  uchar i = 0;
  uchar delay_v = 100;
  uchar flag = 0;
  P1 = 0xff;
  P2 = 0xff;
  init_1602();
  display_1602("STA: SPD: ",0,0);          //显示基本字符
  display_1602(" RUN: ",0,1);
  while(1)
  {
    if (KEY2 == 1) DisplayOneChar(4,0,'Z');  //正/反转显示
    else DisplayOneChar(4,0,'F');
    if (KEY3 == 0)                           //判断转速调节键是否按下
    {
      i ++;
      i = i%3;
      while(KEY3 == 0)
      {;}
      }
      switch(i)
      {
        case 0: delay_v = 100;DisplayOneChar(13,0,'1');break;    //显示运行速度为1
        case 1: delay_v = 75; DisplayOneChar(13,0,'2');break;
        case 2: delay_v = 50; DisplayOneChar(13,0,'3');break;
      }
      if (KEY1 == 0)                         //开始按键按下处理函数
      {
        display_1602(" RUN: on ",0,1);  //显示运行
        if (flag == 0)
        {
          if(KEY2 == 1)                      //首次按键正转9°
            {temp = 0;
            P1 = tab[temp];
            flag = 1;
            delay(delay_v);
            }
          if(KEY2 == 0)                      //首次按键反转9°
```

```
            {temp =6;
            P1 =tab[temp];
            flag =1;
            delay(delay_v);
            }
          }
          if(KEY2 ==1)                    //正转
            {temp ++;
            if (temp ==8)                  //是否结束标志
            {temp =0;}
            P1 =tab[temp];
            delay(delay_v);
            }
          if(KEY2 ==0)                    //反转
            {temp --;
            if (temp ==0xff)               //是否结束标志
            {temp =7;}
            P1 =tab[temp];
            delay(delay_v);
            }
        }
      else display_1602(" RUN: off ",0,1);  //显示停
    }
  }
```

资料查询

1. 熟悉步进电机的内部结构及工作原理。
2. 了解步进电机的启动、停止及调速的控制原理。
3. 了解集成电路 ULN2003 的使用方法（如何与单片机、步进电机连接）。

设计实例 5.5　智能电子钟的设计

1. 设计任务

利用单片机 AT89C2051 设计一个智能电子钟，显示时和分，并具备调时和定时的功能。

2. 硬件电路分析

本实例是设计一个智能电子钟，控制器采用 AT89C2051 单片机，4 个数码管组成显示电路，高两位显示“时”，低两位显示“分钟”，采用数码管动态显示方式。集成电路 4511 芯片是 BCD－7 段锁存器/译码器/驱动器，用来译码和驱动数码管工作。硬件电路原理图如图 5.6 所示。所需元件清单见表 5.1。

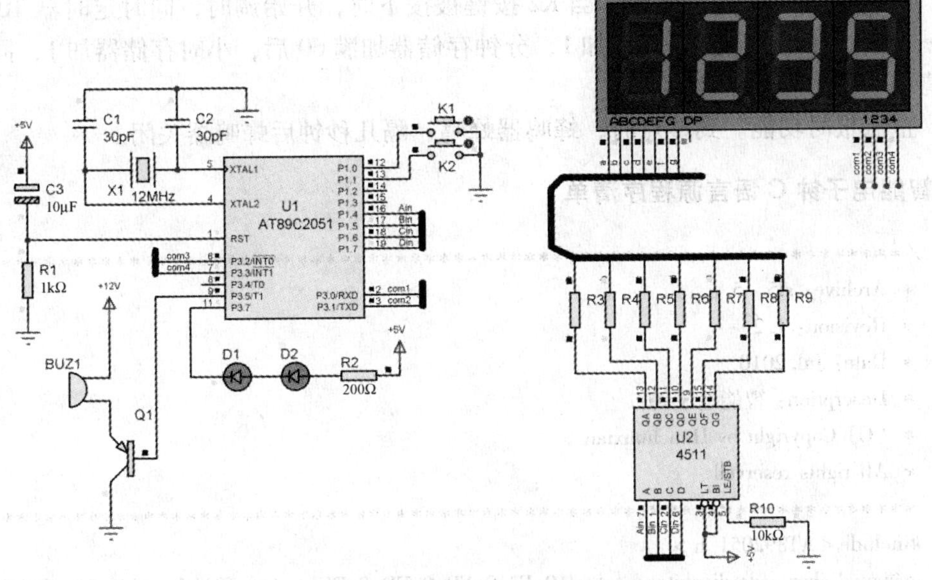

图 5.6　智能电子钟硬件电路原理图

表 5.1　设计实例 5.5 所需元件清单

元 件 名 称	元 件 标 号	元件标称值	Proteus 中的名称
单片机	U1	AT89C2051	AT89C2051
晶振	X1	12MHz	CRYSTAL
电容	C1，C2	30pF	CAP
电解电容	C3	10μF	CAP - ELEC
发光二极管	D1，D2	LED	LED - YELLOW
电阻	R1	1kΩ	RES
电阻	R2	200Ω	RES
电阻	R3～R9	330Ω	RES
电阻	R10	10kΩ	RES
按键	K1，K2		BUTTON
共阴极数码管	LED1～LED4		7SEG - COM - CATHODE
BCD - 7 段译码器/驱动器	U2	4511	4511

3. 程序设计分析

智能电子钟主程序流程图如图 5.7 所示。

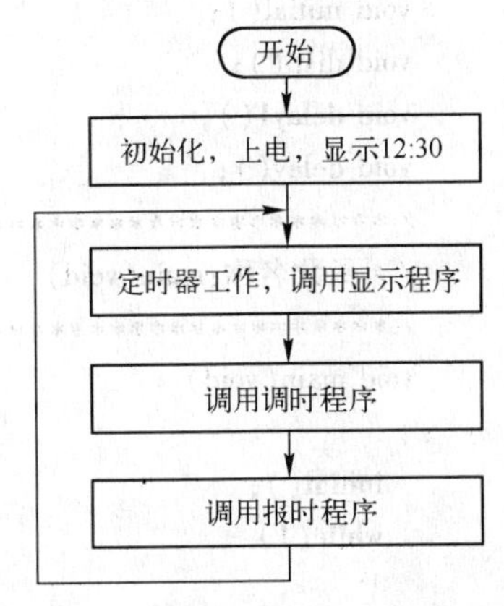

图 5.7　智能电子钟主程序流程图

（1）定时器 T0、T1 都工作在方式 1，T0 用来定时 4ms，每位数码管每隔 4ms 送显示一次。定时器 T1 定时 50ms。

（2）定时功能。K1 为定时键。K1 按键被按下时，设置标志位 K2Flag 置位，然后在 1min 定时中断服务程序里用软件定时 5min 后，设置引脚 P3.5 为低电平，蜂鸣器响。几秒钟后置 P3.5 为高电平，关闭蜂鸣器，K2Flag 清零，软件计数器清零。

（3）调时功能。K2 为调时键。当 K2 按键被按下时，开始调时，同时定时器 T0、T1 关闭，按一下按键在当前时间基础上加 1，分钟存储器加满 60 后，小时存储器加 1，同时分钟存储器清零。小时满 24 后清零。

（4）整点报时功能。到整点时，蜂鸣器蜂鸣，隔几秒钟后蜂鸣器关闭。

4. 智能电子钟 C 语言源程序清单

```
/*************************************************************************
 * Archive：sl5 - 5. c
 * Revision：1. 2
 * Date：Jul. 2010
 * Descrption：智能电子钟
 * （C）Copyright by Hanchunxian
 * All rights reserved
*************************************************************************/
#include < AT892051. h >
unsigned char code dispbitcode[ ] = {0xF7,0xFB,0xFD,0xFE}; //位码数组,送给 P3 口对应的
                                                              //4 个数码管
unsigned char dispbuf[4] = {1,1,1,1};        //显示 12:30
unsigned char time;                          //4 个数码管
unsigned int Stimes;                         //软件计时 60s
unsigned int St;                             //1s 闪烁一次
unsigned int Mdata;
unsigned int Hdata;
unsigned int dsTime;                         //定时时间软件计时次数
bit k1Flag;                                  //调时标志位
bit k2Flag;                                  //定时标志位
sbit alarmFlag = P3^5;                       //定时,低电平有效
sbit k1 = P1^1;                              //调时按键
sbit k2 = P1^0;                              //定时按键
void alarm( );                               //定时报警子程序
void tiaoTime( );                            //调时子程序
void initial( );                             //初始化
void disp( );                                //显示子程序
void delay1( );                              //长延时子程序
void delay( );                               // 短延时子程序
/**********************************************************************/
/ * 函数名称:main( void)                                             * /
/**********************************************************************/
void main( void)
{
  initial( );
  while(1)
  {
    disp( );                        //显示
```

```
    tiaoTime();
    alarm();
  }
}
/*******************************************************************/
/*函数名称:initial()                                                */
/*函数功能:变量初始化,定时器初始化                                  */
/*******************************************************************/
void initial()
{
  St=0;                          //1s 闪烁软件定时次数初始化为 0
  time=0;                        //指向 4 个数码管中的一个
  Stimes=0;                      //60s 软件计时次数
  Mdata=30;                      //分钟初始化 30
  Hdata=12;                      //小时初始化 12,显示 12:30
  alarmFlag=1;
  k1Flag=0;
  k2Flag=0;
  dsTime=0;                      //软件定时次数初始化为 0
  TMOD=0x11;                     //T0,T1 工作在模式 1
  TH0=0xf0;                      //定时 4ms
  TL0=0x5f;
  TH1=0x3c;                      //定时 50ms
  TL1=0xaf;
  ET0=1;
  ET1=1;
  EA=1;                          //开中断
  TR0=1;                         //启动 T0
  TR1=1;                         //启动 T1
}
/*******************************************************************/
/*函数名称:延时函数 delay()                                         */
/*函数功能:短延时                                                    */
/*******************************************************************/
void delay()
{
  unsigned int i,j;
  for(i=0;i<=100;i++)
  {
    for(j=0;j<=100;j++);
  }
}
/*******************************************************************/
/*函数名称:延时函数 delay1()                                        */
/*函数功能:长延时,用于报时                                          */
```

```
/ ******************************************************************/
void delay1( )
{
  unsigned int ii,jj;
  for( ii =0;ii < =500;ii ++ )
  {
    for( jj =0;jj < =100;jj ++ );
  }
}
// ******************************************************************/
/ * 函数名称:T0 中断函数                                                    */
/ * 函数功能:每 4ms 扫描一位数码管,判断一次是否要报警                          */
/ ******************************************************************/
void t0( ) interrupt 1                      //每 4ms 一次中断,显示下一位
{
  unsigned int Val;                         //Val 是定义的显示数据的变量
  TH0 =0xf0;                                //重新送初值
  TL0 =0x5f;
  if( time <4)                              //4 位轮流显示
  {
    P3 | =0x0f;                             //P3 口低 4 位为 1,控制显示位不显示
    Val = dispbuf[ time ];                  //把要显示的数据送 P1 口
    Val = Val < <4;                         //低 4 位移到高 4 位
    Val = Val | 0x0f;                       //将低 4 位置高电平,高 4 位不变(是要显示数据)
    P1 = Val;                               //将显示数据送到 P1 口
    P3 & = dispbitcode[ time ];             //显示控制位送给 P3 口低 4 位,不改变高 4 位的值
      time ++ ;                             //显示位加 1
  }
  if( time >=4)                             //4 位都显示完毕再从第一位开始重新显示
  {
    time =0;
  }
}
/ ******************************************************************/
/ * 函数名称:显示                                                          */
/ * 函数功能:把显示数据保存在数组                                            */
/ ******************************************************************/
void disp( )
{
  dispbuf[ 1 ] = Mdata / 10;                //取分高位
  dispbuf[ 0 ] = Mdata %10;                 //取分低位
  dispbuf[ 3 ] = Hdata / 10;                //取小时高位
  dispbuf[ 2 ] = Hdata % 10;                //取小时低位
}
/ ******************************************************************/
```

```
/*函数名称:T1 中断服务程序                                              */
/*函数功能: 定时 50ms                                                   */
/***********************************************************************/
void t1() interrupt 3
{
//TH1 = 0x3c;                          //定时 50ms
//TL1 = 0xaf;
  TH1 = (65535 - 50000)/256;           //定时 50ms
  TL1 = (65535 - 50000)%256;
  Stimes ++ ;                          //1min 软件计时变量
  St ++ ;                              //半秒软件计时
  if(St >= 10)                         //50ms 到
  {
    P3_7 = ~P3_7;                      //秒闪一次
    St = 0;                            //秒的软件定时次数清零
  }
  if(Stimes >= 1200)                   //50ms × 20 × 60 = 1min 到
  {
    Stimes = 0;                        //软件定时次数清零
    Mdata ++ ;                         //1min 到,分钟数加 1
    if(Mdata >= 60)                    //若分钟到 60 或大于 60,则分钟清零,小时加 1
    {
      Mdata = 0;
      Hdata ++ ;
      if(Hdata >= 24)                  //若小时数大于等于 24,则小时清零
      {
        Hdata = 0;
      }
    }
    if(k2Flag)                         //K2 按下,定时开始
    {
      dsTime ++ ;                      //分钟次数加 1
      if(dsTime >= 1)                  //定时 5min 到,蜂鸣器响
      {
        k2Flag = 0;                    //标志位清零
        dsTime = 0;                    //分钟次数清零
        alarmFlag = 0;                 //蜂鸣器响
        delay1();
        alarmFlag = 1;                 //蜂鸣器不响
      }
    }
   if(Mdata == 0 )                     //整点报时,整点时间到执行
    {
      alarmFlag = 0;                   //蜂鸣器响
      delay1();
```

```
        alarmFlag = 1;                      //蜂鸣器不响
    }
  }
}
/*****************************************************************************/
/* 函数名称: tiaoTime()                                                      */
/* 函数功能: 调时,在调时间时必须先将定时器 0,1 关中断,调好后定时器定时      */
/*****************************************************************************/
void tiaoTime()
{
  if(k1 ==0)                           //按键 K1 按下,设置 K1Flag = 1
  {
    delay();                           //延时消抖
    if(k1 ==0)                         //重新判别,K1 确实按下,则置标志位
    {
      k1Flag = 1;
    }
  }
  if(k1Flag)                           //若 K1 按下,开始调时
  {
    TR0 = 0;                           //停止 T0、T1 计时
    TR1 = 0;
    Mdata ++;                          //分钟加 1
    if(Mdata >= 60)                    //判断分钟数是否超过 60
    {
      Mdata = 0;                       //若超过 60,则清零
      Hdata ++;                        //小时加 1
    }
    if(Hdata >= 24)                    //判断小时数是否大于等于 24
    {
      Hdata = 0;                       //大于等于 24,则小时清零
    }
    k1Flag = 0;                        //清零 K1 按键标志
  }
  delay();
  if(! k1Flag)                         //若调时完毕,则执行下面的操作
  {
    TR0 = 1;                           //启动定时器 T0,T1
    TR1 = 1;
  }
}
/*************************************************************************/
/* 函数名称:alarm()                                                      */
/* 函数功能: 判断 K2 按下,开始定时,设置标志位 K2Flag = 1                 */
/*************************************************************************/
```

```
void alarm( )
{
  if(! k2)                                              //K2 按下,设置 K2Flag = 1
  {
    k2Flag = 1;
  }
}
```

资料查询

1. 了解 AT89C2051 与 AT89C51 单片机在内部结构上的区别。
2. 了解集成电路 4511 的内部结构、引脚功能，以及与单片机、LED 数码管的连接方法。

设计实例 5.6 基于 DS18B20 的温度检测系统的设计

1. 设计要求

使用数字集成温度传感器 DS18B20 设计一个由单片机作为控制器的温度测量系统。

2. 电路分析

如图 5.8 所示为 DS18B20 温度检测系统的电路图。电路在设计过程中，使用 AT89C51 单片机作为总控制芯片，使用数字集成温度传感器 DS18B20 作为温度采集传感器，显示单元使用前面提到的 LCD1602 液晶显示器。DS18B20 和 LCD1602 都属于自带控制器的元件，单片机需要与它们按照各自的时序和通信协议进行数据交换。具体的时序图和通信协议查阅 DS18B20 和 LCD1602 的数据手册。

端口方面，设计使用 P20 为传感器数据读取端口，P0 端口为液晶显示数据端口，P3.5 ～ P3.7 为液晶读写控制端口。

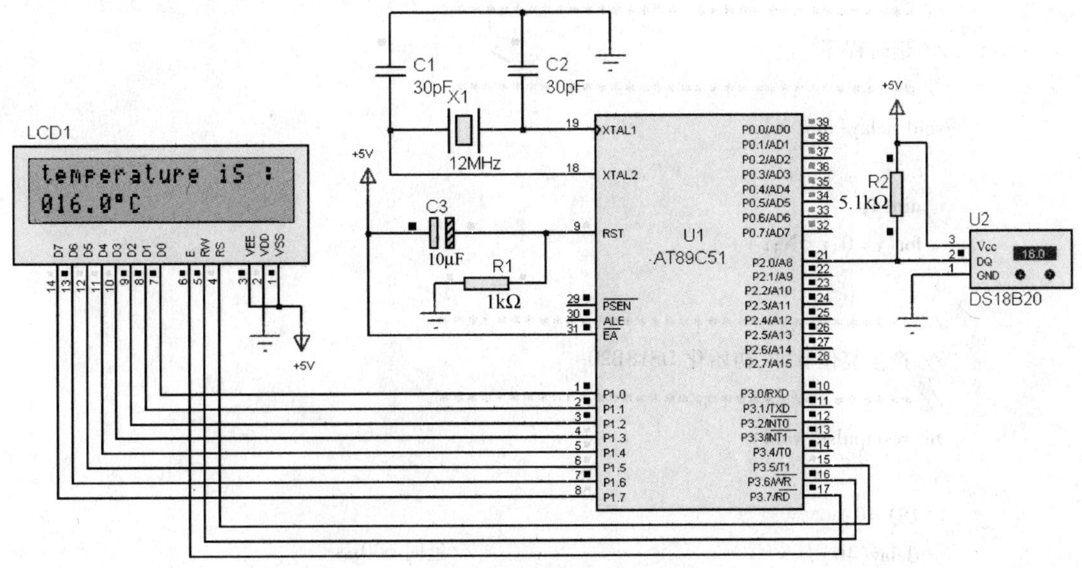

图 5.8　DS18B20 温度检测系统的电路图

3. 基于 DS18B20 的温度检测系统的参考程序

```
/*****************************************************************
* Archive: sl5-6.c
* Revision: 1.0
* Date:Jul. 2010
* Description: 基于 DS18B20 的温度检测系统
* (C) Copyright 2010 by Wangmeng
* All rights reserved
*****************************************************************/
    #include <reg51.h>
    #include <intrins.h>
    #include <absacc.h>
    #define uchar unsigned char
    #define uint unsigned int
    sbit DQ = P2^0;                              //定义 DS18B20 数据通信端口 DQ
    sbit RS = P3^5;
    sbit RW = P3^6;
    sbit E = P3^7;
    uchar temp_data_l,temp_data_h;
    uchar code LCDData[10] = {0x30,0x31,0x32,0x33,0x34,0x35,0x36,0x37,0x38,0x39};
    uchar code ditab[16] = {0x30,0x31,0x31,0x32,0x33,0x33,0x34,0x34,0x35,0x36,
                            0x36,0x37,0x38,0x38,0x39,0x39};
    uchar code table2[16] = {0x74,0x65,0x6d,0x70,0x65,0x72,0x61,0x74,0x75,0x72,
                             0x65,0x20,0x69,0x53,0x20,0x3a};
    uchar display[7] = {0x00,0x00,0x00,0x2e,0x00,0xdf,0x43};
    //*********************************
    // 延时程序
    //*********************************
    void delay(uint N)
    {
      uint i;
      for(i=0;i<N;i++);
    }
    //*********************************
    // 产生复位脉冲,初始化 DS18B20
    //*********************************
    bit resetpulse(void)
    {
      DQ=0;
      delay(40);                                 //延时 600μs
      DQ=1;                                      //产生上升沿
```

```
    delay(4);                              //延时 60μs
    return(DQ);
  }
/******************************************************
* 功能:DS18B20 的初始化                                *
******************************************************/
  void ds18b20_init(void)
  {
    while(1)
    {
      if(! resetpulse())                   //收到 DS18B20 的应答信号
      {
        DQ = 1;
        delay(40);                         //延时 600μs
        break;
      }
      else
        resetpulse();                      //否则再发复位信号
    }
  }
//***********************************
// 读取一位数据
//***********************************
  uchar read_bit(void)
  {
    DQ = 0;
    _nop_();
    _nop_();
    DQ = 1;
    delay(2);
    return(DQ);
  }
//***********************************
// 读取一个字节数据
//***********************************
  uchar read_byte(void)
  {
    uchar i,shift,temp;
    shift = 1;
    temp = 0;
    for(i = 0;i < 8;i ++)
    {
      if(read_bit())
```

```
            temp = temp + (shift < < i);
            }
         delay(7);
         }
    return(temp);
}
// ***************************************
// 写一位数据
// ***************************************
void write_bit(uchar temp)
{
   DQ = 0;
   if(temp == 1)
   DQ = 1;
   delay(5);
   DQ = 1;
}
// ***************************************
// 向 DS18B20 写一个字节的数据命令
// ***************************************
void write_byte(uchar val)
{
   uchar i,temp;
   for(i = 0;i < 8;i ++)
   {
      temp = val > > i;
      temp = temp&0x01;
      write_bit(temp);
      delay(5);
   }
}
// ******************************************
// 启动温度转换及读出温度值
// ******************************************
void read_T(void)
{
   ds18b20_init();
   write_byte(0xCC);                          //跳过读序号列号的操作
   write_byte(0x44);                          //启动温度转换
   delay(500);
   ds18b20_init();
   write_byte(0xCC);                          //跳过读序号列号的操作
```

```
  write_byte(0xBE);                          //读取温度寄存器
  temp_data_l = read_byte();                 //温度低8位
  temp_data_h = read_byte();                 //温度高8位
}
/**************************************************************
* 判断LCD忙否                                                  *
**************************************************************/
void check_busy(void)
{
  while(1)
  {
  P1 =0xff;
  E =0;
  _nop_();
  RS =0;
  _nop_();
  _nop_();
  RW =1;
  _nop_();
  _nop_();
  E =1;
  _nop_();
  _nop_();
  _nop_();
  _nop_();
  if((P1&0x80) ==0)
  {
    break;
  }
  E =0;
  }
}
//****************************************
// 将数据码写入LCD数据寄存器
//****************************************
void write_command(uchar tempdata)
{
  E =0;
  _nop_();
  _nop_();
  RS =0;
  _nop_();
  _nop_();
```

```
  RW = 0;
  P1 = tempdata;
  _nop_();
  _nop_();
  E = 1;
  _nop_();
  _nop_();
  E = 0;
  _nop_();
  check_busy();
}
// ********************************************
// 写 LCD1602 使能
// ********************************************
void write_data(uchar tempdata)
{
  E = 0;
  _nop_();
  _nop_();
  RS = 1;
  _nop_();
  _nop_();
  RW = 0;
  P1 = tempdata;
  _nop_();
  _nop_();
  E = 1;
  _nop_();
  _nop_();
  E = 0;
  _nop_();
  check_busy();
}
// ********************************************
// 温度处理及显示
// ********************************************
void convert_T()
{
  uchar temp;
    if((temp_data_h&0xf0) == 0xf0)
      {
        temp_data_l = ~temp_data_l;
        if(temp_data_l == 0xff)
```

```
		{
			temp_data_l = temp_data_l + 0x01;
			temp_data_h = ~temp_data_h;
			temp_data_h = temp_data_h + 0x01;
		}
	else
		{
			temp_data_l = temp_data_l + 0x01;
			temp_data_h = ~temp_data_h;ZK)
		}
			display[4] = ditab[temp_data_l&0x0f];	//查表得小数位的值
			temp = ((temp_data_l&0xf0) >>4)|((temp_data_h&0x0f) <<4);
			display[0] = 0x2d;
			display[1] = LCDData[(temp%100)/10];
			display[2] = LCDData[(temp%100)%10];
		}
	else
		{
			display[4] = ditab[temp_data_l&0x0f];	//查表得小数位的值
			temp = ((temp_data_l&0xf0) >>4)|((temp_data_h&0x0f) <<4);
			display[0] = LCDData[temp/100];
			display[1] = LCDData[(temp%100)/10];
			display[2] = LCDData[(temp%100)%10];
		}
}
//*******************************************
// 初始化 LCD1602
//*******************************************
void init()
{
	write_command(0x01);
	write_command(0x38);
	write_command(0x0C);
	write_command(0x06);
}
//*******************************************
// 显示子程序
//*******************************************
void display_T(void)
{
	uchar i;
	write_command(0x80);
	for(i = 0;i < 16;i ++)
```

```
    {
      write_data(table2[i]);
    }
    write_command(0xc0);
    for(i=0;i<7;i++)
    {
      write_data(display[i]);
    }
}
//*******************************************
//主函数
//*******************************************
void main(void)
{
  init();
  while(1)
  {
    read_T();
    convert_T();
    display_T();
  }
}
```

资料查询

1. 掌握数字智能传感器 DS18B20 的内部结构与引脚功能。
2. 了解 DS18B20 的测温工作原理，理解 DS18B20 的 ROM 命令。
3. 了解 DS18B20 与 AT89C51 单片机的连接方法。

附录A　Proteus ISIS使用入门

Proteus是英国Labcenter Electronics公司开发的EDA工具软件。它不仅具有其他EDA工具软件的仿真功能，还能仿真单片机及外围器件，是目前最好的单片机及外围器件的仿真工具。从原理图绘制、代码调试到单片机与外围电路协同仿真，一键切换到PCB设计，真正实现了从概念到产品的完整设计，是目前世界上唯一将电路仿真软件、PCB设计软件和虚拟模型仿真软件三合一的设计平台，其处理器模型支持8051/52、PIC10/12/16/18/24/30/DsPIC33、AVR、ARM7、8086和MSP430等。另外，支持的通用外围器件也很多，如字符LCD模块、图形LCD模块、LED点阵、LED七段显示模块、键盘/按键、直流/步进/伺服电机、RS232虚拟终端和电子温度计等。

Proteus包括ISIS（Intelligent Schematic Input System，智能电路原理图输入系统）和ARES（Advanced Routing and Editing Software，高级布线编辑软件）两个软件。ISIS是一款集原理图设计、仿真分析的软件；ARES是印制电路板（PCB）设计软件。本书的各项任务主要用ISIS来完成，下面以Proteus 7.5为例，简要介绍一下ISIS软件的基本操作。

Proteus ISIS基本操作分为新建设计文件、调出元件到元件池、放置元件并连接、加载程序文件和电路仿真5个步骤。

第一步：新建一个设计文件

单击“开始”→“所有程序”→“Proteus 7 Professional”→“ISIS 7 Professional”，启动软件，其启动界面如图A.1所示，启动后的界面如图A.2所示。

图A.1　软件启动界面

1. 新建一个设计文件

在图A.2中，用鼠标左键单击“文件”菜单，选择“新建设计”命令，打开“新建设计”窗口，在里面选择设计模板，如图 A.3 所示。

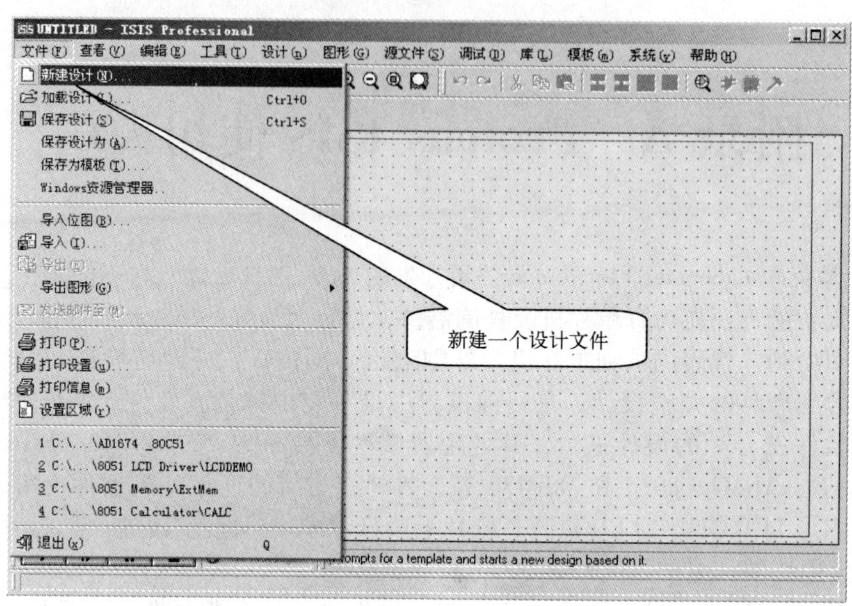

图 A.2　软件启动后的界面

2. 选择设计模板

在图 A.3 中，Landscape 表示横向图纸，Portrait 表示纵向图纸，A0 到 A4 表示图纸大小，A4 尺寸最小。选择“DEFAULT”模板，单击“确定”按钮，打开如图 A.4 所示的 Proteus 的原理图编辑对话框。

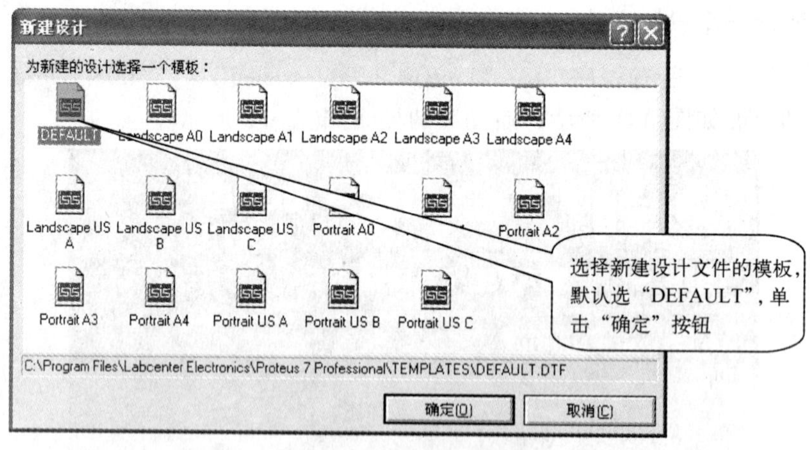

图 A.3　选择设计模板

第二步：添加元件到元件池

在绘制电路原理图之前，必须将绘图所用元件加载到元件池中，以备使用。

1. 调出“元件选择对话框”

在图 A.4 中的最左侧的工具箱中，ISIS 7 提供了许多工具图标按钮，每个图标对应一种操作，从上到下依次为：“选择”工具、“元件”、工具“连接点”工具、“标注”工具、“文本”工具、“总线”工具、“子电路”工具、“元件终端”工具、“器件引脚”工具、“图表”工具、“录音机”工具、“激励源”工具、“电压探针”工具、“电流探针”工具、“虚拟仪器”工具，以及绘图、方向、仿真等工具栏。

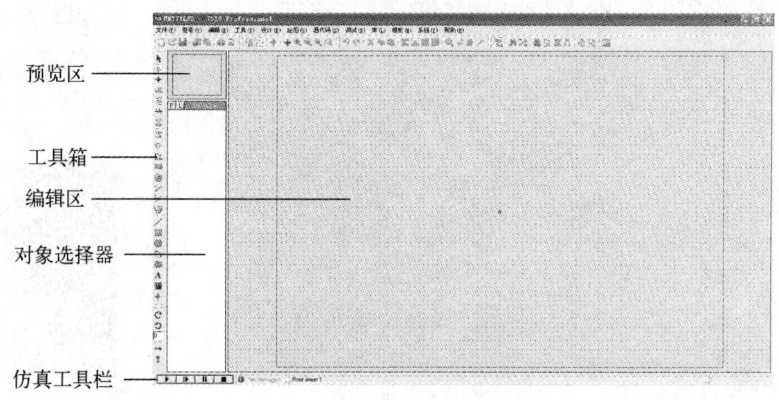

图 A.4　Proteus 的原理图编辑窗口

（1）单击工具栏中的 （元件）工具，选择为元件模式。

（2）单击对象选择器左上角的P（对象选择）按钮，弹出“Pick Devices（拾取元件）”对话框，如图 A.5 所示。目前还没有选择任何元件，所以元件列表内容为空。

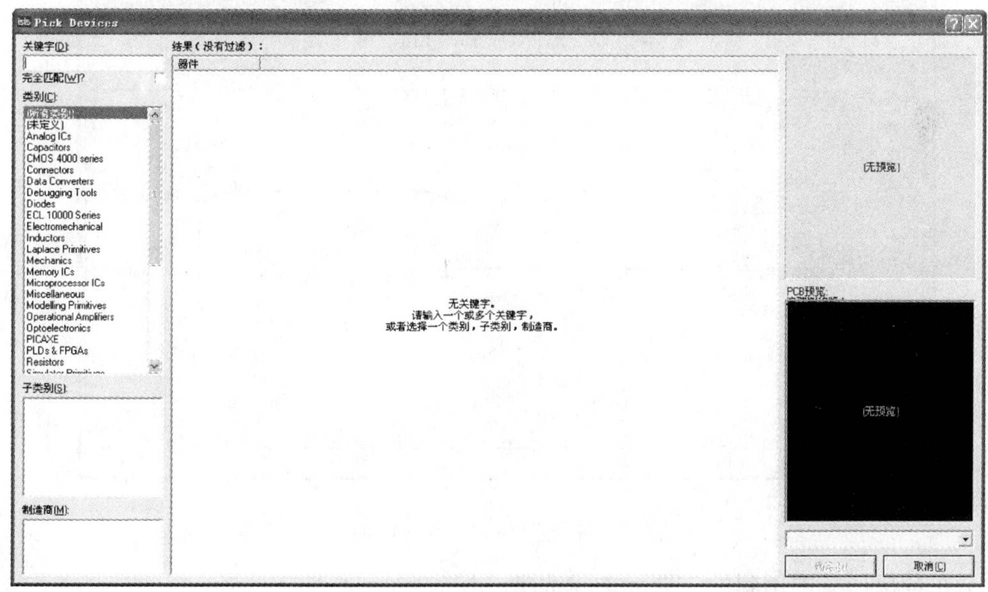

图 A.5　“Pick Devices”对话框

2. 在“Pick Devices”对话框中选择元件

在如图 A.5 所示对话框的关键字框中，输入要查找的元件型号，如 AT89C51。在输入的同时，结果的列表框中就会显示相匹配的元件，如图 A.6 所示。只要将鼠标移到所需要的元件上双击左键，该元件就会加入到元件池中。

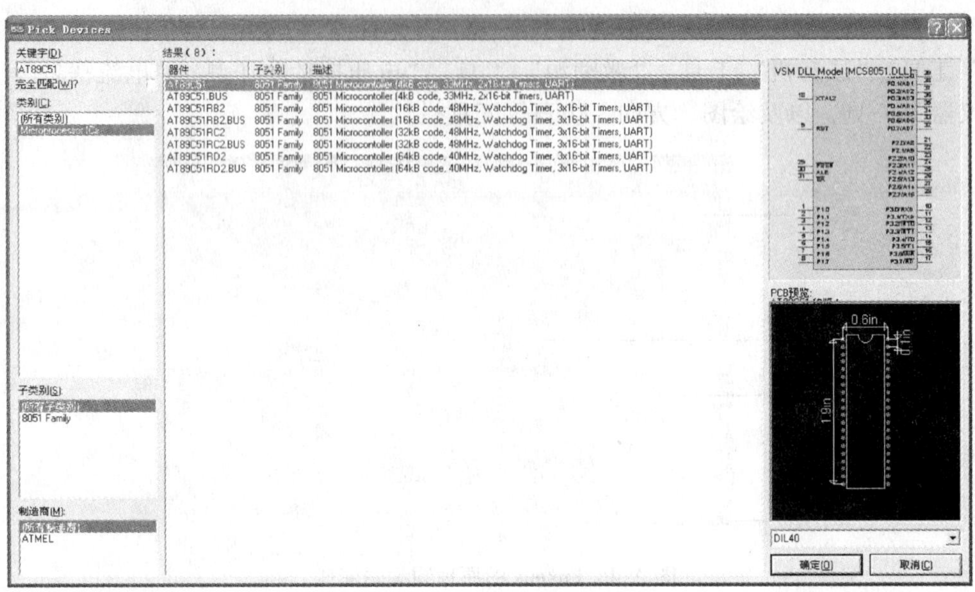

图 A.6　元件的选择

用相同的方法添加电路要用到的元件，元件池也就不再为空了，如图 A.7 所示。

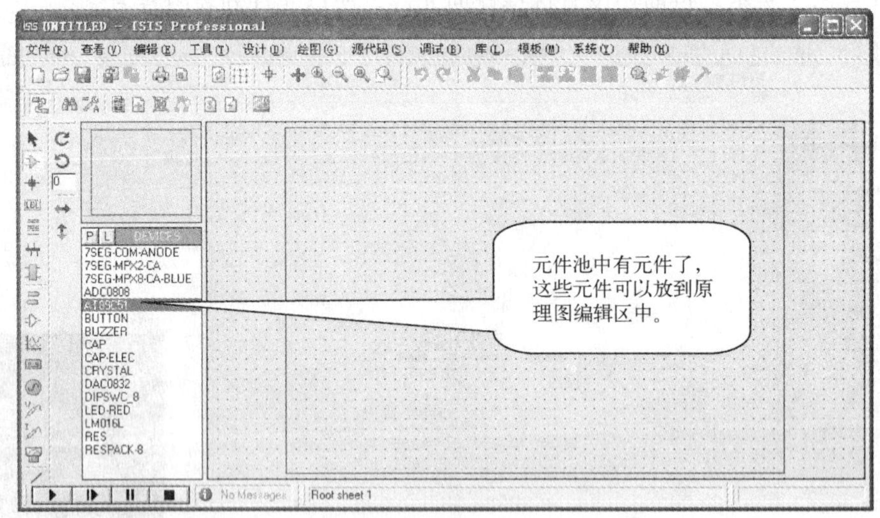

图 A.7　添加元件后的元件池

本书在各个任务中用到的主要元件见表 A.1。

表 A.1　各个任务所用的主要元件

序　号	元 件 名 称	在 Proteus 中名称	所 属 类 别	所 属 子 类
1	51 单片机	AT89C51	Microprocessor ICs	8051 Family
2	石英晶体振荡器	CRYSTAL	Miscellaneous	
3	通用无极性电容	CAP	Capacitors	Generic

续表

序　号	元件名称	在 Proteus 中名称	所属类别	所属子类
4	通用电解电容	CAP-ELEC	Capacitors	Generic
5	通用电阻	RES	Resistors	Generic
6	带公共端的 8 线排阻	RESPACK-8	Resistors	Resistor-Packs
7	按钮	BUTTON	Switchs&Relays	Switchs
8	8 位拨码开关	DIPSWC_ 8	Switchs&Relays	Switchs
9	红色发光二极管	LED-RED	Optoelectronics	LEDs
10	七段数码管	7SEG-COM-ANODE	Optoelectronics	7-segment Displays
11	2 位共阳极七段数码管	7SEG-MPX2-CA	Optoelectronics	7-segment Displays
12	4 位共阳极七段数码管	7SEG-MPX4-CA	Optoelectronics	7-segment Displays
13	蓝色 8 位共阳极七段数码管	7SEG-MPX8-CA-BLUE	Optoelectronics	7-segment Displays
14	LCD1602 液晶显示器	LM016L	Optoelectronics	Alphanumeric LCDs
15	蜂鸣器	BUZZER	Speakers&Sounders	
16	PNP 三极管	PNP	Transistors	Generic，Bipolar
17	模/数转换器 ADC0808	ADC0808	Data Converters	A/D Converters
18	数/模转换器 ADC0808	DAC0832	Data Converters	D/A Converters
19	BCD-7 段译码驱动器	74247	TTL 74 series	Decoders

第三步：元件与导线的操作

在原理图编辑区放置元件，编辑元件属性，连接导线。

1. 放置、选中和删除元件

用鼠标单击工具箱中的 （元件）按钮，使系统处于元件模式。在对象选择器中，用鼠标左键单击要放置的元件，移动鼠标到编辑区的图纸范围内再单击一下鼠标左键，此时鼠标处有一个红色的元件，在合适的位置再单击一下左键，就完成了一个元件的放置。也可以单击右键或按 ESC 键取消元件的放置。放置元件的编辑区如图 A. 8 所示。

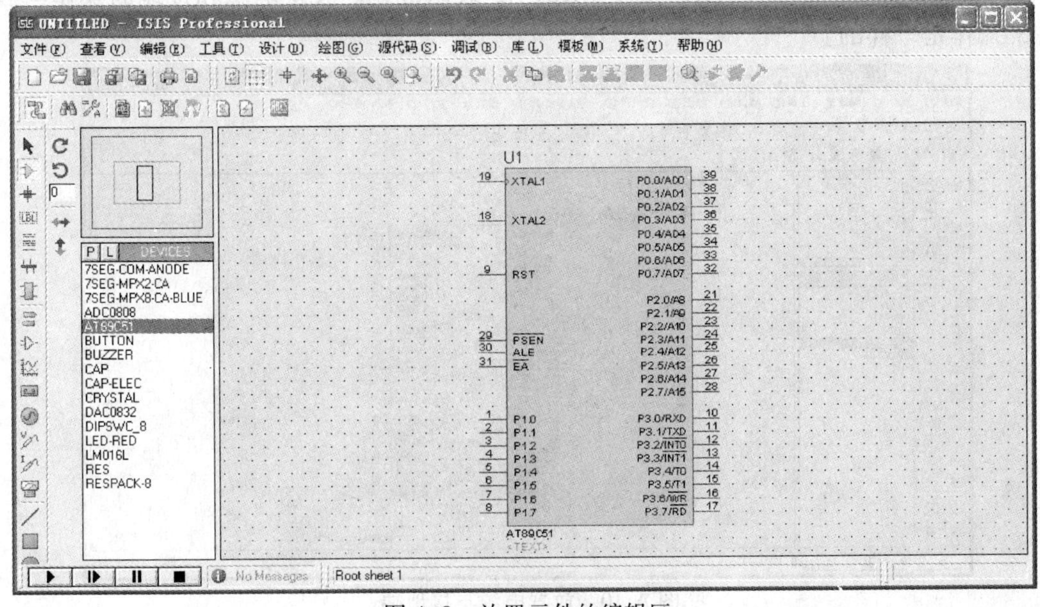

图 A. 8　放置元件的编辑区

用鼠标左键单击某元件可以选中元件。该操作将使元件呈高亮显示。选中元件后可以对其进行编辑。

对选中的元件，按 Delete 键可以删除，或者直接在要删除的元件上单击右键，在弹出的菜单中选择“删除对象”命令即可删除元件。

另外，除了以上的操作，还可以对元件进行移动、旋转、镜像等操作。

2. 编辑元件属性

用鼠标左键双击某元件，弹出“编辑元件”对话框，如图 A. 9 所示。按要求设置元件的标号、标称值或型号等内容。

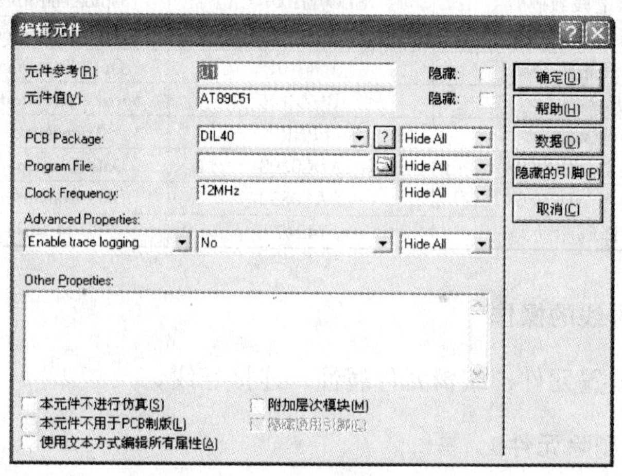

图 A. 9 “编辑元件”对话框

3. 电源与接地端的放置

单击工具栏中的 (终端) 按钮，此时对象选择器中的元件类型发生了变化，如图 A. 10 所示。其中 POWER 表示电源，GROUND 表示接地。放置电源和接地的操作与放置元件的操作是一样的。

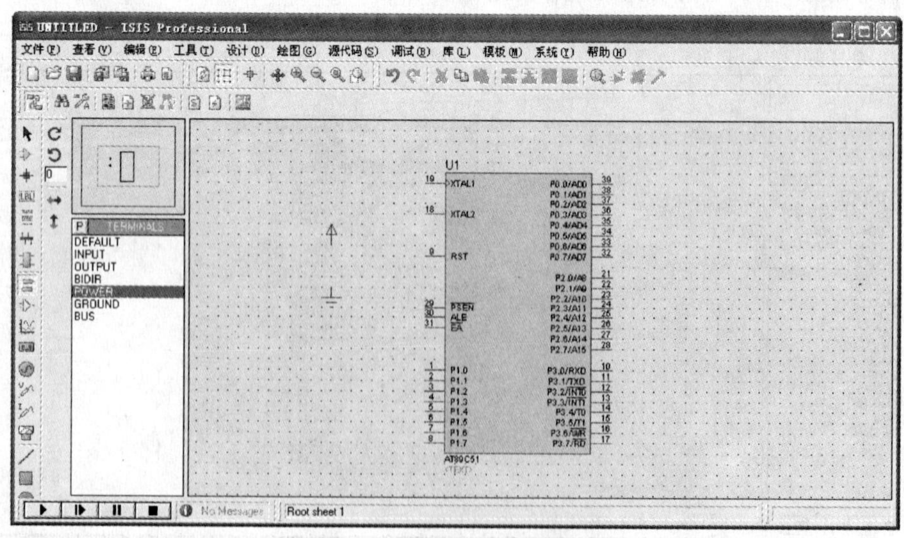

图 A. 10 放置电源与接地端

4. 连接导线

Proteus 中的连线用鼠标左键完成。将光标靠近一个元件的引脚末端，该处自动出现一个小红色框，单击左键，拖动鼠标，放到另一个元件的引脚末端，该端也出现一个小红色框，再次单击鼠标就可完成一条导线的连接。

如果想使导线拐一个直角，拖动鼠标在拐点处单击鼠标左键，然后拐一个直角即可。如果在拐点处单击鼠标左键，再按住 Ctrl 键，可以画一条任意角度的导线。

5. 总线与标号的放置

使用总线功能，可以减少电路中绘制导线的数量，使电路更加简洁、美观。单击工具栏的（总线）按钮，就可以在图纸上绘制总线了。

在总线的起点，单击鼠标左键，然后拖动鼠标移动，在需要拐直角弯处再单击鼠标左键一下，如果需要拐任意角度，需按住 Ctrl 键。到了总线的终点，双击鼠标左键，即可完成一条总线的绘制。

总线绘制完毕后，需要将元件的引脚连接到总线上，其连接方法与连接导线一样。

凡是通过总线连接的元件的引脚如果存在连接关系，应该在引脚的导线上放置相同的导线标号（Wire Label）以表明连接关系。把光标放在元件引脚的导线处，此时导线变为红色虚线，单击鼠标右键，在弹出的快捷菜单中选择“放置网络标号”命令，弹出“Edit Wire Label”对话框，如图 A. 11 所示。

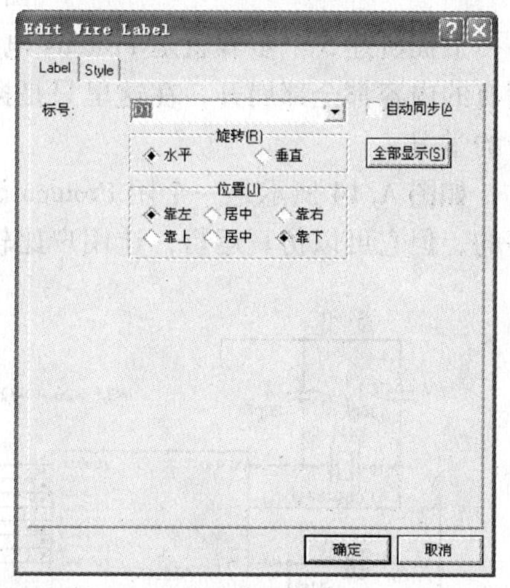

图 A. 11　“Edit Wire Label”对话框

在图 A. 11 中的“标号”框中，输入标号名称。记住，在有电气连接关系的引脚导线上要放置相同的标号名称。在前面的任务中，有多个电路原理图采用了总线连接的方法，注意观察元件引脚上的标号。

第四步：加载程序文件

电路原理图连接完毕后，在进行仿真运行前，必须将用编程软件生成的 .hex 格式的程序目标文件加载到单片机中去，然后才可以仿真。

双击原理图中的单片机元件，弹出单片机的“编辑元件”对话框，如图 A. 12 所示。

在图 A. 12 中的“Program File”栏中，单击黄色的文件夹按钮，按照提示，添加需要的目标文件（如 rw4 - 2. hex）即可。最后单击“确定”按钮完成程序文件的加载。

在上述步骤完成后，需要将设计文件保存起来，具体方法不再赘述。

第五步：启动仿真，观察效果

Proteus 软件的仿真控制按钮如图 A. 13 所示，从左至右依次为“开始”、“单步”、“暂停”、“结束”4 个功能按钮。单击“开始”按钮，启动仿真运行，此时元件引脚的电平有变化。

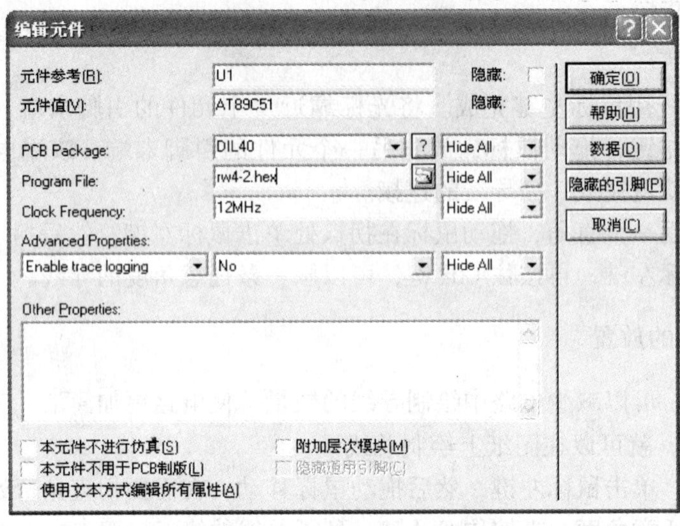

图 A.12 “编辑元件”对话框

图 A.13 仿真控制按钮

上面所述 5 个步骤就是 Proteus 电路原理图的设计和仿真过程，由于篇幅限制，不能把所有的内容都全部展开，在这里只是抛砖引玉，给大家简要介绍一下，更多的功能有待进一步的学习。

如图 A.14 所示是一个用 Proteus 设计的单片机应用系统电路图，它与图 1.2 的功能是一样的，但它可以仿真运行，让用户比较直观地观察到运行的结果。

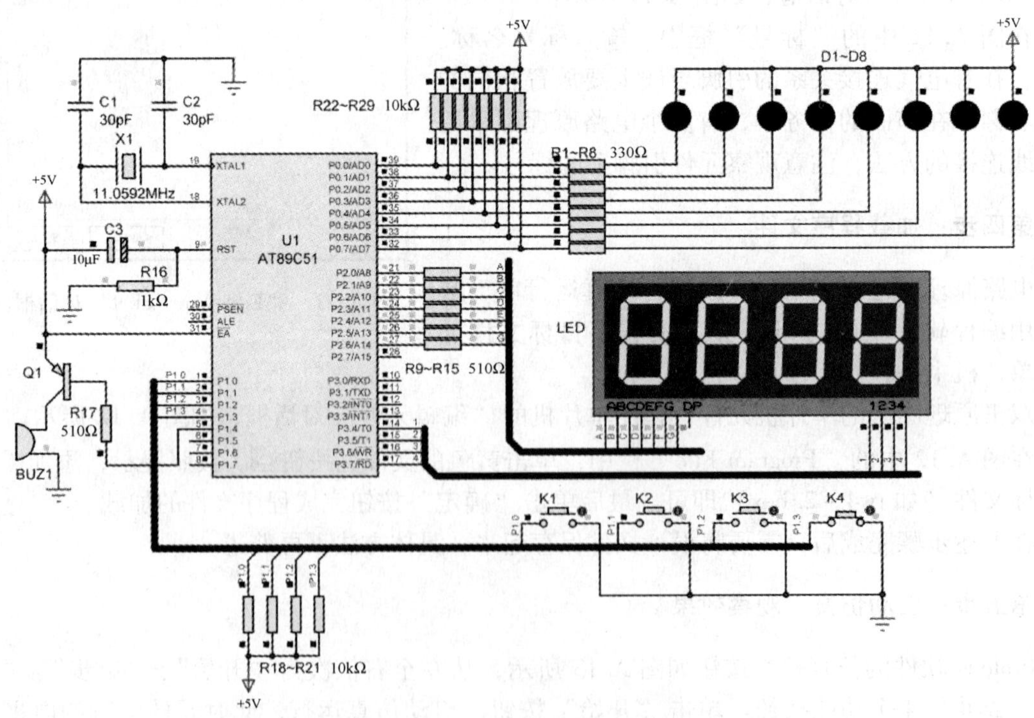

图 A.14 单片机应用系统电路图

训练内容：

参照如图 A. 14 所示的电路图和表 A. 2 的元件清单，在 Proteus 软件中绘制该电路图。绘图时注意总线和网络标号的使用。

表 A. 2　元件清单

元 件 名 称	元 件 标 号	元件标称值	Proteus 中的名称
单片机	U1	AT89C51	AT89C51
晶振	X1	12MHz	CRYSTAL
电容	C1，C2	30pF	CAP
电解电容	C3	10μF	CAP-ELEC
发光二极管	D1 ～ D8		LED-YELLOW
开关	K1 ～ K4		BUTTON
电阻	R1 ～ R8	330Ω	RES
电阻	R9 ～ R15	510Ω	RES
电阻	R16	1kΩ	RES
电阻	R17	510Ω	RES
电阻	R18 ～ R29	10kΩ	RES
4 位 LED 数码管	LED	共阳极，蓝色	7SEG-MPX4-CA-BLUE
三极管	Q1	PNP	PNP
蜂鸣器	BUZ1	3V	BUZZER

附录 B　Keil μVision2 软件的使用说明

Keil μVision2 是德国 Keil Software 公司出品的基于 80C51 单片机内核的软件集成开发环境。Keil C51 集编辑、编译、仿真于一体，支持汇编语言和 C 语言的程序设计。下面是 Keil μVision2 软件简要的使用说明。

Keil μVision2 包括一个工程管理器，它可以使 80C51 应用系统的设计变得简单。要创建一个应用，需要按下列步骤进行操作。

第一步：启动 Keil μVision2，创建新工程

1. 启动 Keil μVision2 软件

双击计算机桌面的 Keil μVision2 图标。Keil μVision2 启动后的界面如图 B. 1 所示。

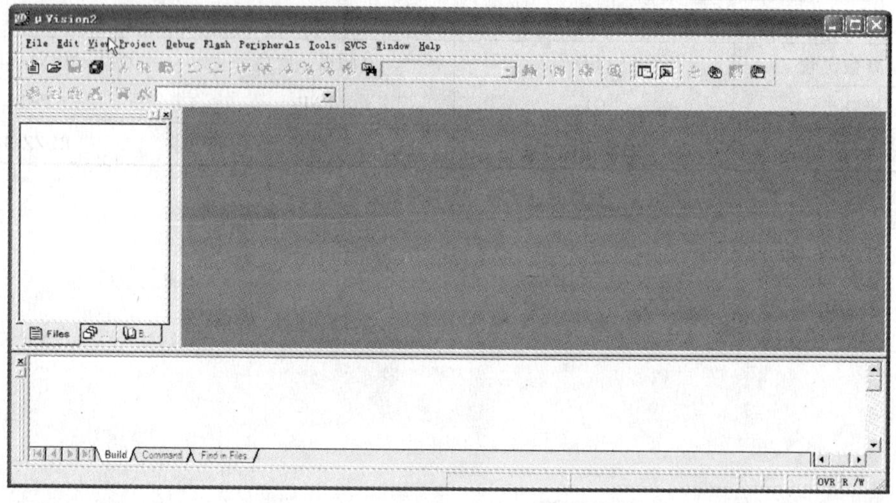

图 B. 1　Keil μVision2 启动后的界面

2. 创建新工程

选择“Project（工程）”菜单中的“New Project（新工程）”命令，建立新工程。这时，将弹出“Creat New Project”对话框，如图 B. 2 所示。此时可以在“保存在”下拉栏，选择保存工程的文件夹；在“文件名”栏中输入工程名，工程名的默认扩展名为 μV2。最后单击“保存”按钮，完成新工程的创建。建议每个工程使用一个单独的文件夹。文件夹和工程文件的名称采用英文。

3. 选择单片机型号

创建新工程后会自动弹出“Select Device for Target ‘Target 1’”对话框，如图 B. 3 所

示。在“Data base”栏中列出了各生产厂家名及其产品型号；在“Description”栏中是对选择的单片机的指标描述。根据需要选择合适的单片机型号，如选择 Atmel 公司的 AT89C51。

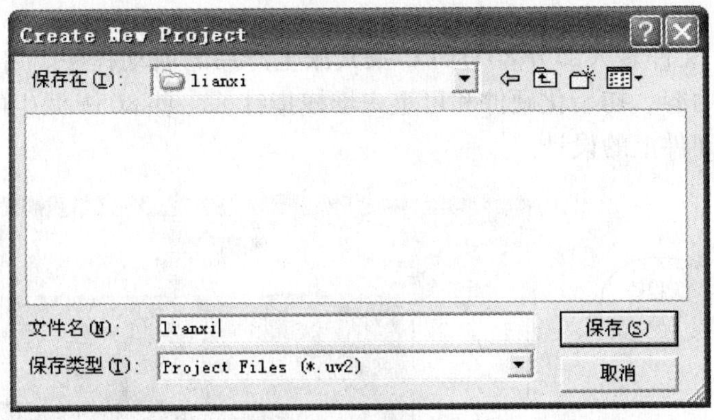

图 B. 2 “Creat New Project” 对话框

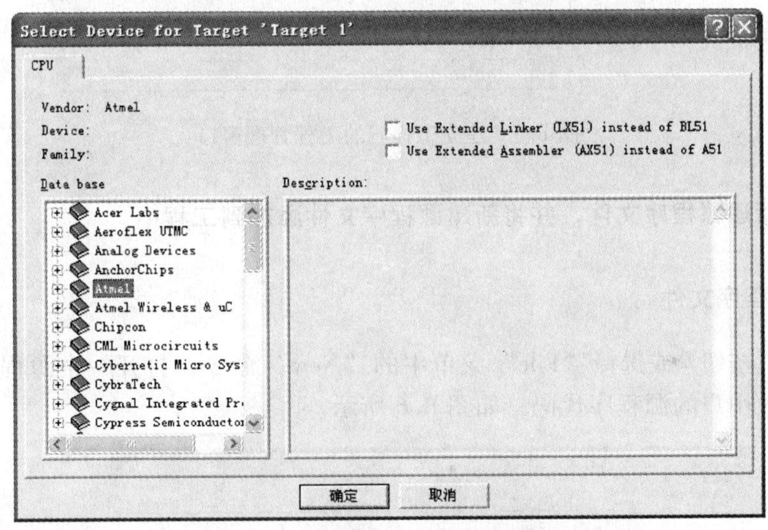

图 B. 3 选择单片机型号对话框

另外也可以通过选择“Project”菜单中的“Select Device for Target”命令，打开单片机型号选择的对话框。

单片机的型号选择完毕后，该型号单片机会弹出一个如图 B. 4 所示的对话框，提示“Copy Standard 8051 Startup Code to Project Folder and Add File to Project?”（是否把 8051 的启动码添加到工程文件中），此时选择“Yes”就可以了。

图 B. 4 复制 8051 的启动文件

上述操作完成后，选择“View（视图）”菜单中的“Project Window（工程管理窗口）”命令，在工程管理窗口显示一个 Target1 文件夹。一个新工程创建完毕，工程管理窗口如图 B.5 所示。

STARTUP. A51 文件是大部分 8051CPU 及其派生产品的启动程序。启动程序的操作包括清除数据存储器的内容、初始化硬件和可重入堆栈指针。一些 8051 派生的 CPU 需要初始化代码以使配置符合硬件上的设计。

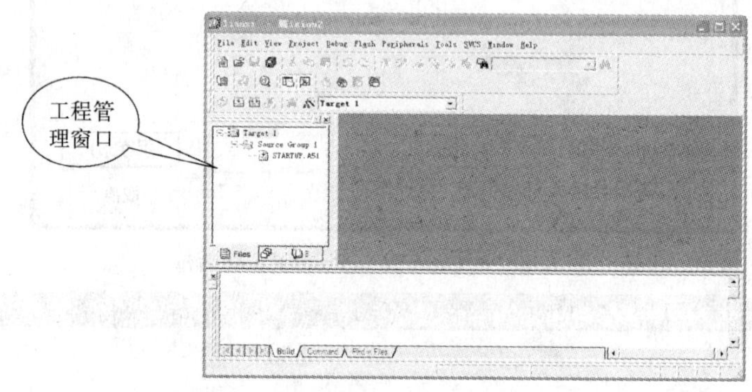

图 B.5　建立工程后的工程管理窗口

第二步：新建源程序文件，并将新建源程序文件添加到工程中

1. 新建源程序文件

单击工具栏按钮或选择“File”菜单中的“New”命令，打开一个源程序文件编辑器窗口，在此输入用户的源程序代码，如图 B.6 所示。

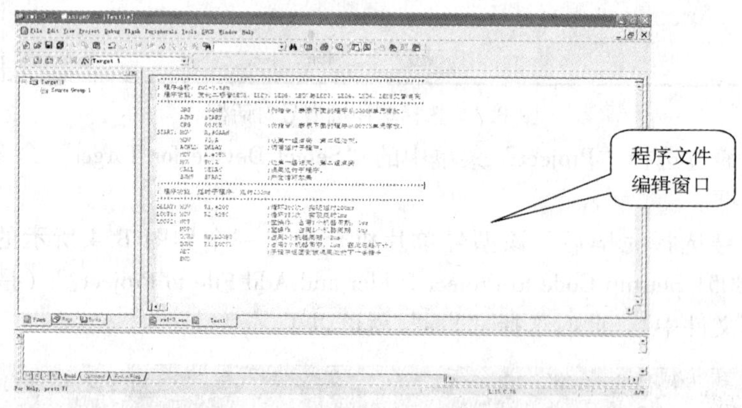

图 B.6　源程序文件编辑器窗口

源程序文件编辑完毕，一定要保存文件。单击工具栏按钮，或用“File”菜单中的“Save”或“Save as”命令对源程序进行保存。注意，如果源文件是汇编语言源程序，则文件扩展名为 . asm；如果源文件是用 C 语言编写的源程序，则扩展名为 . c。

保存好源程序后，源程序窗口中的关键字呈彩色高亮度显示，如图 B.7 所示。

```
;********************************************************************
; 程序名称: rwl-3.asm
; 程序功能: 发光二极管LED1、LED3、LED5、LED7与LED2、LED4、LED6、LED8交替点亮
;********************************************************************
        ORG     0000H           ;伪指令，表示下面的程序从0000H单元存放。
        AJMP    START
        ORG     0030H           ;伪指令，表示下面的程序从0030H单元存放。
START:  MOV     A,#0AAH
        MOV     P0,A            ;让第一组点亮，第二组熄灭。
        ACALL   DELAY           ;调用延时子程序。
        MOV     A,#55H
        MOV     P0,A            ;让第一组熄灭，第二组点亮
        CALL    DELAY           ;调用延时子程序。
        SJMP    START           ;产生循环效果
;********************************************************************
; 程序功能: 延时子程序，延时200ms
;********************************************************************
DELAY:  MOV     R1,#200         ;循环200次，实现延时200ms
LOOP1:  MOV     R2,#250         ;循环250次，实现延时1ms
LOOP2:  NOP                     ;空操作，占用1个机器周期，1us
        NOP                     ;空操作，占用1个机器周期，1us
        DJNZ    R2,LOOP2        ;占用2个机器周期，2us
        DJNZ    R1,LOOP1        ;占用2个机器周期，2us，在此忽略不计。
        RET                     ;子程序返回到被调用处的下一条指令
        END
```

图 B.7　源程序窗口中的关键字呈彩色高亮度显示

2. 将源程序文件添加到工程中

单击“Project 窗口”的 Target1 前面的折叠按钮“+”，打开该文件夹，选中 Source Group 1 子文件夹，单击鼠标右键，在快捷菜单中选择“Add Files to Group‘Source Group 1’”，如图 B.8 所示。在弹出的对话框中选择刚才建立的源程序文件，单击“Add”按钮，该源程序文件就添加到工程中了。此时可以在 Source Group 1 子文件夹里看到刚才添加进去的源程序文件。

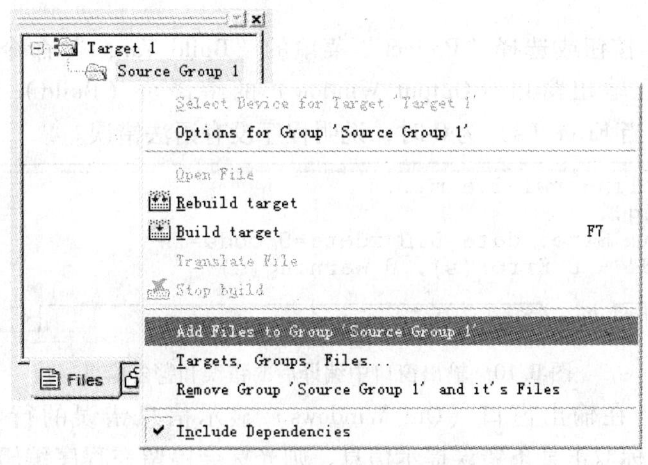

图 B.8　添加源程序文件的快捷菜单

第三步：针对目标硬件设置工具选项

在程序编译前先设置工具选项。单击工具栏的按钮或选择“Project”菜单下的“Options for Target‘Target 1’”，打开“Options for Target‘Target 1’”对话框，如图 B.9 所示。

对话框有 Device 、Target、Output、Debug 等几个标签，其功能如下。

（1）Device 标签：用于选择 CPU 型号，前面建立新工程中已经介绍。

（2）Target 标签：设置晶振频率，如设置为 12MHz。

（3）Output 标签：选中“Creat HEX File”复选框，则在编译成功后，在工程文件夹中产生扩展名为 . hex 的可执行文件，此文件在使用 Monitor 51 或在完成系统调试将程序写入目标板时使用。

（4）Debug 标签：用于选择仿真方式，若使用软件模拟仿真，选择 Use Simulater；若使用目标程序或实验箱进行硬件仿真，选择 Use Keil Monitor 51 Driver。

图 B. 9 “Options for Target ‘Target 1’” 对话框

第四步：对源程序进行汇编或编译，创建 . hex 文件

单击工具栏的按钮或选择“Project”菜单的“Build Target”命令，对源程序进行汇编。编译完成后，在输出窗口（Output Window）的编译页（Build）显示编译信息，如图 B. 10 所示。只有当 Error（s）为 0 时，说明程序没有语法错误。

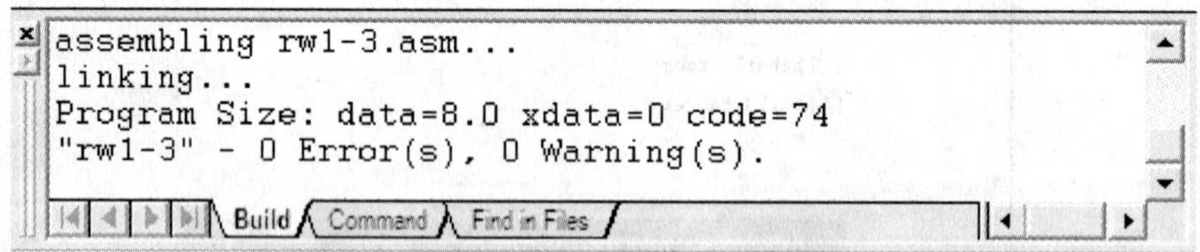

图 B. 10　输出窗口中编译后的错误和警告信息

如果出现错误，在输出窗口（Out Windows）显示信息错误的行号和错误原因，如图 B. 11 所示。用鼠标双击某条错误提示信息，则光标会停留在程序编辑窗口中相应的某条语句上，修改源程序中的错误，再次汇编，直到成功。在工程文件夹中产生一个扩展名为 . hex 的目标文件。

第五步：调试并运行程序

1. 设置仿真模式

编译成功后，可使用 Keil μVision2 对程序进行调试。Keil μVision2 提供两种仿真操作工作模式，在“Options for Target‘Target1’”对话框的“Debug”标签中选择，如图 B. 12 所示。

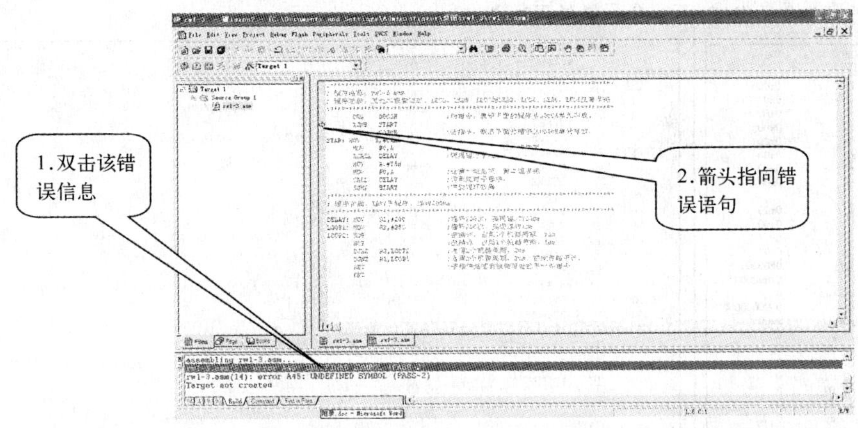

图 B. 11　编译后的错误提示及错误定位

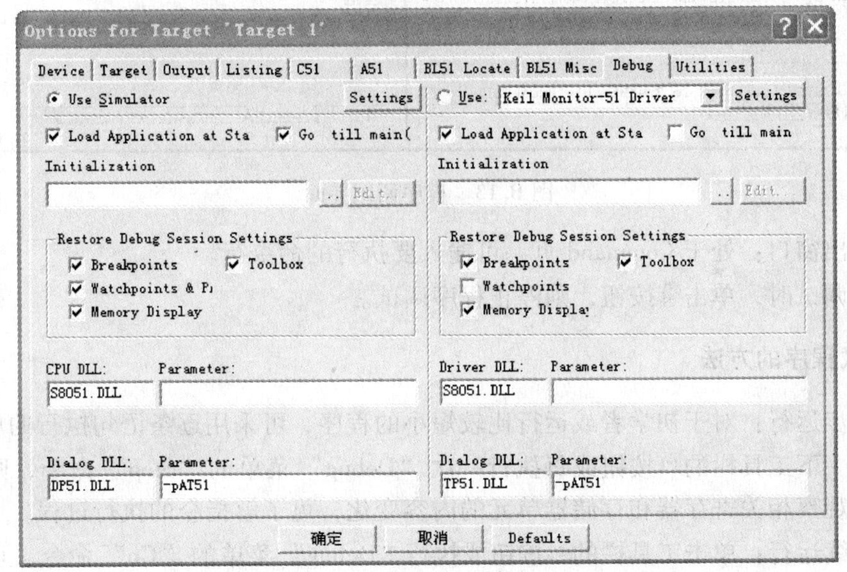

图 B. 12　仿真操作工作模式设置

“Use Simulator”：软件仿真模式，在不需要硬件目标板的情况下，能仿真 8051 系列产品的绝大多数功能。

“Use”：硬件仿真，需连接硬件目标板，联机调试运行。

2. 启动/停止调试

单击工具栏中的按钮或选择“Debug”菜单中的“Start/Stop Debug Session”命令，进入程序调试界面，如图 B. 13 所示。

（1）工程管理窗口：处于 Regs 页。在程序执行时可观察寄存器的内容变化。

（2）调试程序窗口：黄色箭头指向将要执行的指令。

图 B. 13　程序调试界面

（3）输出窗口：处于 Command 页，可输入要执行的命令行。

在程序调试时，单击 按钮，则停止程序调试。

3. 调试程序的方法

（1）单步运行：对于初学者或运行比较短小的程序，可采用逐条语句执行的单步运行方式。每单击一下工具栏的 按钮或每执行一次“Debug”菜单的“Step”命令，则执行一条语句。配合观察相关寄存器和存储器单元的内容变化，可了解指令的执行过程。

（2）连续运行：单击工具栏的 按钮或执行“Debug”菜单的“Go”命令，可从头到尾快速连续运行程序。单击工具栏的 按钮，可停止运行。该方式不适合调试存在问题的程序。

（3）断点运行：在调试时，在认为存在问题的语句处设置断点，配合连续运行命令，可快速查找程序存在的问题。在程序窗口中选中所在行，然后单击工具栏的 按钮或执行“Debug”菜单的“Insert/Remove Breakpoint（插入/移除断点）”命令，完成断点的插入或移除操作。在程序中可以设置多个断点。设置断点后的程序窗口如图 B. 14 所示。

4. 反汇编窗口

在进行程序调试及分析时，经常会用到反汇编。反汇编窗口同时显示了程序存储单元的地址、编译的汇编程序和程序的机器代码，对于了解三者之间的关系非常直观。单击工具栏的 按钮，原来的程序窗口变为反汇编窗口，如图 B. 15 所示。

```
;*************************************************************************
; 程序名称：rw1-3.asm
; 程序功能：发光二极管LED1、LED3、LED5、LED7与LED2、LED4、LED6、LED8交替点亮
;*************************************************************************
        ORG     0000H           ;伪指令，表示下面的程序从0000H单元存放。
        AJMP    START
        ORG     0030H           ;伪指令，表示下面的程序从0030H单元存放。
START:  MOV     A,#0AAH
        MOV     P0,A            ;让第一组点亮，第二组熄灭。
        ACALL   DELAY           ;调用延时子程序。
        MOV     A,#55H
        MOV     P0,A            ;让第一组熄灭，第二组点亮
        CALL    DELAY           ;调用延时子程序。
        SJMP    START           ;产生循环效果
;*************************************************************************
; 程序功能：延时子程序，延时200ms
;*************************************************************************
DELAY:  MOV     R1,#200         ;循环200次，实现延时200ms
LOOP1:  MOV     R2,#250         ;循环250次，实现延时1ms
LOOP2:  NOP                     ;空操作，占用1个机器周期，1us
        NOP                     ;空操作，占用1个机器周期，1us
        DJNZ    R2,LOOP2        ;占用2个机器周期，2us
        DJNZ    R1,LOOP1        ;占用2个机器周期，2us，在此忽略不计。
        RET                     ;子程序返回到被调用处的下一条指令
        END
```

图 B.14　设置断点后的程序窗口

```
C:0x002F     00         NOP
     8: START: MOV     A,#0AAH
C:0x0030     74AA       MOV       A,#0xAA
     9:        MOV     P0,A               ;让第一组点亮，第二组熄灭。
C:0x0032     F580       MOV       P0(0x80),A
    10:        ACALL   DELAY              ;调用延时子程序。
C:0x0034     113E       ACALL     DELAY(C:003E)
    11:        MOV     A,#55H
C:0x0036     7455       MOV       A,#0x55
    12:        MOV     P0,A               ;让第一组熄灭，第二组点亮
C:0x0038     F580       MOV       P0(0x80),A
    13:        CALL    DELAY              ;调用延时子程序。
C:0x003A     113E       ACALL     DELAY(C:003E)
    14:        SJMP    START              ;产生循环效果
    15: ;*************************************************************
    16: ; 程序功能：延时子程序，延时200ms
    17: ;*************************************************************
C:0x003C     80F2       SJMP      START(C:0030)
    18: DELAY: MOV     R1,#200        ;循环200次，实现延时200ms
C:0x003E     79C8       MOV       R1,#0xC8
    19: LOOP1: MOV     R2,#250        ;循环250次，实现延时1ms
C:0x0040     7AFA       MOV       R2,#0xFA
    20: LOOP2: NOP                         ;空操作，占用1个机器周期，1us
C:0x0042     00         NOP
```

图 B.15　反汇编窗口

5. 存储器窗口

利用存储器窗口，可以观察程序在运行过程中的存储单元中内容的变化。执行“View”菜单中的“Watch Memory（观察存储器）”命令，会出现存储器窗口，如图 B.16 所示。

在存储器窗口最多可以通过 4 个不同的页观察 4 个不同的存储区域。在“Address”栏中输入地址后，显示区域直接显示该地址区域的内容。此处应注意以下几点。

（1）查看程序存储器的内容：在“Address”栏中输入 C：××××H（具体地址）。

（2）查看内部数据存储器的内容：在“Address”栏中输入 D：××××H（具体地址）。

（3）查看外部数据存储器的内容：在“Address”栏中输入 X：××××H（具体地址）。

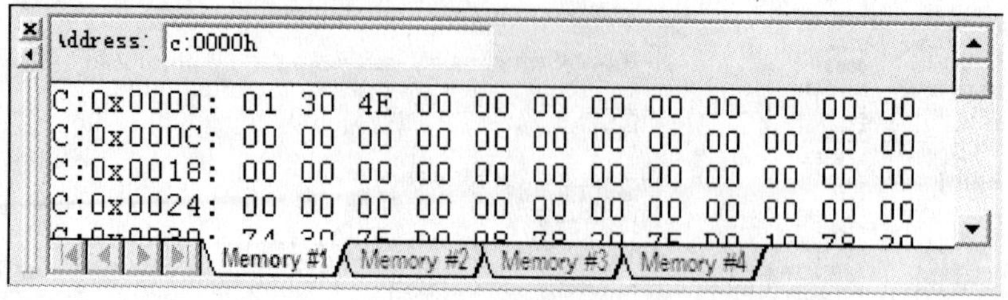

图 B.16　存储器窗口

训练内容：

1. 在计算机的 D 盘根目录下建立文件夹，名称为 test。

2. 启动 Keil 软件，在 test 文件夹下建立工程，工程名称为 test。单片机型号为 Atmel 公司的 AT89C51。

3. 建立汇编语言源程序，内容如下。

```
;***********************************************************************
;程序名称:test. asm
;程序功能:用于测试系统的功能
;***********************************************************************
        ORG     0000H
        LJMP    MAIN            ;跳转到主程序
        ORG     0030H           ;程序的起始地址从 0030H 开始
;----------主程序----------
MAIN:
        JB      P1.0,L1         ;判断 K1 按键是否按下,没按下就跳到 L1 处
        MOV     P0,#0           ;K1 键按下,8 个 LED 点亮,1s 后熄灭
        LCALL   DELAY
        MOV     P0,#0FFH
L1:     JB      P1.1,L2         ;判断 K2 按键是否按下,没按下就跳到 L2 处
        MOV     P3,#0FFH        ;K2 键按下,4 个 LED 数码管显示“8”,1s 后熄灭
        MOV     P2,#80H
        LCALL   DELAY
        MOV     P2,#0FFH
L2:     JB      P1.2,L3         ;判断 K3 按键是否按下,没按下就跳到 L3 处
        ANL     P1,#0EFH        ;K3 键按下,蜂鸣器发声
        LCALL   DELAY
        ORL     P1,#10H
L3:     JB      P1.3,LD         ;判断 K4 按键是否按下,没按下就跳到 LD 处
        MOV     P0,#0           ;K4 键按下,完成 K1、K2、K3 按键的功能
        LCALL   DELAY
        MOV     P0,#0FFH        ;测试 8 个 LED
```

```
        MOV   P3,#0FFH       ;测试4个LED数码管
        MOV   P2,#80H
        LCALL DELAY
        MOV   P2,#0FFH
        ANL   P1,#0EFH       ;测试蜂鸣器
        LCALL DELAY
        ORL   P1,#10H
LD:     LCALL DELAY
        LJMP  MAIN           ;跳到标号MAIN继续对按键进行扫描
;----------延时子程序----------
DELAY:  MOV   R7,#0AH
DL1:    MOV   R6,#0FAH
DL2:    MOV   R5,#0C6H
DL3:    DJNZ  R5,DL3
        DJNZ  R6,DL2
        DJNZ  R7,DL1
        RET
        END
```

4. 保存文件，文件名为 test. asm。将 test. asm 添加到工程中，并进行汇编，生成可执行文件 test. hex。如汇编有错误，请定位错误所在行，找到错误并改正。

5. 在 Proteus 软件中，将 test. hex 加载到如图 A. 14 所示电路的 AT89C51 单片机中，启动仿真运行，分别单击 K1 ～ K4，观察 8 个 LED、4 个 LED 数码管和蜂鸣器的变化情况。

附录 C　MCS－51 单片机指令表

表 C.1　数据传送指令

指令名称	编　号	指令助记符	指令代码	字节数	周期数	状态标志位		
						CY	OV	AC
内部数据传送指令	1	MOV　A,#data	74H	2	1			
	2	MOV　direct,#data	75H	3	2			
	3	MOV　Rn,#data	78 ～ 7FH	2	1			
	4	MOV　@Ri,#data	76 ～ 77H	2	1			
	5	MOV　direct2,direct1	85H	3	2			
	6	MOV　direct,Rn	88 ～ 8FH	2	2			
	7	MOV　Rn,direct	A8 ～ AFH	2	2			
	8	MOV　direct,@Ri	86 ～ 87H	2	2			
	9	MOV　@Ri,direct	A6 ～ A7H	2	2			
	10	MOV　A,Rn	E8 ～ EFH	1	1			
	11	MOV　Rn,A	F8 ～ FFH	1	1			
	12	MOV　A,direct	E5H	2	1			
	13	MOV　direct,A	F5H	2	1			
	14	MOV　A,@Ri	E6 ～ E7H	1	1			
	15	MOV　@Ri,A	F6 ～ F7H	1	1			
16 位数据传送指令	1	MOV　DPTR,#data 16	90H	3	2			
与外部 RAM 之间的数据传送指令	1	MOVX　A,@DPTR	E0H	1	2			
	2	MOVX　@DPTR,A	F0H	1	2			
	3	MOVX　A,@Ri	E2 ～ E3H	1	2			
	4	MOVX　@Ri,A	F2 ～ F3H	1	2			
与程序存储器的数据传送指令	1	MOVC　A,@A+DPTR	93H	1	2			
	2	MOVC　A,@A+PC	83H	1	2			
数据交换指令	1	XCH　A,Rn	C8 ～ CFH	1	1			
	2	XCH　A,direct	C5H	2	1			
	3	XCH　A,@Ri	C6 ～ C7H	1	1			
	4	XCHD　A,@Ri	D6 ～ D7H	1	1			
堆栈操作指令	1	PUSH direct	C0H	2	2			
	2	POP direct	D0H	2	2			

表 C.2 算术运算指令

指令名称	编号	指令助记符	指令代码	字节数	周期数	状态标志位		
						CY	OV	AC
加法指令	1	ADD A,Rn	28 ~ 2FH	1	1	√	√	√
	2	ADD A,direct	25H	2	1	√	√	√
	3	ADD A,@ Ri	26 ~ 27H	1	1	√	√	√
	4	ADD A,#data	24H	2	1	√	√	√
带进位加法指令	1	ADDC A,Rn	38 ~ 3FH	1	1	√	√	√
	2	ADDC A,direct	35H	2	1	√	√	√
	3	ADDC A,@ Ri	36 ~ 37H	1	1	√	√	√
	4	ADDC A,#data	34H	2	1	√	√	√
带借位减法指令	1	SUBB A,Rn	98 ~ 9FH	1	1	√	√	√
	2	SUBB A,direct	95H	2	1	√	√	√
	3	SUBB A,@ Ri	96 ~ 97H	1	1	√	√	√
	4	SUBB A,#data	94H	2	1	√	√	√
加 1 指令	1	INC A	04H	1	1	×	×	×
	2	INC Rn	08 ~ 0FH	1	1	×	×	×
	3	INC direct	04H	2	1	×	×	×
	4	INC @ Ri	06 ~ 07H	1	1	×	×	×
	5	INC DPTR	A3H	1	2	×	×	×
减 1 指令	1	DEC A	14H	1	1	×	×	×
	2	DEC Rn	18 ~ 1FH	1	1	×	×	×
	3	DEC direct	15H	2	1	×	×	×
	4	DEC @ Ri	16 ~ 17H	1	1	×	×	×
乘法、除法指令	1	MUL AB	A4H	1	4	0	√	×
	2	DIV AB	84H	1	4	0	√	×
二—十进制调整指令	1	DA A	D4H	1	1	√	√	√

表 C.3 逻辑运算指令

指令名称	编号	指令助记符	指令代码	字节数	周期数	状态标志位		
						CY	OV	AC
逻辑与指令	1	ANL A,Rn	58 ~ 5FH	1	1	×	×	×
	2	ANL A,direct	55H	2	1	×	×	×
	3	ANL A,@ Ri	56 ~ 57H	1	1	×	×	×
	4	ANL A,#data	54H	2	1	×	×	×
	5	ANL direct,A	52H	2	1	×	×	×
	6	ANL direct,#data	53H	3	2	×	×	×

续表

指令名称	编号	指令助记符	指令代码	字节数	周期数	状态标志位		
						CY	OV	AC
逻辑或指令	1	ORL A,Rn	48～4FH	1	1	×	×	×
	2	ORL A,direct	45H	2	1	×	×	×
	3	ORL A,@Ri	46～47H	1	1	×	×	×
	4	ORL A,#data	44H	2	1	×	×	×
	5	ORL direct,A	42H	2	1	×	×	×
	6	ORL direct,#data	43H	3	2	×	×	×
逻辑异或指令	1	XRL A,Rn	68～6FH	1	1	×	×	×
	2	XRL A,direct	65H	2	1	×	×	×
	3	XRL A,@Ri	66～67H	1	1	×	×	×
	4	XRL A,#data	64H	2	1	×	×	×
	5	XRL direct,A	62H	2	1	×	×	×
	6	XRL direct,#data	63H	3	2	×	×	×
累加器取反指令	1	CPL A	F4H	1	1	×	×	×
累加器清零指令	1	CLR A	E4H	1	1	×	×	×
移位指令	1	RR A	03H	1	1	×	×	×
	2	RL A	23H	1	1	×	×	×
	3	RRC A	13H	1	1	√	×	×
	4	RLC A	33H	1	1	√	×	×
	5	SWAP A	C4H	1	1			

表 C.4 控制转移指令

指令名称	编号	指令助记符	指令代码	字节数	周期数	状态标志位		
						CY	OV	AC
无条件转移指令	1	SJMP rel	80H	2	2	×	×	×
	2	AJMP addr11(a_{10}～a_0)	$a_{10}a_9a_8$10001B	2	2	×	×	×
	3	LJMP addr16	02H	3	2	×	×	×
	4	JMP @A+DPTR	73H	1	2	×	×	×
条件转移指令	1	JZ rel	60H	2	2	×	×	×
	2	JNZ rel	70H	2	2	×	×	×
	3	CJNE A,direct,rel	B5H	3	2	√	×	×
	4	CJNE A,#data,rel	B4H	3	2	√	×	×
	5	CJNE Rn,# data,rel	B8～BFH	3	2	√	×	×
	6	CJNE @Ri,#data,rel	B6～B7H	3	2	√	×	×
	7	DJNZ Rn,rel	D8～DFH	2	2	×	×	×
	8	DJNZ direct,rel	D5H	3	2	×	×	×

续表

指令名称	编号	指令助记符	指令代码	字节数	周期数	状态标志位		
						CY	OV	AC
调用指令	1	ACALL addr11	$a_{10}a_9a_8$10001B	2	2	×	×	×
	2	LCALL addr16	12H	3	2	×	×	×
返回指令	1	RET	22H	1	2	×	×	×
	2	RETI	32H	1	2	×	×	×
空操作	1	NOP	00H	1	1	×	×	×

表 C.5 位操作指令

指令名称		编号	指令助记符	指令代码	字节数	周期数	状态标志位		
							CY	OV	AC
位传送指令		1	MOV C,bit	A2H	2	1	√	×	×
		2	MOV bit,C	92H	2	1	×	×	×
位清零、置位指令		1	CLR C	C3H	1	1	0	×	×
		2	CLR bit	C2H	2	1	×	×	×
		3	SETB C	D3H	1	1	1	×	×
		4	SETB bit	D2H	2	1	×	×	×
位运算指令	位逻辑与指令	1	ANL C,bit	82H	2	2	√	×	×
		2	ANL C,/bit	B0H	2	2	√	×	×
	位逻辑或指令	1	ORL C,bit	72H	2	2	√	×	×
		2	ORL C,/bit	A0H	2	2	√	×	×
	位取反指令	1	CPL C	B3H	1	1	√	×	×
		2	CPL bit	B2H	2	1	×	×	×
位控制转移指令		1	JC rel	40H	2	2	×	×	×
		2	JNC rel	50H	2	2	×	×	×
		3	JB bit,rel	20H	3	2	×	×	×
		4	JNB bit,rel	30H	3	2	×	×	×
		5	JBC bit,rel	10H	3	2	×	×	×

参 考 文 献

[1] 张涛，王金岗. 单片机原理与接口技术. 北京：冶金工业出版社，2007.

[2] 蒋辉平，周国雄. 基于 Proteus 的单片机系统设计与仿真实例. 北京：机械工业出版社，2009.

[3] 彭勇. 单片机技术. 北京：电子工业出版社，2009.

[4] 王守中，赵朋朋，索世文. 51 单片机应用开发速查手册. 北京：人民邮电出版社，2009.

[5] 李朝青. 单片机学习指导. 北京：北京航空航天大学出版社，2005.

[6] 肖婧. 单片机入门与趣味实验设计. 北京：北京航空航天大学出版社，2008.